U0954947

高情商社交术

漫画中国式人情世故

吴学刚◎主编　小黑◎绘图

湘潭大学出版社
XIANGTAN UNIVERSITY PRESS

版权所有 侵权必究

图书在版编目（CIP）数据

高情商社交术 / 吴学刚主编 ; 小黑绘图 . -- 湘潭 :
湘潭大学出版社, 2024.6
ISBN 978-7-5687-1429-7

Ⅰ. ①高… Ⅱ. ①吴… ②小… Ⅲ. ①情商—通俗读物②人际关系学—通俗读物 Ⅳ. ① B842.6-49
② C912.11-49

中国国家版本馆 CIP 数据核字 (2024) 第 086526 号

高情商社交术

GAOQINGSHANG SHEJIAOSHU

吴学刚 主编 小黑 绘图

责任编辑：张宝香 钟夏萍 肖 萑 唐姝莹
封面设计：尚书堂
出版发行：湘潭大学出版社
社　　址：湖南省湘潭大学工程训练大楼
电　　话：0731-58298960 0731-58298966（传真）
邮　　编：411105
网　　址：http://press.xtu.edu.cn/
印　　刷：大厂回族自治县德诚印务有限公司
经　　销：湖南省新华书店
开　　本：710 mm×1000 mm 1/16
印　　张：51
字　　数：715 千字
版　　次：2024 年 6 月第 1 版
印　　次：2024 年 6 月第 1 次印刷
书　　号：ISBN 978-7-5687-1429-7
定　　价：198.00 元

前言

在平时的生活中，人情世故就像是空气一样存在于我们的四周。

有的人八面玲珑，不论和谁都能打成一片，不论何种场合，都能游刃有余。在工作中，他们能联合各方力量为己所用；在生活中，他们始终是交际场合的佼佼者；在攀登事业高峰的路途中，他们永远快人一程。

然而，与他们形成鲜明对比的则是另外一群人，这些人寡言少语，和谁都说不上话，不论是什么场合，他们做得最多的事情就是躲在角落里玩手机。

那么，到底什么是人情世故呢？

人情世故就是多送人情给他人。送人情就像是给存折里存钱，在平常就要多存少用，多走动，偶尔送点代表心意的小礼物给亲朋好友，用真心去结交这些身边人，这些都是积攒人情的过程。只有积攒了足够多的人情，等到需要人情来为己所用的时候，厚厚的“人情存折”才能助力我们克服困难，翱翔于天。

人情世故就是给人留面子。面子是人与人之间打交道时需要守护的东西之一，面子是主动给人台阶下，不对他人的过错过多地宣扬；面子是主动帮助他人，不让他人陷入尴尬的境地；给了别人面子，别人也会给我们面子，人情世故就是在这些来来往往中，照顾好彼此的情绪。

人情世故就是心胸豁达，低调处世。没有人会喜欢高调的人，也没有人会喜欢斤斤计较的人。在中国式人情世故里，低调的人能藏住实力，不鸣则已，一鸣惊人。而那些心胸豁达的人则始终能够做到抓大放小，知道自己的精力该用在何处，既放过了他人，又成就了自我。

人情世故就是难得糊涂，吃亏是福。难得糊涂是大智慧，事事精明的人处理不好人情世故，唯有“糊里糊涂”的人，才能对这个不完美的世界睁一只眼闭一只眼，不想看的不看，看见了也当没看见，如此才能在与人交际时保持一个良好的心态。吃亏是福则是积攒福报，会吃亏的人，懂得吃亏也有技巧，吃的亏越多，越能人情练达。

人情世故就是懂变通，能成事，懂得保护好自己。想要成大事，首先要保护好自己不在人情世故里被伤害到。在中国式人情世故里，一个人只有先保护好自己，才有资格去谈为他人、为社会做出一点贡献。保护自己最好的手段就是懂得变通，擦亮眼睛入世，能把握好人与人之间的分寸感，处理人情时能够能屈能伸，进退自如。

学会了人情世故，便学会了成事之道。学会了人情世故，才能乘风破浪，勇往无前。

本书在内容上采用了故事案例搭配漫画的方式，将人情世故的精髓通过有趣的故事、诙谐的漫画，一一展现在读者面前。另外，现学现用的方法也必不可少。

通过故事、漫画、方法三位一体相结合的内容形式，将日常中的人情世故一一剖析，为您奉上人情世故的盛宴，助您走上人生巅峰。

最后，愿每一位读者都能洞悉世事，人情练达。

目录

第 1 章　人情就像存款，需要多存

第 2 章　处世多留心，和谐相处不伤他人心

第 3 章 抬头不如低头，高调不如低调

第 4 章 心胸豁达，不计较的人有大智慧

第 7 章　进退自如，人情世故的大智慧

第 8 章　吃亏是福，人情练达的关键锚点

第 1 章

人情就像存款，需要多存

所谓人情，便是你来我往之间产生的情感联系。

人际交往中，每个人都有一本隐形的“存折”。人际关系良好的人，他的“存折”里一定是存满了别人欠他的人情；人际关系恶劣的人，他的“存折”里的一定是空空如也，别人既不愿意欠他人情，他也无从欠下别人的人情。

中国式人情世故里，如何做到让他人多欠我们的人情，从而让我们获得更多的回馈，是一门高深的学问。

人情不做则已，要做就要做圆满

人情世故是中国式处世智慧中不可或缺的一部分，也是人际交往的关键所在。想用做人情的方式维护好人际关系，首先就要把人情做彻底，不能只做一半，更不能敷衍了事，归根结底，便是踏实做自己，真诚待他人。

小李是一位心理医生，朋友们的孩子平常有什么问题，大家首先想到的总是小李。

有一天，朋友老何找小李吃饭，席间得知老何的孩子数学成绩不好，想跟小李取取经。小李知无不言，老何很是满意，觉得小李这个朋友没有白交。

老何本以为这件事就到此为止了，谁知三天后小李竟然亲自登门拜访，送来一套他自己精心挑选的数学习题。老何感动不已，一下子不知道该说什么。

几年后，小李买房差几万块钱。老何听说后二话没说就把钱打到了小李的账户里，并且表示不着急还。

这便是人情做到极致的魅力。

按照一般人的理解，能帮忙出出主意就不错了，也算是卖了个人情给对方。但是小李却把人情做到了极致，做到了圆满，让这份人情变得更加真切，更加沉甸甸，也为日后获得回报埋下了伏笔。

只有做足人情，等你需要人情的时候，对方的人情才会还更多。如此做人情固然会费心劳力，但也是在为未来可能遭遇的状况提前储备人情。

那么如何才能把人情做圆满呢？中国式人情世故里，想要将人情做圆满，首先要抓住以下两点。

人情要做完，不能敷衍

在中国式人情世故里，尤其忌讳做人情的时候半途而废。这样的人情不仅称不上帮忙，甚至可以说是帮倒忙。不仅得不到对方的感激，还会得罪对方。人情做一半，最终只会收到反效果。

人情要做足，不要犹豫

人情不做则已，要做就要做足。

你有一件好东西，朋友想借来用一用，你却“刀子嘴豆腐心”，嘴上不情不愿地嘟哝着“我还没用完呢”，到最后还是要把东西借给别人。既然最终要借给别人，那说这些“刺耳”的话有必要吗？与其犹犹豫豫，让对方觉得你小家子气，不如大方给予，收获对方一个大大的人情。

做人情也要果决，要么不做，要么做足，做足了才能让他人感知到你的真诚。

用心交友，做人情的精髓

在家靠父母，出门靠朋友。可见朋友在人际交往中的重要性无可替代。所谓近朱者赤近墨者黑，当你的周围都是良师益友时，你想不变好都难。但是朋友也不是平白无故从天上掉下来的，一言以蔽之，需要我们用人情去打动对方，从而让对方成为我们的良师益友。

一位企业家在参加一档访谈节目时遭到了采访者的嘲弄，采访者暗示这位企业家没有文化，他之所以能把企业做成功，靠的不过是运气。

企业家没有回应对方的嘲弄，只是微笑着把创业的经历讲述了一遍。

采访结束之后，企业家送采访者到门口，采访者正欲离去，企业家忽然摆摆手示意采访者等一下，他转身走到旁边的车库，取出一把车钥匙递给采访者，说道："我看你一直在打量这辆车，估摸着你应该挺喜欢它。反正我也没时间开，你应该用得上。"

说完，不等采访者同意，直接把钥匙塞给采访者……

多年以后，这位采访者回忆说，那一刻他忽然明白了这位企业家为何能把企业做大做强，那是因为他用真心对待每一位接触者，就像他在采访里说的，他的一切都是靠朋友们得来的，他从小到大就信一句话——在家靠父母，出门靠朋友。

在日常的人际交往中，有的人总能一呼百应，而有的人却总是形单影只。

有些人不爱搞人情世故是出于性格的原因，而有些人则是因为在与他人相处时不注重人情上的投资，从而导致自己认识的人不少，结果都是泛泛之交。

现代社会分工十分细致，单靠一个人是很难获得成功的。如果想要在现代社会中取得一定的成就，逃不过用心交友这条铁律。一个人如能用心交友，把朋友搞得多多的，那成功便能比别人快一步。

那么，怎么做人情才能交到真心朋友，交到更多的朋友呢？

主动的人收获更多

做人情前，先做主动的人。一个被动的人，很难得到交友的机会。

在主动向他人伸出橄榄枝这一方面，汉朝的公孙弘是一位佼佼者。

汉武帝雄才大略，做事果决，当时很多大臣都觉得伴君如伴虎，不敢和汉武帝私下接触。

但公孙弘却不同，他选择逆流而上，主动请求和汉武帝单独见面议事。作为孤家寡人的汉武帝非常高兴，对公孙弘所提的建议竟一一采纳，公孙弘因此一天比一天显贵，成为汉武帝跟前的红人。

人无法选择亲人，但可以主动选择朋友。在中国式人情世故里，主动的人才能收获更多，要勇于主动沟通，学会主动给予，不断地尝试与他人交心，如此才能结交到志同道合的益友，使得人际关系越来越融洽。

做人情前先做合格的朋友

做他人合格的朋友，要以心换心。你想要一个什么样的好朋友，你自己首先得是这样的人。比如，面对他人时，一定是坦诚以待，不会占他人的便宜满足自己；与他人相处时不滔滔不绝，让自己成为一个好的倾听者；他人有麻烦的时候，会尽力帮助，不抛弃不放弃；结交朋友不是以利益为先，而是以志同道合为准则。

但是交心前，要确认对方是否值得交心，对心术不正的人不可交心。

新友要多多见面

做人情不一定非得付出很多金钱和精力。

对于新交的朋友，要多多见面，巩固彼此的关系。见面越多，也就越亲密。同时，每一次碰面的时候，要尽量给对方一点惊喜，这个惊喜可以是展现你自己的优势和价值，也可以是单纯地拿出真心去招待新朋友，让新朋友迅速加强和你的情感关联。

老友要保持联络

对于老朋友，做人情就更简单了。比如每周打一个电话，问候一下近况，不会耗费我们多少时间和精力，却能让老友始终明白，他在你心里有一个位置。

宽恕和让利，做人情的关键

人是社会性的存在，仅靠个人单打独斗，也许能取得一定的成就，但很难成就大事业。综观各行各业的成功者，能做成大事的人，大多是编织人脉关系网的高手。

编织关系网的关键就在于会做人情，拉近彼此的关系，懂得及时地把好处让给他人，在相处的时候尽量成他人之美。

刘邦作为一个小小的亭长，为什么可以打败西楚霸王项羽，夺取天下呢？这还得从刘邦编织的人脉关系网说起。

刘邦的手下有很多都是他的老乡，这些人里有做丧事主持的，有整天在乡里游手好闲的，有贩卖布匹的，甚至还有以前做亭长时打过架的……

乍一看是一群乌合之众，好像成不了什么大事。可刘邦不这么认为，他非常熟悉自己的这些手下，知道每个人的长处与短处。樊哙脾气暴，但是勇猛，那就让他冲锋陷阵；韩信受过胯下之辱，人们都看不起他，刘邦却觉得既然他有带兵打仗的才能，那就拜为大将军；陈平在老家的时候被人传一些不好的谣言，刘邦不在乎，他只在乎陈平的那些神机妙算的计策能为自己所用，所以刘邦的这张关系网给陈平留下了一个关键位置；对于六国的那些贵族，他能拉拢的就拉拢，总之，都在他的关系网里有位置；萧何与张良更是不在话下，都在他的关系网中找到了各自的位置；甚至连他从前的对手，他也能大方地宽恕对方，人尽其用。

刘邦之所以能构建这么全面的关系网，是因为他善于做人情，得到的好处总能快速分配给别人，所以别人才会心甘情愿地进入他的关系网，为他卖力。

最终，刘邦利用这张关系网，给项羽布下了天罗地网，奠定了四百年大汉王朝的基业。

在中国式人情世故里，所谓的关系网并不是要依靠他人，而是讲究共赢，最好是每个人都能在关系网中得到一定的好处，每个人都能在关系网中获得方便之处。

一个人只有构建好了自己的关系网，才能在面临困难时迎刃而解。因为有的困难对于我们个人来说可能很难解决，但对于关系网里的其他专业人士来说，也许就是举手之劳，这就是关系网的作用。

不过构建关系网也是有技巧的，在中国式人情世故里，关系网的构建，需要遵循以下几点。

宽恕他人获得人情

《三国演义》里，诸葛亮七擒孟获，让孟获心服口服，心甘情愿归顺。中国式的人情世故里，高情商的人会通过宽恕对方来获得对方的友谊，收获他人的人情。

如果在生活中有人因为犯错影响到了我们，我们大可以大方地原谅对方，不要去斤斤计较，得饶人处且饶人，与人方便，便是与己方便。

好处要让给他人

关系网的重点就在关系，关系怎么才能走得近呢？除了付出真心外，还要懂得适当让利。懂得用合理合规的利益去维护关系网，是构建关系网的不二法门。关键的点就在于，有了好事情，尽量先想着他人，有了好处，也要先想着他人，做一个先付出的人，成全他人之美，就能收获满满的真情实意，这些真情实意，就是真正的人情。

平时重视人情，关系要常维护

平时就重视人情的人都是懂人情世故的高手。在日常生活中，要用真心实意去对待每一个值得交往的人，面对一些好处可以多让给别人一些。人情，就是在这种时刻一点点积攒下来的。关系，也是在这样的一次次人情往来中被筑牢的。

如果临时抱佛脚，事到临头才想起做人情，其实就已经晚了。在你麻烦别人的时候，很可能就会被他人拒绝。

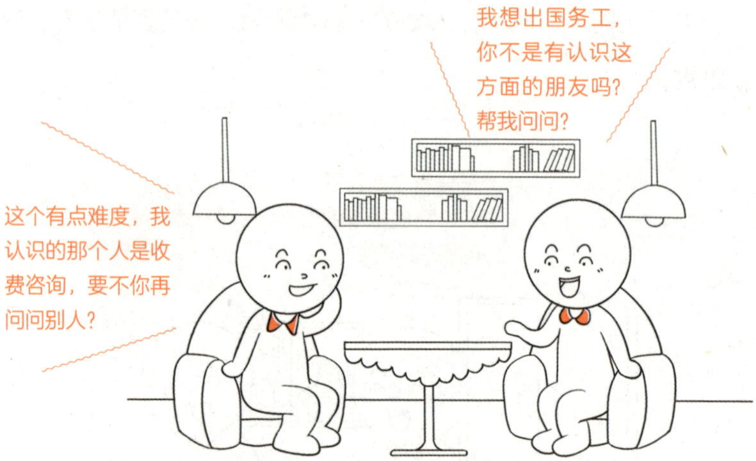

《教父》这部电影被称为男人必看的电影之一。

在电影的开头，就是一个有身份的邻居去请教父帮忙。

原来是男人的女儿受到了欺负，想要教父帮忙为女儿讨回公道，邻居表示钱不是问题，他要的是一个公道。

结果教父先是从友谊的角度批评了这位邻居没有把他当作朋友，现在却在他女儿的婚礼上来让他帮忙，这让他非常不开心。

邻居局促地表示如何才能获得教父的友谊。

教父表示只要他认自己为朋友，那这个忙他就可以帮他，重点是他要感受到对方的友谊。

教父的做法就是让对方欠他一个人情，钱是有数的，但是人情却无法被计算。教父的聪明在于他知道人情才是真正的财富，胜过一次性的金钱交易。

从这里可以看出来，他的为人处世之道就是收买对方的人情。

从虚构的电影回归现实，人情同样是高过金钱的一种储蓄。

有很多事情是金钱无法达到的，但人情却可以，比如小到让同小区的邻居接一下自己的孩子放学，用金钱怎么去衡量呢？只有人情，才能在这个时候起到作用。

想要在人情世故里游刃有余，最好的办法就是平时要多做有利于他人的事情，为自己积攒一些人情，如此才能在要用到他人的时候，能开尊口。

很多人表示，自己也没什么特别突出的价值，很难让他人欠下对自己的人情，其实人情处处都有，重要的是要用心去观察，什么时候是可以送出人情的。

远离负面关系

有一位管理学大师曾经说过："清理你的人脉就如清理你的衣柜一样，把不合适的衣服清出衣柜，才能把更多的新衣收入衣柜。"能量是可以传递的，所谓近朱者赤，近墨者黑。所以，一定要远离那些负面情绪多的人，也要学会拒绝一味对你索取的人，如此才有更多的时间和精力去寻找真正值得交往的人。

杜绝无效社交

你是卖鱼的，他是养鸡的，你们在市场上相遇，两个人聊了半天，他的鸡吃饱了，你的鱼却还没卖，这就叫无效社交。无效的社交会让人自我消耗，别人不是拿你当朋友，而是把你当作情绪的垃圾桶，当作打发时间的工具人，需要的时候会找你，你需要的时候却找不到他。所以一定要减少无效社交，社交之前先做减法，再做加法。人的精力是有限的，只有双向奔赴的关系才有意义，观念不同不必强融，杜绝无效社交。

有借有还，人情开端

有位学者讲过一个他搬家的故事。他们搬到一个新小区时，妈妈拉着他敲开邻居家的门，礼貌地借了一袋盐。

明明还有好几袋盐呀？他不明所以。

过了两天，妈妈买了两只鸡，特地给邻居送了一只，以表谢意，在这种“有借有还”的情况之下，没过多久，左邻右舍都主动与他们家热络了起来。

中国式的人情世故里，每个人都活在一张关系网中，与人交往，就是有来有往，有了往来，才有情分。

凡事自己解决，尽量别欠人情

人情是笔债，欠了人情就得还，你永远不知道对方会让你在什么时候还。天底下没有免费的午餐，你欠的每一笔人情，在未来都是你的负资产。所以，能自己解决的问题就自己解决，自己解决不了的，就试试用钱。钱都解决不了的，再考虑要不要欠人情。

小王的孩子和邻居小李的孩子在同一所小学念书，因为两家孩子关系好，一来二去，两个家长也走得近了一些。

小王每天送孩子上学，小李却忙于工作，小王主动提出可以帮忙一起送孩子，小李一想反正小王也要送孩子，也就顺便而已。

就这样过了半年，忽然有一天小王在楼下等待小李送孩子下来的时候，提出了能不能借点钱给他周转一下。

小李一听这数目也不小，可是孩子又上了别人的车，再一回想这半年都是小王送自家孩子上学，一时半会儿也不好拒绝，只好硬着头皮答应下来。

结果好巧不巧，小王生意失败，借出去的钱一时半会也要不回来。小李的妻子在家和小李大吵一架。

小王也不好意思再来送小李的孩子上学，最后小李一算账，借给了人家好几万，就是因为别人帮忙送了半年孩子，算下来等于是花了几万元找了个司机……

小李肠子都悔青了，他对小王本来就不了解，这下真是有苦说不出。

这就是欠人情的坏处，看似是很简单的顺便送孩子，可也是个人情。是人情就得还，还的时候，小李面子薄，也不好意思拒绝了。

所以在日常的人情世故里，能不欠人情就别欠人情。

人情欠越久，利息就越多

如果不得已欠下人情，而这个人情又比较小，最好快点还给他人。大人情不能快速兑现，如果当下就要兑换，会让人觉得这是一种交易，而非人情。

但小人情则讲究快速兑现。比如，别人帮你送孩子，你可以给对方带点水果。人情往来就是这样，有来有往，千万不要怠慢了他人的人情。

关键时刻再欠人情

小问题自己解决，大问题用钱解决，自己和钱都无法解决的问题，再去欠他人人情。把宝贵的欠人情机会留在关键时刻，不要轻易去欠人情债。

收获人情不易，不要过多消耗

不要总是去消耗人情，生活里经常有人稍微有点事情，就要麻烦别人，长此以往，只会让他人疏远你，所以不随意去透支人情，这样才能收获他人的尊重。

一位访谈节目的主持人说，人与人之间是有一个情感账户的，让人舒服开心，存款就多一点，让人难过伤心，存款就少一点。人情债也是这样，在账户里要尽量多存少取。

有一位做生意的朋友说，他第一桶金是家里的伯伯帮衬的，伯伯说都是自己人，不用太客气。

但那位朋友依然选择拿出一部分利益送给伯伯，结果伯伯也欣然接受。那一刻他才后怕起来，原来再亲的关系，别人也是有期望的。

果然，后来伯伯介绍了更多的生意给他，他也很默契地每次都要拿出一部分利益送给伯伯。

亲戚是亲戚，但人情债还是要还的。

假若他第一次没有还这个人情债，伯伯还会这么乐意给他介绍生意吗？

也许会介绍，但绝对不会再这么心甘情愿。

《诗经》里一句话叫——投我以木桃，报之以琼瑶。

对于别人的人情，一定要及时还，不能肆意地透支人情，让自己最后取无可取，陷入绝对的被动之中。

然而还人情也有窍门，还的方式不对，也同样会让他人心里产生嫌隙。

还人情要还在心坎上

对方帮你找了份工作，你该怎么还这个人情呢？最好的办法是搞清楚对方帮你的原因，如果只是出于单纯的帮忙，那就把这个人情记在心里，下次别人需要你帮忙，你一定要出手还这个人情。

如果对方帮你有目的，并且表明了目的，那你就要围绕这个目的去还人情。还人情的方式有很多，关键在于还在对方的心坎上。当然，一切的前提都得是合法合规，利益输送的事情是万万不可去做的。

不要刻意送人情

主动送人情给对方，反而会让对方觉得压力很大。你卖的人情，不一定是对方想要的。

透支人情要加倍储蓄

如果无奈之下透支了人情，连续让他人帮忙，那么就需要赶紧补充人情。不论是金钱，还是情感，一定要加倍维护一下彼此的关系。不要透支伤害了关系，自己却还不去修复关系。

不要随便送出人情

别人要你帮忙，不要随口就答应，先想想这个事情能不能办成，不要给了对方希望又让他失望。一定要根据自己的实际情况，斟酌再三，确定可以帮得上对方，再去做这个人情。

不要随便送出人情

别人欠了你人情，不要刻意去记着这个人情。大度一点，就当是随手帮忙了。一直记着别人欠的这个人情，就会想办法让对方还这个人情，最后稍有不慎，就会让被欠人情变成透支人情。

关系越亲，人情债的边界越要清晰

人情在朋友那里，五分的人情就是五分，下次还给对方五分就行了。人情在亲戚那里，你欠了五分的人情，对方要你还的时候，也许就是七分甚至是十分的人情。这也不是说对方得寸进尺，而是人情在越亲密的关系上越会被模糊边界。

所以，面对亲情，更要把人情的边界搞清楚。

阿宇上大学的时候，找亲戚借过一次学费。从此以后，阿宇每次回家，都会被亲戚一遍一遍地说供他念大学的事情。

阿宇起初觉得对方借了自己学费，还是亲戚，说这话也没错。直到对方每次都用这个人情找他帮忙，阿宇才发觉有些不对劲。

对方孩子结婚，阿宇刚工作，亲戚要阿宇贡献一点，阿宇拿了两个月工资填了进去；亲戚家孩子没工作，拜托阿宇帮忙找；甚至生孩子，也要阿宇帮忙找医生……

阿宇烦不胜烦，回家还要被对方念当年上大学供他上学的事情。

阿宇忍无可忍反驳说就借过一次学费，怎么就叫供他念书了呢？供他念书的应该是他爸妈才对。

聚会最终不欢而散，阿宇也被亲戚说成了没有良心的孩子……

在中国式人情世故里，欠人情是难以避免的，欠亲戚的人情则更是非常普遍的一件事。然而亲戚的人情叠加血缘关系，则会把人情无限放大，最终一次人情，也许还十次都还不清。最终所有人只好互相不断麻烦彼此，让人情债滚得越来越大，越来越混乱，人情的边界彻底模糊不清。

所以，能不欠亲戚的人情就不要欠。万一欠了，就一定要注意以下几个方面。

欠人情时说清楚

不论是欠亲戚的人情，还是亲戚欠我们人情，一定要在当场说清楚人情的边界在哪里。借钱就要讲清楚还钱的期限，帮忙就要讲清楚自己后期能给予什么回报。不要因为面子而含糊其词，最终受累的是双方。

还了人情就不要基于这个人情继续帮忙

欠了人情，你也还了。但对方依然要基于这个人情让你继续帮忙。这个时候如果能帮得上忙就帮，如果比较费力，就需要想办法拒绝了。不能给对方一个你可以无限被索取的印象，因为如果对方品行没有那么高尚，可能就会一直在你这里索取，最后你还是得想办法拒绝对方。与其长痛，不如短痛。

第2章

处世多留心，和谐相处不伤他人心

人情世故里你中有我，我中有你，难免会在相处的过程中有矛盾。但是，要尽量避免伤及对方的面子。

因为面子这种东西很脆弱，伤到了再想恢复如初就会困难重重。

另外，还要明白一个道理，那就是给别人面子，就是给自己面子。如果能把握住这一条心理，把面子做到实处，始终给他人留一个面子，那一定能在与人相处时如鱼得水。

为他人着想，偶尔需要善意的谎言

人们常说，诚实守信是每个人做人的基本原则，但有时候谎言也有其“实用价值”，比如善意的谎言。这一类谎言一定是出于善意的原因而说的谎言，它本身并不是为了自己，而是为了他人着想。

三国的时候，曹操带兵去打仗，结果因为没有水源，士兵们都快要坚持不住了。

曹操灵机一动，就说前面有片梅林，再坚持一下，到了那里，就能吃到可口的梅子。

士兵们一听，立刻口生津液，纷纷加快了速度行军，等到了前面，发现没有梅林，旁边的人说这不是欺骗士兵吗？

可曹操也有自己的道理，如果不在这个关键时刻激励一下将士们，很可能就无法坚持到目的地，而且通过望梅止渴的办法，也让士兵暂时用口水渡过了口渴的难关。

其实生活中有很多时候都需要善意的谎言来装点，这样可达到事半功倍的效果。

一个人得了绝症，是告诉他真相让他在痛苦中过完剩下的日子呢？还是给他一个善意的谎言呢？

一个孩子天生残疾，是告诉他你和别人都不一样，你是个不完整的人呢？还是告诉他大家都一样，只是你比他们更特别一些好呢？

谎言也有它的价值，区别在于，得是善意的谎言。

一个善意的谎言，有时候就是一个希望。

那么，什么样的谎言才叫善意的谎言呢？

对长辈，善意的谎言是安心

自己再难，也要把善意的谎言传递给长辈，让他们安心。有时候自己把困境告诉了千里之外的亲人，他们并不能帮上什么忙，但却会增添很多担忧。

每个人都有自己要打的仗，你要打好自己的仗，暂时有了困难，也要迎难而上，然后把善意的谎言留给后方的亲人。

对同事，善意的谎言是职场的定心丸

同事之间，难免会有利益上的交织，你提成多，他提成少，对方忍不住问起你，你说了实话，对方难免心里难受，甚至会对公司产生意见。所以，很多公司规定不能私下互相打听收入。如果同事问起你关于薪资的事情，你不妨适当说个善意的谎言，这样对大家都好。

对朋友，善意的谎言是友情的润滑剂

朋友买了辆车，车有很多缺点，他问你车怎么样，你该怎么说呢?

如果实话实说，朋友肯定会在意。这个时候善意的谎言就该出场了。始终要记得，你知道的缺点，对方不一定就不知道，他问你，也许是想从你这里得到认同，与其去指出缺点让别人徒增烦恼，何不用一个善意的谎言让他心里开心一些呢。

对爱人，善意的谎言是责任

有一位朋友人到中年，却被公司辞退了，为了不让老婆担心，他还每天早出晚归假装去上班。很多人觉得他脆弱敏感，用谎言来欺骗家人，不能解决问题。没错，确实解决不了问题，但总好过多一个担心吧。善意的谎言，有时候是负责任的一种体现。

不要揭他人之短，不要说他人之痛

《红楼梦》里说：“当着矮人，别说短话。”

小到一个家庭，大到一个社会，说话要注意避开忌讳是一项基本的社交礼仪。中国式的人情世故里，说话要注意对象，不要揭人短，不要让人下不来台，更不要故意去刺激他人的痛处。

《三国演义》里有一段张松献图的剧情，讲的是刘璋所在的蜀地不能自保，派出属下张松去找曹操求助。

张松甚至绘制了蜀中的地图，打算见到曹操就呈给他。结果不远万里到了曹操那里，却因为张松长得丑陋，被曹操给轻视了。

张松一气之下，带着地图逃离了曹操的属地，最后把地图献给了对他招待周到的刘备， 刘备也因为这张地图，以及对张松的赏识，顺利入川，成就了自己的霸业。

最终是曹操三番五次想要对蜀地下手，都不能如愿。

到手的鸭子就这样飞走了，原因竟然只是因为揭了他人之短。

其实刘备也犯过这样的错误，当初卧龙凤雏里的凤雏庞统就因为长相丑陋，被刘备轻视，以为他没什么大才，派他去做个小官。

诸葛亮得知后，赶紧提醒刘备，庞统是大才。

刘备这才意识到自己的失误，赶紧去赔礼道歉。

在日常的人情世故里，说人短处，指出对方的缺陷，是一个非常败坏自己人缘的举动。

中国式人情世故里讲究的是有优点说优点，至少不要说别人的缺陷。如果连这一点都不懂的话，那在人情世故这条路上基本上就算走到头了。

具体到生活中，一定要做到避免以下几点。

别人的短不要去揭

人无完人，每个人都有自己的弱点和短处，人们对于自己的忌讳或者短处是极为敏感的，身高不高的人不喜欢别人说他“矮”，长相不佳的人不喜欢别人说他“丑”，中国式的处世哲学里，在与人交往的过程中，揭人短处和伤疤、戳人痛处，都是一种低情商的表现。我们应避免谈论别人的忌讳和短处，更不能人前揭人短。

别人的家事不要掺和

俗话说家长里短，一旦涉及对方家事的话题，就很容易说出对方家庭的短处，从而让谈话变得不利于自己。要尽量避免与人谈及对方的家事，家家有本难念的经，不妨让对方自己去念自己的经吧。

多谈及对方的长处

人们生来就渴望被赞美、被肯定，与人相处的时候，多谈及对方的长处，说到他人长处的时候不要吝啬赞美。赞美的话不会让你少一些什么，但却可以让对方如沐春风，让彼此之间的关系更加融洽，让此刻的相处更加和谐。

过去的糗事不要提

有一些人哪怕三四十岁了，看见老同学还是会叫别人以前学校里的外号，殊不知外号也是一种揭短。有的人小的时候无力反抗被贴在自己身上的外号，长大成人后就会非常抗拒此类外号再度出现。在中国式人情世故里，不论关系多么亲密，都不要随便去喊别人从前的外号。

越要面子越丢面，偏执的人得不偿失

有的人，凡事必争个对错，结果是赢了道理却失了人心。在中国式的人情世故里，不必事事都有个对错输赢，真正的强大，不是咄咄逼人，而是能够接纳和包容，切莫因为爱面子，而太过偏执，从而因小失大。

袁绍当年号称雄兵百万，当然有夸大的成分，但是估计也不会少于十多万。他的对手曹操却只有两三万人马，一度想要退兵求和。

袁绍身边的谋士田丰让他稳扎稳打，一步一步耗死曹操，稳稳吃下曹操的地盘，统一天下那是必然的。

然而袁绍却等不及什么稳扎稳打，更不会徐徐图之，他觉得优势在我，直接一波碾压过去，何必搞那么多弯弯绕绕，到最后甚至把田丰抓捕下狱，说他扰乱军心。

至于为什么把提意见的田丰抓起来，那是因为袁绍觉得自己被对方说得没面子，非得要证明自己是对的，所以一定要找补回来，就把田丰关在了大牢里。

结果是官渡之战战败，失败后的袁绍不仅没有吸取教训，回去后反而把田丰给杀了，一个人偏执到这种程度，不失败都没有天理了。

从此袁绍一蹶不振，北方也落入了曹操之手。

这就是过于偏执的结果。

在历史上有很多这样的案例，刘备势力被孙权势力背后捅刀子，刘备怒发冲冠，执意要打孙权，谁也劝不住，结果火烧连营八百里，断送了蜀国的国运。

一个人可以有理想，可以为了理想而奋不顾身，但切记不能偏执，甚至把偏执当成是奋不顾身的拼搏。偏执是片面的，而拼搏却是全面了解后的努力，两者有本质区别。

心理学上有一个词语叫野马效应，讲的是一种吸血的蝙蝠，会吸附于野马的腿上，野马被吸了血就会非常狂怒，最后活活被折磨死。后来有动物学家去做研究，发现蝙蝠吸血的量非常少，对于野马来说根本构不成生命危险，野马的死亡是为了摆脱蝙蝠，不得不狂奔，最后死在路上。

偏执往往和面子有着千丝万缕的关系，一个过于偏执的人，往往是过于在乎面子的人，这何尝不是另一种形式上的野马。

那么，怎样才能避免偏执呢？

吾日三省吾身

陷入偏执的境地之后，便会逐渐丧失自我反省能力，面子也就变得比什么都重要，听不进去任何意见。带着这样的状态与人相处，又怎么能在人情世故里如鱼得水呢？

打破偏执的一个好办法就是每天都抽出一段时间，想想自己是不是哪些事情过于自我，试着站在别人的角度看待自己的所作所为。

所谓以人为镜，可以明得失，便是这个道理。

凡事不要都想争辩出高低

一个有偏执心的人，很容易在与人相处时处处都要压人一头。不管是熟悉的话题，还是不熟悉的话题，总要和别人争个高下。真正有智慧的人，不会事事与人争辩。不关我的事情，不去争论，和我有关的事情，争辩也要适可而止。

丢掉敏感回归平常心

别人看了你一眼，一个正常的人可能会觉得他应该有什么话要和自己说，但是对于一个偏执的人来说，他则会觉得别人的目光里有其他不好的意思。不妨在与人相处的时候，少一点警惕性，多一点包容心，不要以己之心度他人之腹。时时刻刻告诫自己，我没有那么重要，我也没有那么不重要。

人生要积极面对，不要被面子束缚

有的人会通过证明某件事自己是对的，从而获得心理上的满足，他们喜欢从他人那里获得面子。对于这一类人，我们可以与人为善，给予对方面子，但对于自己来说，却要跳出面子的牢笼。只有跳出面子的牢笼，才能在人情世故里更加游刃有余。

项羽有多要面子？

打了天下，众人劝说他定都关中，这样才能像秦国统一天下一样，进可攻退可守，立于不败之地。

然而项羽却执意要回江东，表示发达了不回家，如锦衣夜行。

这是项羽第一次因为面子错失控制天下的绝佳机会，也给刘邦翻盘留下了机会。

第二次要面子则更要命，兵败突围，本可以讨回江东，要面子的项羽却又觉得无颜见江东父老。

两次要面子，一次错失良机，另一次要了自己的命。

项羽的英雄气概自不必说，天下无双，然而过于看重面子，也的确在一定程度上害了他。

在中国式人情世故里，可以给足他人面子，但自己需要尽量不被面子束缚住。

要做就做面子的主人，而不是面子的奴隶。

那么怎么才能有效避免自己陷进要面子的陷阱呢？

不妨在想要面子的时候，先想想要面子有啥实质好处。

其实，面子大多数时候都是虚无的，没有任何实质上的好处。除了让自己心理上感觉有些飘飘然，真正的好处是一点也没有的。

所以，面子真是可要可不要，因为它本身就是虚的。

主动放下面子

过于在乎面子，就是给自己找不自在。明明办不到的事情，非要答应，打肿脸充胖子的结果就是死要面子活受罪。

明明做错了，却还硬撑着不肯道歉，觉得道歉就是丢了面子，这样的行为也是得不偿失的。

办不到的事情不要答应，做错了就主动道歉，不要害怕丢面子，人们更欣赏那些信守承诺、知错能改的人，也更愿意给他们面子。办不到的事情却要大包大揽，面对错误却硬撑着不去改正，反而会最终丢掉面子，同时在别人那里也会失去诚信。

不懂就问，不要面子要里子

在与人相处的日常生活中，遇到了不懂的事情，就主动去问，面子不会因为一个问题而丢失。一个人只要能主动起来，不怕丢面子，就能放下虚无的面子，在与人相处时更加自洽。

自我价值自我肯定

要面子本质上还是需要他人认可自我的价值，然而他人的认可又有什么意义呢？一个人真正的价值是需要自我去提升，自我去认可的，如果依靠外界来认可自己的价值，就会让人牵着鼻子走。最后面子不仅得不到，还会失去自我，越来越不自信。

保持分寸感，别人才能感觉到被尊重

人和人相处的时候，就像是两只刺猬，靠得太近，会扎到对方，靠得太远，又显得生疏。所以相处难就难在，把握住“恰到好处”的分寸。说话要有分寸，来往要有分寸，与他人相处时的每一分每一秒都要有分寸。保持住一个合理的分寸感，才能让对方感觉到你是给他情面的。如果没有了分寸感，对方就会有被侵犯的感觉，自然会觉得你不给他面子。

三国时期，诸葛亮的哥哥诸葛瑾在东吴做官，因为脸长，被爱开玩笑的孙权牵了一头驴来，在驴脸上写了一张纸条：诸葛瑾。

众大臣笑得前仰后合，不过也有人觉得这个玩笑开过了，只是赔笑几声。

诸葛瑾有些尴尬，可又不能发作，毕竟孙权是主公。

倒是诸葛瑾的儿子诸葛恪忽然灵机一动，笑着走上前去，说道：“大王能否允许我在这里面再加几个字？”

孙权想看他有什么妙招，就答应了。

诸葛恪在家父的名字后面，又加上了“之驴”二字，众人一看，纷纷暗暗赞扬诸葛恪的机智，连孙权都忍不住赞叹。

面对能决定自己生死的上司，诸葛恪的举动无疑是恰到好处，分寸感把握得极好。

在日常的人情世故里，很多时候我们都会遭遇一些不想面对的场面，这个时候切记不能冲动，而是始终要保持一个风度，把握好分寸感，如果需要反驳，也要把话说得恰到好处，否则冲动就是魔鬼，很可能会让自己陷入更加被动的境况中。

在中国式人情世故里，分寸感是人际关系中非常重要的一环。那么，如何才能做到有分寸感呢？

不要追问他人隐私

别人的隐私不要去追根问底，否则追问不到自己想要知道的，还会给人留下没有分寸的印象。追问他人隐私，不仅让对方没面子，也会让我们自己失去体面。

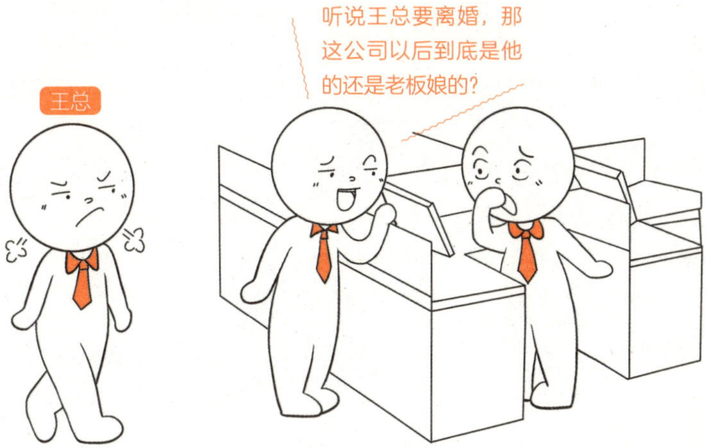

什么场合说什么话

庄严的场合要严肃，朋友的聚会要活泼，恋人的相会要浪漫，什么场合说什么话，一定要心里有谱，嘴上有闸。

如果在庄严的场合嬉笑怒骂，那就失去了分寸感，会让主人觉得受到了冒犯；在与朋友、恋人相处时，如果自己三心二意，也会让对方感觉到被忽略，这都是把握不好分寸感的体现。很多矛盾就是因为没有把握好场合里的分寸感，从而导致了对方觉得你不够给他面子，最终结下矛盾。

相处的对象不同，分寸也有不同

面对不同的人，所要保持的分寸感也不同。如果跟一个秀才讲兵法，你讲得再好，对方也会觉得你在笑话他不会兵法；跟将军讲学问，讲得再好，将军也会觉得你在嘲讽他不懂。分寸感的把握要根据对方的处境来，想要让他人接住你给出的面子，首先你要把握好与人相处的分寸感，在每个人面前说对方能听得懂、也愿意听的话。

只要在相处时认真了解他人，好好交流，真诚待人，有时候不需要刻意表现出给对方面子的感觉，对方也会觉得你很重视他，给足了他面子。

给别人面子就是给自己行方便

鲁迅先生说："面子是中国人的精神纲领。"

"打人莫打脸，骂人莫揭短"是国人一贯的处世哲学，给人留个面子，说不定什么时候别人也会给我们留个面子，事情便更容易成功。假使处处让他人难堪，那我们也就距离失败不远了。同理，我们不给他人面子，别人也就不会给我们面子。毕竟，以其人之道，还治其人之身，是大多数人的处世原则。

一位家喻户晓的画家去见另外一个画家朋友。

正好那位朋友在家里画画，画的是一只趴在树上的蝉，头朝下，尾朝上，似乎正在鸣叫。

画家看了良久，似乎有话要说。朋友问他："我的画不好吗？"

画家笑了笑说：“好倒是好，非常传神嘛，比我画的好。”

“那我怎么看你好像有什么话要说？”朋友一脸不解。

画家随即大笑了几声，“我以前在乡下写生，画蝉，结果有位乡下人跟我说，蝉都是头朝上，尾朝下的。我也不知道他说的对不对，不过后来我都是按照他说的画的。”

“原来还有这一说，既然你也不知道，那我下次去写生的时候观察一下。”

没过多久，画家的朋友去乡下写生，专门去看蝉的动作，发现果然蝉都是头朝上的。回去后，他就把这个观察告诉了那位画家。

画家听完坦然道：“前几天我也专门去看了看，确实如此。”

说完，对方立刻明白了，原来他早知道蝉头朝上是对的，但是却为了顾及自己的面子，只说是从别人那听说的，可谓是给自己留足了面子。

两个人相视一笑，心里都明白了是怎么回事。日后，这位画家总能记起对方给自己留面子的事情，对那位画家的作品和人品都推崇至极。

在日常的相处中，给对方留面子，可以让对方更容易接受我们的观点，也更加容易达到我们的目的。如果硬生生去拆穿，不给面子，反而会把事情搞得很糟糕。

中国式人情世故里，留面子是绕不过去的一堂必修课。给面子不仅是一种自我的付出，更是为自己做人做事行方便。面子在一定程度上就像是一张纸币，只有给出去，才能让它流通，产生价值，未来才会有更多的面子回馈到自己身上。

其实很多人在无意中，都会伤害对方的面子，为了让我们的人情世故更加练达，在留面子这方面，一定要注意以下几个方面。

给对手面子

哪怕是竞争对手，也要给对方面子，在事言事，不去做伤害对方面子的事情。如此才能让彼此在竞争中守住一些底线。一旦不给对方面子，对方可能也会无所顾忌，最终，竞争可能就变成了毫无底线的互相伤害，导致两败俱伤。

给人台阶下

遇到别人尴尬的时候，记得想办法给人脚下铺个台阶。哪怕对方不在场，也记得给对方说点合乎情理的好话，把大家相处的氛围往更积极的方向引导。

对于我们来说，也许只是一句话的事情，但对于对方来说，却是一个被拯救的机会。给人台阶下了，缓解了他人的尴尬，周全了他人的窘境，与人为善，他人才能把善意再回馈给我们。

带着善意相处，但不可失去勇气

给面子也要看人，有的人温良恭俭让，值得面子，就要给足面子。有的人却越给面子越得寸进尺，那就要好好斟酌一下这个面子该不该给了。在人情世故里，我们要尽量做到与人为善，但面对并不在意我们感受的人，甚至不怀好意的人，给面子则要适可而止。

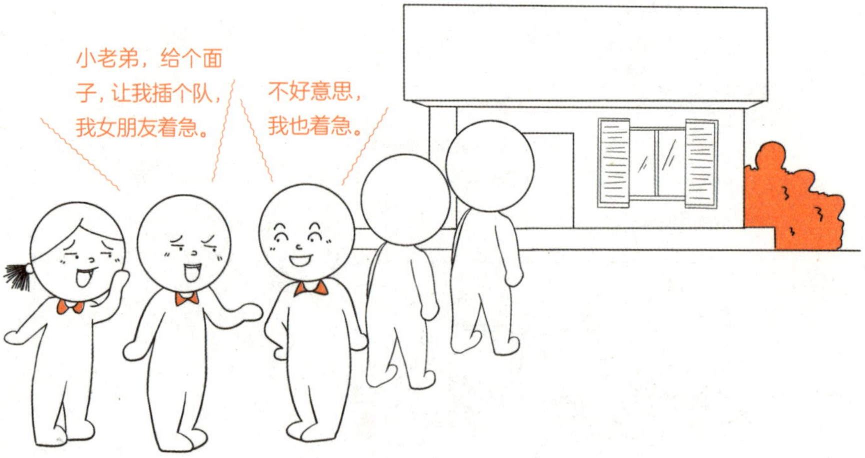

面子是好东西，但不一定人人都配得上。

廉颇刚开始和蔺相如不和，蔺相如处处忍让，廉颇最终被其人格所折服，一出负荆请罪的美谈流传千古。

然而还是廉颇，遇上了奸臣郭开，处处忍让，给对方面子，结果对方依然得寸进尺，最后鸡飞狗跳，不可开交，廉颇只好出走他国。

后来赵王派了使臣想要试探廉颇还有没有能力报效国家。

廉颇明知使者是郭开的人，依然给足了对方面子。

结果，使者回去就对赵王搬弄是非，说廉颇老了，没用了。

瞧，有的面子给了也没用，对方要搞事，完全不会看你是否给面子。

在中国式人情世故里，每个人都要有自己的底线，超越了底线，就不要再谈什么给面子，而是要谈翻脸。

作为一个有血有肉的人，既不能惹事，但也不能怕事，要有给人面子的觉悟，也要有能翻脸反击的勇气。

反击时要把理讲清楚

翻脸不是无理取闹，翻脸更不是得饶人处不饶人，是被逼无奈的反击，是一种在人情世故中保护自我的有效手段。

既然做好了反击的准备，就一定要在反击之前，把事情前后的逻辑捋顺，指出对方所作所为不合理的地方。不论何时，反击都要规范在讲理的范畴，不可以随意对他人进行人身攻击。

反击完记得要翻篇

翻完脸记得要及时翻篇。

翻脸的目的是让人知道你的底线，绝不是为了得罪人。及时翻篇，能让对方也明白他只是触及了你的底线，而不是因为你对他个人有偏见。

不管是什么情况的翻脸，都要对事不对人。

为人处世的底线，保全他人的尊严

面子和尊严看似很相似，其实差别还挺大。面子是一个人的门面，尊严是一个人的底线。

哪怕给不了对方面子，也要尽量保全对方的尊严，无论何时，都不要伤害他人的尊严。同理，我们的尊严，也不能被伤害。

相传，闯王李自成一直是十里八乡重情重义的人，有一次得罪了一个本地的地主，被地主绑在大门外，风吹日晒，水和吃的都不给一口。

地主家的人出来玩，嘴里咬着饼，闯王说给我吃一口吧。

地主家的人把饼丢在地上，踩上一脚，还说给狗吃也不给你吃。

周围的百姓看不过眼，偷偷给李自成送吃的送喝的。

这样一件小事，最终逼得李自成杀死了对方……

在日常生活中，也常常能看见类似道理的事情，本来是一件很小的事情，却因为伤害对方的尊严，让事情变得不可收拾起来。

别人不给我们面子，我们可以一笑而过，但若是别人伤害我们的尊严，就一定要据理力争。

同理，我们也可以不给他人面子，但一定不能伤害他人的尊严。永远记得，尊严是碰都不能碰的话题。

那么，怎样才能不伤害对方的尊严呢？

给不了面子时给对方一个解释

别人需要你卖他一个面子，你出于一些理由没办法给他面子，但你可以给他一个退而求其次的解释。讲清楚为什么不能给他行方便，好过于冷冰冰地直接拒绝对方。给别人一个解释，就是保全别人在求助于你时的尊严。

尊重每一个人

之前网上有个视频，是几个人在加油站把钱扔在了地上，加油站的员工只好抹着眼泪去低头捡钱，哪怕丢钱的人解释说只是不小心扔在了地上，但是依然激起了网民的公愤。

在人情世故中，我们可以把面子留给熟人，对于陌生人能给面子就尽量给别人面子，给不了面子，也请为对方保全一个做人的尊严。

人没有高低贵贱之分，不要让某些方面的优势蒙蔽了我们的良心。

第3章

抬头不如低头，高调不如低调

大海因为地势低，所以成为大海。人因为低调，所以才能厚积薄发。

一个处处体现着自己优越感的高调的人，很难在人情世故中收获他人的青睐，真正厉害的人，都是低调的高手。他们懂得隐藏实力，积蓄力量，不鸣则已，一鸣惊人！

地低能成海，人低方成王

人和人本质上其实都差不多，只是环境造就了略微的不同而已。张扬的人不仅会暴露自己的能耐，也会招来嫉妒。嫉妒是非常危险的一种外界反馈，懂得低调做人，就能避开嫉妒，时机一到便能一飞冲天。如此，才算是领悟了中国式人情世故中的精髓。

庄子和好友去山里游玩，发现山里的大树大部分被砍了，只在一片小树中间有一棵长得歪歪扭扭的大树。

庄子忍不住感慨，木秀于林风必摧之。正因为它不是栋梁之材，反而存活到了现在，而那些长得非常好的树木，却全都被砍伐了。

还有一则故事，讲的也是同样的道理。

吴王去山里游玩，山里的猴子们见状全都躲了起来，唯独有一只猴子不仅不躲避，还站在吴王面前张牙舞爪。

吴王拿来弓箭，射向猴子，结果可能是箭术不佳，竟然没射中。

猴子一看没射中，更加得意，竟然耀武扬威起来。吴王大怒，让身边的人乱箭齐发，最终猴子被射死了。

这就是张扬的下场。

这两则故事其实都讲了一个道理，太过于突出的事物，是很容易被现实摧毁的。

树大招风，猴狂招射，人要是不懂得隐藏自己，到处张扬，那么离一个悲惨的结局也许就不远了。

千万不要以为有能力，有技术，就认为自己聪明，别人都愚笨，从而去显摆自己。

真正的低调是为自己而活

低调不是单纯的不展示自我，真正的低调是全身心去追求美好的事物，努力活成自己想要的样子。

低调才能淡然处世

真正的高手与强者从不炫耀，他们的低调往往只是因为低调让他们感到舒适。因为低调意味着要丢掉世俗的一些东西，比如身份、成就、声望，等等。越是能丢掉这些身外物，越能减少这些东西对自己的影响，从而获得精神上的解脱。无论外界如何变化，自己始终云淡风轻。

低调可以避开很多麻烦

出门在外，财不外露。一旦外露了，就很容易招惹来麻烦。同理，做人要低调，不要显摆，在人情世故中也是如此，你有多大的实力，其实了解你的人心里都清楚，不需要特意去展示，越是展示，反而越会招惹一些麻烦。

低调做好小事，才能高调成就大事

一屋不扫，何以扫天下？

再小的事情，也值得我们认真对待。大海之所以宽广，是因为无数的溪流；草原之所以辽阔，是因为无数的小草。一个人行走世间，也是同样的道理。低调做好每件小事，想要做成的大事自然也会水到渠成。

据说，达·芬奇小时候最重要的一堂课就是画鸡蛋。

小时候的达·芬奇不理解画一个鸡蛋为什么要画那么多次，老师却告诉他，画鸡蛋看似没什么难度，却可以很好地磨炼基本功。

达·芬奇半信半疑，但还是按照老师说的去做了。在老师的启发下，他逐渐懂得了如果想要画更复杂的东西，就要从更小的东西画起，打好基础，磨炼好基本功。

最终，达·芬奇成长为一名大画家。

在日常的人情世故里，也是同样的道理。

多数时候，我们每个人面对的事情其实都是小事情，很少会有大事情出现。

那么做好每一件小事情，就显得尤为重要。

要做好每件小事，那么就要在做事的时候放低自己，切记不能眼高手低。只有这样，才能成就自我。

那么，怎样才能低调做好每一件小事，最终高调成就大事呢？

低调做小事，收敛聪明

低调做事的前提就是要懂得隐藏自己的聪明，聪明固然是一种很好的品质，但也仅仅是对自己而言，如果在做事的时候不断显摆自己的聪明劲头，很可能会让他人感觉到不适，也许事情还没做完，别人就已经不愿意再与我们合作了。

比如，三国时期的杨修，因为处处显摆自己的聪明机智，结果连命都丢了。

低调做小事，关键要做

现代社会节奏快，信息发达，打开各种社交媒体，总能看见别人的巨大成功、优秀的能力、高水准的生活。这些具有冲击性的画面很容易让观看者失去努力的动力，觉得自己再努力也不能达到别人的高度。这个时候就需要告诫自己，别人再好，那也是别人的，我们只有低调地做好眼前的小事，才能有朝一日高调成就大事。

也许，你所羡慕的，正是未来的自己。

收敛锋芒，与人和谐相处

在我们的历史故事里，有很多因为锋芒太露而遭遇挫折的例子，比如《三国演义》里自恃功高的许攸，到处说自己帮助曹阿瞒打赢了袁绍，结果呢？他最终落了个身首异处的下场。

人如果不懂得收敛锋芒，势必会让周围的其他人感觉到不适。久而久之，大家也就对这个人敬而远之了。所以，聪明才智可以运用在工作中，但在人情世故里，却要朴实无华，用真心去对待他人，不要用自己的光芒去刺激他人。

三国时期的谋士杨修是一个极为聪明的人。

有一次曹操带兵打仗，因为进兵不顺利，决定退兵，但他心里还是有点犹豫。

古时候打仗晚上都有暗号，是只有自己人才懂得的密语，晚上巡逻遇见了要互相对暗号，目的是防止敌人溜进来搞破坏。

因为曹操犹豫着要不要退兵，当晚的密语就被他定成了鸡肋。

结果杨修一听，立刻就开始收拾东西，其他人见状纷纷问他要去哪？

杨修得意地说：“鸡肋，食之无味弃之可惜，丞相这是对进攻的目标犹豫了，看来要退兵了，我不得先收拾东西吗？”

其他人听罢，纷纷开始收拾东西，一传十，十传百，曹操问外面为什么那么喧哗，有个人就把这件事告诉了曹操。

曹操顿时大怒，属下猜到人主的想法，这是大忌，而且还扰乱了军心，曹操顿时起了杀心。

可怜杨修聪明一世，却因为聪明而失去了性命。

木秀于林风必摧之。

哪怕有真才实学，也要懂得收敛锋芒，不能用自己的标准去要求所有人，在与人相处时，要多站在他人的角度去想事情，与人合作，更要多多考虑到他人的处境。

处处收敛锋芒，与人和善相处，才是人情世故里的高手。

相反，露出锋芒其实并不能收获什么好处，除了自我感觉良好之外，得到的基本上都是坏处。可惜很多人都无法克服自己的本性，一遇到能凸显自己的事情，就立刻把自己的锋芒全露出来，恨不得闪瞎别人的眼睛。殊不知，这样做的话，除了坏处，好处是一点都没有的。

在中国式人情世故里，怎么藏住自己的锋芒是一个非常需要注意的点，只有藏得住锋芒，才能常青不倒。

收敛锋芒，你的见解不一定对

有一段时间网络上流行一个词语叫“爹味”，就是说有那么一群人，总喜欢好为人师，给年轻人做心灵导师，结果却激起了年轻人的反抗。

同样地，滔滔不绝地表达自己的见解，其实也是一种锋芒毕露。甚至有的人还很喜欢用见解去和人争辩，最终的结果就是不仅没说服他人，反而得罪了他人。

不管什么时候，人都要有自知之明，时时刻刻问问自己，我的见解就一定是对的吗？这个世界上真的有十分确定的事情吗？

答案当然是否定的。

收敛锋芒，但展示价值

收敛锋芒，不是让人什么都不展示。在该展示自己的价值的时候，必须不卑不亢，当仁不让。

如果因为藏锋芒，就不再展示自己的价值，那样就会失去很多本该属于你的机会，最终得不偿失。

坚持不懈，关键时刻厚积薄发

有志者、事竟成，破釜沉舟，百二秦关终属楚；苦心人、天不负，卧薪尝胆，三千越甲可吞吴。

古老的智慧里，有很多关于坚持不懈的生动演绎。当时机不成熟，坚持不懈就是酝酿成功的肥沃土壤。

越王勾践和吴王夫差的故事家喻户晓。

夫差先是打败了勾践，勾践卧薪尝胆，给吴王伏低做小，麻痹吴王，偷偷积蓄力量。最终，趁着夫差出去打仗，越王勾践偷袭了吴国，导致吴王不得不认输。

越王勾践卧薪尝胆的故事，激励了一代又一代在逆境中的人忍耐挫折、厚积薄发。

正所谓“天将降大任于是人也，必先苦其心志，劳其筋骨，饿其体肤，空乏其身，行拂乱其所为”，一个没有经历过逆境、没有坚持过的人，是不可能厚积薄发的。

在我们的历史中有很多这样的例子。姜子牙垂垂老矣，每天愿者上钩去钓鱼，最终等来了自己的机会，获得了起用；愚公面对大山，也能乐观地靠着子子孙孙无穷尽去移山；诸葛亮在茅庐躬耕数年，等到了三顾茅庐……

凡是成大事者，很多都有一段坚持不懈的日子。

在中国式人情世故里，讲究的是人情练达，但更重要的是自己要有价值，有价值的前提是要克服逆境与挫折，从而打败挫折，逆境翻盘，最终厚积薄发，一飞冲天！

坚持不懈也要考虑周全

坚持不懈的关键在于考虑周全，把将来要做的事情先想透，把想要达成的目标先看透，通过目标倒推每一个重要环节，然后把每一个环节该做什么都做到。正所谓走一步，就要想好后三步，甚至于后十步。

如此才能一步一步，到达目标。

坚持不懈需要克服困难

越王勾践为了取得吴王夫差的信任，甚至放弃了王的尊严。

普通人在日常的人情世故里不需要这么低姿态，但也要懂得坚持不懈不是一件容易的事情，要做好耐得住寂寞，吃得下苦的准备。

坚持不懈就是沉得住气

坚持不懈大多数时候是在蛰伏期，必然是遇到了一定的逆境和挫折，这时候越是想要达成的目标，越要沉得住气，在目标达成之前，绝不轻易放弃。

不松手，不松劲，找对方式，坚持到底，这就是成事的秘诀。

低头认真做事，人情世故的本质

饱满的稻穗都低着头，昂着头的稻穗不会获得农夫的青睐。

在中国式人情世故里，低头不一定会被人看扁，相反，适当低头，反而会让真正的智者更看重你，明白你的能力绝非一般。

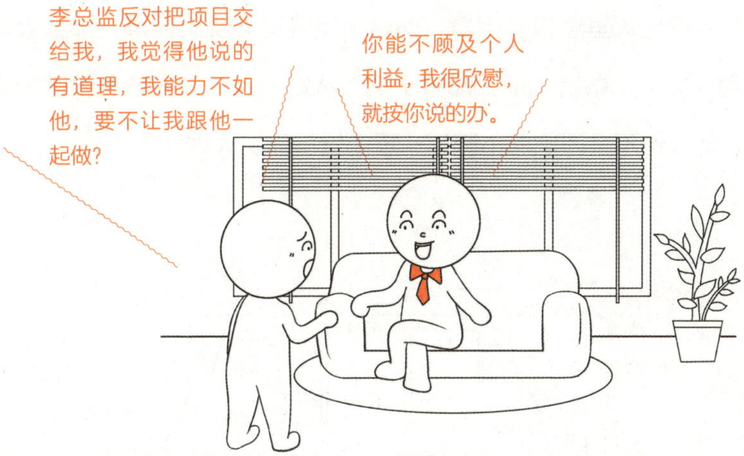

俗话说人在屋檐下不得不低头，一个人总会有需要低头的时候，不懂得低头，过于刚直则易折掉。

伍子胥在吴国的时候，执意要吴王彻底消灭掉越王勾践。伍子胥一再向吴王表示，越王勾践是胸有大志的人，绝不会屈服。

吴王不听他的，伍子胥就破口大骂，最终惹怒了吴王，把伍子胥给杀了。

伍子胥刚直到什么程度？

他对自己后事的处理可见一斑。

他竟然要求死后把自己的头颅挂在城门口，要亲眼看到吴国灭亡。

一些人不愿意低头，仿佛低头就会失去一切，但事实绝非如此，懂得适当低头其实是一种大智慧。

只有学会低头的人，才算是学会了人情世故里的重要一环。如果觉得低头很难，那么就先在心里想想，现在低头是为了有朝一日能昂起骄傲的头颅。

向事情低头

向事情低头，是勇于承认错误的一种表现。

如果在人情世故里遭遇了困境，而这个困境又涉及某件事，那么大可以就这件事向他人低头，做错了事，却勇于低头认错的人，大多数时候都能收获他人的谅解，他人也不会因此而小瞧你，反而觉得你识大体。

低头时不要在乎外界声音

局势不利于抬头，局势需要你低调，那就选择低调，不要在乎外界的看法。

韩信能忍胯下之辱，不管外界如何看不起他，他从不在乎外界这些评论，只在乎自己的才能能不能得到发挥，所以才有了未来的大功绩。

低头的关键是吸取教训

低头做事，低头做人，重点在“做”。

只单单会低头，却不能从低头中吸取教训和经验，那就只能是毫无意义的认怂。

大丈夫立于天地间，能屈能伸的原因在于，屈是为了伸得更高，弯下腰，低下头，是为将来的王者归来！

所以每一次低头，都要学会总结经验，争取不在同一个地方低两次头，让低头成为成功的前奏！

低调行事，更易成就一番事业

有的人爱高调行事，有的人喜欢低调行事，古今中外那些能成就一番事业的人，大多是后者。他们不在意人前的高调威风，而是选择低调做人。他们会在他人看不见的地方下苦功，努力提升自我。终有一天，他们的努力会成就自我，然后惊艳所有人。

战国时期，齐国君主为了称帝，但又害怕被天下诸侯围攻，于是撺掇秦王和他一起称帝，提出两国君主一个在东边称帝，另一个在西边称帝。

秦王假意答应，等齐国君主称帝了，被群起而攻之，秦王却一直不称帝，反而还去攻打齐国，搞得齐国从此一蹶不振，甚至于秦国最后统一天下的时候，齐国连像样的反抗都没有。

还有一个故事，也阐述了把高调留给他人，低调留给自己的智慧。

曹操权倾朝野，孙权就撺掇他继承大统，结果曹操根本不上当，说这是孙权小儿把他架在火上烤。曹操的选择很聪明，我就做一个万人之上一人之下的人就行了，不慕虚名而处于实祸，将高调留给帝王，将实惠捏在手里不放松。

在中国式人情世故里，最高级的智慧之一就是把握住低调的实惠，把高调让给他人。

高调往往只能获得一些虚无的名头和感受，但却会让人忘乎所以，甚至于接近实祸。低调则是有意为之的智慧，让自己不显山露水，但好处却不会少。

那么，怎样才能把高调留给他人，将低调留给自己呢？

事情没做成前，不要到处宣扬

想做什么事情，去做就好了，不要在八字还没有一撇的时候就到处宣扬你要做的事情。这样不仅没有什么好处，还会带来相应的阻力。如果想要和人商量如何做事，最好规范在一个小范围之内，请教专业人士即可。

做事要认真，生活起居要低调

在事情没做成之前，要倾注全力对待所做的事业，切不可把劲头放在生活起居上。

生活起居符合自己的收入、符合健康的标准即可，不要刻意与人攀比，不可打肿脸充胖子，在明显不符合自己收入的地方投入大量的资金。这样会导致自己的收支陷入不平衡，久而久之，一时的高调换来的却是长久的痛楚。

想要做成事业的人，要把自己的精力尽力放在该发力的地方，在其他地方则要适当减少关注。

多个朋友多条路，高调低调要灵活

多个朋友多条路，多个敌人多堵墙。敌人越多，路越难走。一个人不论是在生活中，还是在工作中，若是到处树敌，那将会寸步难行。人人都明白不能树敌，但敌手似乎总能被制造出来。这是因为我们在平常为人处世时，该低调的时候却选择了高调，导致我们总是不知不觉就会破坏掉彼此关系里的和谐。比如说，帮助了同事，这时候同事肯定对你有感激之情，你这个时候高调，反而会让对方觉得你显摆，久而久之，对方就会在不知不觉中站在了你的对立面。

小李刚毕业那年一腔热血，不论是职场还是私下的生活中，看到不符合自己三观的事情就是一顿回怼，结果得罪了不少人。

甚至有一次，在一次公司的聚会上，他和一个同事因为一个无足轻重的事情争论不休，最后甚至挖苦对方什么也不懂。一顿饭让两个人变得老死不相往来，在日后的工作中，对方也不怎么配合他。小李心情很糟糕，最终干不下去了，只好辞职。

在中国式人情世故里，每个人都要找到自己的社会属性，在他人心目中留下自己的位置。太过于高调，别人会不愿意与你相处；太过于低调，则容易被人忽视。

所以一定要找到中间的平衡点。在人情世故里，无足轻重的事情，一定要低调；涉及自身的核心利益时，则一定要据理力争，高调处世。

总的来说，不论是在职场中，还是生活中，高调和低调要根据当时的情况灵活转换，不可以刻舟求剑。

那么怎么才能灵活运用好高低调的转换呢？

小事上低调

日常的人际交往中，一些小的事情基本上不会涉及利益，这个时候就尽量低调，不要在这些小事情上争论和邀功。

面对观点低调

在工作上有时候会面临一些观点之争，如果有事实作为依据，就要据理而辩。如果只是对方的一些个人观点，那就没必要为此而高调辩论。工作的目的是把事情做成，而不是成为一个辩倒对方的辩手。

面对人格高调

如果是涉及自己人格上的事情，就要高调处理，否则容易让人觉得你没有自己的底线。对方很可能就会在你的纵容下失去分寸感，如果对方一再得寸进尺，到最后彼此之间还是会闹出矛盾。不妨在一开始面对这些情况的时候，就立刻高调地表露出你的原则，让对方明白你的底线，守住彼此关系的边界。

低调内敛，脚踏实地不浮躁

人生是一场漫长的旅行，高调的人内心浮躁，缺乏毅力和耐心，喜欢追求短期利益，更无暇欣赏人生旅途上的风景。

一个人想做成一件事，就要制定长远的目标，将低调与内敛当作行事准则，戒除浮躁之心，做事脚踏实地，如此才能在人生的道路上有所收获。

这是个充满诱惑的世界，一个人能不能待人接物不浮躁，面对生活沉得住气，是成就大事的关键点。

有一个朋友大学毕业后，发现电商赚钱，就去做电商，做了半年后觉得没日没夜太累了，就又选择了去搞养殖，搞了半年觉得更累，收账又慢，又去学程序，打算做个程序员，学了几个月又放弃了。

最后发现什么都搞不成，只好沉迷于游戏和看各种没有营养的视频，彻底成了一个脱离社会的边缘人。最终一路走过来，什么也没做成。

有一次吃饭，别人问他到底怎么想的，他说每天看着日新月异的世界，看视频里别人精彩的生活，自己真的很难沉得住气，总想着一口吃个大的，什么赚钱就想搞什么，最后也没得到自己想要的结果。

同样地，和他一起毕业的另外一个人，从毕业的那天起，就选择了沉下心来为自己喜欢的事情而努力，从不为外界所干扰，甚至连手机都很少看，也从不沉迷于打游戏、刷视频。

他从一开始就给自己制定了当大学教授的目标。因此，他大学毕业后继续考研，学习深造，一路从研究生到博士，最后顺利成为一名大学教授。

这就是沉得住气，能抑制住自己的浮躁，踏实处世的回报。

一个人能不能脚踏实地不浮躁，是成事之前非常重要的一环，面对纷纷扰扰的外部干扰，能始终沉得住气，秉承低调内敛的行事准则，朝着既定的目标坚定不移地走下去，那么就一定能拥有一个好的结果。

面对外部干扰诱惑，怎样才能沉得住气，抑制住浮躁，将低调与内敛进行到底呢？

专注于持续学习

人心浮躁的前提是内心的空洞，精神的空虚，充实精神最简单有效的办法就是读书，每周看一本书，一年也能看五十本书。

书看得多了，精神自然充实，外界的诱惑自然就被屏蔽掉了。

从众不一定有好处

别人有的，你也要有，完全不管自己需要不需要，其实这就是从众心理。

很多时候，别人有的，不一定是你需要的。别人有豪车，你也想要，但不一定是你需要，你需要的是出行工具。

想要是一种欲望，需要是一种必须。分得清想要和需要，才能淡定戒掉浮躁心理。

做大事欲速则不达

大事一定是慢慢做成的，好事一定是多磨的，欲速则不达是老祖宗留给我们的智慧。

不论做什么，当自己忍不住想要快速达成目标的时候，就想想这句话，一定会有很大的帮助。始终要牢记一点：很多事情，慢慢来，才会比较快。

第4章

心胸豁达，不计较的人有大智慧

大肚能容天下难容之事，才能在人情世故里保持一个良好的心态。

心胸狭隘的人，每天与他人斤斤计较，最后累的是自己，事情也很难做成。

心胸豁达的人，抓大放小，不重要的事情睁一只眼闭一只眼，才能把有限的精力运用在重要的事情上。

宽容他人，等于善待自己

老子说：“夫唯不争，故天下莫能与之争。”

你在意什么，什么就会困扰你。宽容他人，不仅是原谅他人，更是放过自己。人生短短几十年，何必把自己耗在无意义的计较上，不如放过他人，也放过自己。

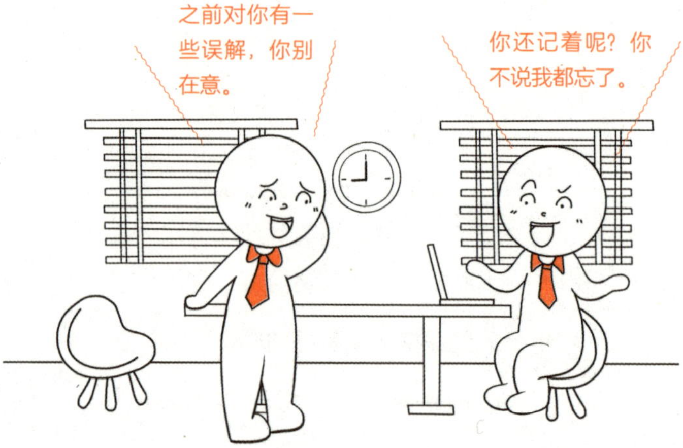

韩信在没有投军之前，曾经有一段非常艰辛的日子。

因为没有吃的，只好每天去别人家蹭饭，那户人家的女主人为了不让韩信来蹭饭，早早把饭做好吃完，韩信便懂得了人家的意思，只好转身离去。

韩信没有办法，只好去河边钓鱼，想碰碰运气。结果还真走了好运，一连几天，一个在河边洗衣服的女人都会给他带点饭。

然而这还不是他最艰难的时候，最艰难的时刻是胯下之辱。

有一天他在街上行走，忽然被一伙无赖给拦住了，其中的领头人轻蔑地对韩信说，要么从他的胯下钻过去，要么就杀了他。

韩信选择了钻过去。

因为这个事情，韩信在日后受到了项羽的轻视。

后来韩信投奔了刘邦，被拜为大将军，帮助刘邦夺取了天下，被封为楚王。

从前侮辱过他的人听说韩信要回来了，吓得不行，去请罪。

众人都以为他必死无疑，结果韩信却宽恕了他，而且还封了个官给他。

尽管韩信日后的结局并不好，但仅仅从他宽恕人这件事来看，他做的可谓是到了极致。

在中国式人情世故里，宽恕他人，其实就是在放过自己。如果抓着别人的错误不放，其实也是在惩罚自己。

只有真正宽恕他人的人，才能放下心里的结，把那些过去的遗恨从内心清除，给自己一个清净的精神世界。

那么，如何才能宽恕他人呢？

其实，宽恕是一个过程，你可以试着按照下面的步骤去宽恕他人。

第一步深呼吸

不论遇到多么糟心的事情和人，先来个深呼吸，也许一个深呼吸，本已经紊乱的情绪也许就会得到抚慰。也可以在深呼吸的时候，把整个事情再想一遍，想想是不是真的需要去发泄才能改变这件事。

第二步找理由

当我们不想宽恕一个人的时候，会有一万个理由，但想要宽恕他人的时候，其实一个理由就足够了。可以想想他们为什么要做令我们不可接受的事情，给别人找找理由，就能找到症结所在，解决症结，也就解决了问题，自然就宽恕了。

第三步想好的

不妨想想对方好的一面，能让我们值得宽恕的人，一定是我们生活里经常打交道的人，是人就会有优缺点。想想对方的优点，想想对方是不是也曾对我们好过，多想想好的，宽恕也就没那么难了。

第四步找宽恕

想想自己是不是也有被他人宽恕的经历。

每个人都有得罪人的时候，而别人也会有宽恕我们的时候。当我们觉得宽恕很难进行的时候，不妨想想那些被宽恕的时刻，将心比心，既然我们获得过宽恕，那么现在又有什么理由不把这份宽恕回馈出去呢？

情绪稳定，不要随意发泄情绪

暴怒伤肝，愤怒带来的伤害是不可逆转的。

人孰无过，每个人都会有犯错的时候，不要用他人的错误来惩罚自己，生命的意义在于解开心结，开心度过每一天。要学会转怒为恕，做一个情绪稳定的人。同时也要多多理解他人，不要因为别人的举动不符合我们的预期就让自己陷入愤怒的境地。

孔子的一个弟子问老师："什么智慧可以终身都去奉行呢？"

孔子答："恕。"

宽恕是人情世故里的重要一课，每个人都要用心去学习。因为一个被情绪裹挟的人，不论做什么事情，都很难做好。

小王和小李当初一起创业，合伙开了一家广告公司。

后来两个人因为经营理念不合，散伙各自去单干。

几年过后，小李的公司蒸蒸日上，而小王却公司早已经倒闭了好几年了。究其原因是什么呢？

小李有一次喝醉了之后给小王透露了一下自己的看法，他说你这个人脾气太大了，每次员工犯错，你就大吼大叫的。你不尊重员工，也就留不住他们。

小王不服气，说那你不也是经常发脾气吗？

小李摇摇头，表示自己的愤怒和小王的愤怒有着截然不同的展示方式。

小王仔细一想，好像确实如此，每次小李生气了，最多就是一言不发，之后会把员工叫过去，把事情再说一遍，但绝对不会用生气的态度，而是一个教做事的态度。

“这就叫稳住情绪，不随意发泄怒火，把怒气转化为宽恕。”小李笑道。

小王一下子恍然大悟。

的确，谁愿意和一个经常对自己发脾气的人共事呢？

人与人打交道，最主要是要把事情做好，发脾气其实对于做事没有任何帮助。与其把精力放在毫无用处的发脾气上，不如把怒气转化为宽恕，把精力放在解决事情上。

不过要在日常中时刻保持一个稳定的情绪，尤其是面对怒火即将到来的时候，也能稳定住情绪，其实是一件很难的事情。

但也不是毫无办法，其实稳定情绪，也有小妙招。

把愤怒写下来

让自己生气的事情，就写在本子上，这其实就是一种和自己对话的方式。

很多时候，愤怒被一个字一个字地写下来的过程就是一个发泄情绪的过程。在书写的过程中，也能在内心形成对这个事情的更理智的看法。

愤怒来了照镜子

当一个人生气的时候，其实是很丑陋的，情绪让五官扭曲，让整个人变得狰狞。

怒火来了就去照镜子，看看镜子里的自己，看看失控的自己，有利于让我们回归冷静。

分散注意力

怒火来的时候，不要再钻牛角尖去想令你生气的这件事，可以试着把注意力转移到另一件事上，比如看看办公室里的花草，看看外面的风景，打开手机看个视频等。

总之，怒火来了先熄灭，如果熄灭不了，就赶紧做点别的事情换换心情。

怒火来了问问题

令人愤怒的事情已经发生，这个时候再去改变已经没有可能了，那就既来之则安之，多问自己几个问题，这个事情真的值得生气吗？我为什么生气呢？我要是不生气，这个事情就解决不了吗？我生气，又能解决什么呢？

几个问题问下来，很容易就让人看清楚令人愤怒的事情的本质，看透了本质，气自然也就消解了。

肚里能撑船，才能做成大事

俗话说，宰相肚里能撑船。

心胸太狭隘，人生的路会越走越窄，往往过不好这一生。在中国式人情世故里，度量大意味着能忍常人所不能忍，如此才能撑得起心中的理想，成就常人所不能成就的大事。另外，一些无关紧要的事情能忍则忍，没有必要为了一些不必要的事情与人产生矛盾。

公司老总在开会的时候说错了一个数据，旁边的秘书没有提醒他，部门经理也没有提醒他，下面的员工们自然也不敢提醒他。

倒是新进来的一个应届生员工嗫嚅着提出了数据错误的问题。

这位老总愣了一下，回头去检查数据，果然发现自己说错了。

大家会后纷纷为这位新员工捏一把汗，老总这个人认真起来，那是出了名的，谁敢给他提意见。

后来的结果出乎所有人意料，老总提拔了那位小伙子，让他负责把关公司的所有数据。

在各种人情世故里，往往没有直言过错的传统，大家更多的是将话语收在肚子里。

然而一个人想要实现大的理想，就需要有大的胸怀度量，去容纳自己的理想。这位小伙子固然勇气可嘉，但这位老总的度量也同样值得一句夸赞，能虚心接受新人的指错，其实需要的勇气一点不比提出问题要少。

那么，怎么样才能在日常的人情世故里始终保持一颗谦卑的心，让自己更易接受他人的意见，成就大度量，实现大理想呢？

首先要改变自己的观念，通过三步走，让来自他人的批评和意见变成实现我们理想的奠基石。

第一步先检视自我

首先，要明白这个世界上没有人会永远正确，是人就会有疏忽疏漏，面对他人的意见，要首先想想自己是不是真的没做好，而不是先去反驳他人。

第二步有则改之无则加勉

如果没做错，那么别人的意见就不重要，不重要的意见就更易被接受了；如果做错了，那么别人的意见就很重要，很重要的意见也容易被接受。理清楚了其中的逻辑，不论是什么意见，就都会变得很容易让人接受了。

第三步去感谢提意见的人

需明白那些勇于给你提意见的人，其实大多数都是操了好心，希望你变得更好的人。现在节奏这么快，谁会愿意花时间给别人提意见呢？吃力不讨好的事情还要去做，大多数时候只有一个解释，那就是重视你，才跟你提。

通过三个步骤，改变思维模式，接受外部的正当意见，就能改变自我、提升自我，最终朝着理想坚定不移地前进。

斤斤计较，成功的天敌

人际关系是建立在信任和互惠之上的，越是斤斤计较的人，反而会失去更多。

在中国式人情世故里，气量是每个人都避不开的必修课。只有不斤斤计较的人，才能人情练达，放弃眼前的小利益，谋取远方的大利益。如果凡事都斤斤计较，人情世故这方面就会出问题。虽然暂时好像得到了一点小利益，但失去的却是对方的尊重。

有一个非常有名的寓言故事，讲的是狐狸给两头小熊分奶酪的故事。

两头小熊在路上捡到一块奶酪，谁都不想让对方独占，那怎么办呢？一分为二吧，可是它们又担心对方分的不会公平，于是就僵持住了。

这时候来了一只狐狸，说可以帮忙，给它们分奶酪。

两头小熊欣然应允，第三者总公平公正了吧。

狐狸就把奶酪一掰为二，其中一头小熊说："那块大，这块小！"

狐狸当然知道，这就是它故意的，它就咬了一口那块大的奶酪："现在一样了吧？"

"那块又变小了！"眼尖的小熊马上喊道。

狐狸哈哈一笑，又在另一块上咬了一口。

就这样，三下五除二，狐狸打着分奶酪的名义，很快将奶酪吃了个干净。

两头小熊这才回过神来，可是再后悔，奶酪也已经被狐狸给吃掉了。

两头小熊斤斤计较，结果最后什么也没计较到。

在生活里，也经常会有这样的情况，两个兄弟争家产，争得头破血流，最后耗费了精力，破坏了感情，也不一定能得到自己想要的。

在职场上，为了一点收入，有的同事间也是斤斤计较，争得不可开交，最后也不一定就能得到自己想要的。

如何才能避免在生活中、职场中斤斤计较，让自己的气量始终变得更宽广更大度呢？

不妨先理解斤斤计较的坏处，然后试着从心理上说服自己做一个不斤斤计较的人。

气量越大，越有主见

如果一个人很容易被外界的声音影响，那就很难是一个大气量的人。大气量的人，首先不会以外界的声音为评判标准，他们的内心深处会有自己的一套行事准则来为自己的行为背书，这就叫有主见。

越是气量大的人，越是有主见，越不会轻易受到他人的影响。

严于律己，宽以待人

对待自己要严格，因为自己是成就自我事业最关键的人，只有严格要求自己，处处跟自己斤斤计较，才能更容易促成事业的成功。

对待他人则要宽以待人，因为我们无法控制他人的所思所做，那么不妨放弃改变他人的想法，把宝贵的时间用在自己身上。

气量大，才能有后福

当自己想要斤斤计较的时候，想想这句话——福兮祸所伏，祸兮福所倚。

斤斤计较的事情，背后可能隐藏着一个我们并不想要的结果。

想通了这个道理，斤斤计较的时候就会有所收敛。

另外，气量也不是一天培养起来的，需要慢慢来，就像吹气球，一点一点吹，持续不断地训练自己的气量，慢慢就能有一个大气量。

有了大气量，就能宽以待人，宽以待人，便能收获人心，人情练达。

以和为贵，人情世故的必要因素

《论语》曰：礼之用，和为贵。

在中国式人情世故里，讲究以和为贵。人与人相处时，在不违背自己的底线和原则的条件下，遇到事情或矛盾时，尽量做到大事化小，小事化无，不钻牛角尖，得饶人处且饶人。如此，便能一团和气，人情练达。

一个做瓷器的企业家在刚开始创业的时候，经常遇见不少无赖来捣乱，最后他只有雇用了很多保安去和这群无赖对抗。

结果双方闹得不可开交，连瓷器厂都开不下去了，企业家伤心之余离开了这个地方。

沉寂了两年之后，有一天他在一处寺庙祈福，跟大和尚提起这件事。

大和尚想了想，看了看刚下完雪的天空说：“你这件羽绒服不错，要是大家都有得穿就好了。”

企业家很不解，大和尚留下企业家在寺庙吃斋饭。

到了中午，大太阳出来了，吃完斋饭，企业家和大和尚在寺庙里散步，走了几步他觉得有些热，就把羽绒服脱了。

大和尚立刻接过去，交给了身边的小和尚。

小和尚拿着羽绒服，企业家很过意不去，表示还是自己拿吧。

大和尚这时候却忽然说：“你早上说的事情，就像这件羽绒服。”

企业家一愣，大和尚继续说：“若是寒风来刮，别人来抢，你肯定会反抗，最后就是一地鸡毛。可是若是太阳出来了，你觉得暖和了，你自己就会主动脱下来。”

企业家一听，顿时明白了其中的道理。

是啊，以和为贵，才能以和促和，让双方都得到好处。若是因为有矛盾就互相伤害，只会让彼此更加疏远。寒风不能办到的事情，也许一个温暖的阳光，就能办到。

在中国式人情世故里，矛盾发生的时候，最好的解决办法往往就是用和气去化解，若是双方顶着脾气你来我往，最终就会造成双输的局面。

成大事的人，必须学会以和为贵，用和气去装点自己与人打交道的氛围，才能飞龙在天。

那么，怎样才能做到得饶人处且饶人，以和为贵呢？

任何事，商量着来

很多时候人与人之间的和气被破坏，主要是因为双方感觉到了不被尊重。

人与人打交道，大多数时候都是围绕着事情来的，所以做事的时候如果能一直有商有量，那么和气就会一直围绕在双方的身边。

礼多人不怪

礼尚往来是中国式人情世故的关键，中国人讲究一个你来我往。来往越多，和气越多，面对和自己不对付的人，若是时时刻刻都能以一个礼貌的态度去和对方相处，用礼尚往来去缓解彼此间的僵硬气氛，和气也许就会越来越多。

观点不同不要辐射到整个人格

有些观点不相同，很容易产生矛盾。不要把这种观点的不同辐射到对方的整个人格上去。

只要不是触及自己核心利益的行为举止，哪怕是自己看不顺眼，也没必要去破坏和气。每个人经历不同，三观不同，有矛盾是正常的。正视矛盾，避开矛盾，能维持一个表面的和气，对双方来说就是双赢。人与人相处，和为贵，从来都是最节省人际交往成本的选择。

礼让他人，人情世故的润滑剂

为人处世，让他三分又何妨？退一步看似忍气吞声，实则掌握了彼此之间的主动权。

在中国式人情世故里，那些懂得退一步的人，往往是拥有大智慧的人。他们明白，暂时的退让是为了不久的将来能更进一步。

在《左传》中有一个经典的关于礼让的故事。

当时的晋国是天下的大国，国中有一个臣子叫晏子。

晏子的家族在当时的晋国地位非常超然，可是晏子却没有因此养成一个纨绔子弟的性子，反而很谦逊。

有一次他和几个朋友乘着马车出门，车子走到一个狭窄的巷子中，巷子路两边还停着很多马车，通过非常困难。

晏子每次看见前方有马车过来，就赶紧让驾车的人把车子停到路边，让对方先走。

一连几次，终于出了巷子。

驾车的人很是不解，晏子的地位这么高，应该是其他人让他，为何要礼让他人呢？

晏子却表示，我们的目的是坐车去那个地方，至于在路上谁让谁，不需要计较。而且正是因为让了他人，自己也才能更快地到达目的地。否则，都堵在巷子里，什么时候出去还不知道呢。

晏子的行为一时传为美谈。

与此类似的还有六尺巷的故事，两家争抢宅基地，最终先让出的那一家获得了美名，另外一家不好意思，也让出来三尺，最后化干戈为玉帛。

在中国式人情世故里，凡事让人三分，做一个温润如玉的人，如此才能收获更多。

要明白暂时的礼让，其实都会在未来的某一天以另外一种方式回馈到我们身上。

正所谓进一步越想越气，气坏了身体，退一步海阔天空，越退越淡然。越是淡然，越能获得更多意想不到的收获。

在日常的人情世故里，怎样才能做到礼让他人，做到退一步，然后收获更多呢？

礼让可以逐次递减

礼让其实是一种深层次的利益博弈，所以礼让不要一次性让得太多，千万不要一次让到底，毫无底线的礼让，除了会让对方觉得你是个老好人，还让自己没有了丝毫回旋的余地，要根据自己的实际情况来。

每次礼让前，先想清楚自己的底线，在底线之上可以和和气气，让着对方，如果触及底线，则不能一退再退，而是要跟对方讲道理，讲明白你为什么不能再退让的理由。

你可以把礼让想象成一次买东西时的讨价还价，你先礼让十分，不行再加十分，如此一点点退步，对方更能体会到你对他的让步。

礼让尽量让在明处

礼让了他人，想的是未来他人能念你的好，那么就需要让对方知道你在礼让他，让他心里领你的人情。

如果私下里忍气吞声，反而会让对方以为利益是自己争取到的。

所以在礼让的时候，可以有意无意流露出自己的难处。

如此才能让对方明白，你的礼让是你在为对方着想。

记好不记坏，有误会及时解除

人活一世，除了伴侣和亲人，最重要的交际圈就是朋友圈了。一个能处理好与朋友之间关系的人，肯定是一个有智慧的人。

在中国式人情世故里，处理朋友关系的诀窍就在于多记住朋友好的一面，少记或者干脆忘掉朋友不好的一面。

阿伟最近手头比较紧，实在周转不开，只好开口跟好友小彭借钱。本来他也是不愿意开口的，因为之前小彭也找他借过钱，阿伟当时因为没钱，就拒绝了小彭的请求。

现在轮到他来借钱了，尽管很不好意思，可现实逼得他也不得不硬着头皮去借。

本以为对方也会拒绝他，谁知道刚一开口，小彭就大方地让阿伟把银行卡号发过去。

阿伟非常感激，忍不住提起了前段时间自己没借钱给小彭的事情，解释说这一两年手头都不宽裕。

小彭却笑着说："咱们是朋友，又不是买东西付账，不用算那么清楚。谁都有困难的时候，当时你不借钱给我，我知道你是因为手头没钱，你要是有肯定借我啊。"

一番话说得阿伟当场感动不已。

后来阿伟渡过难关，生意逐渐有了起色，成了本地有名的企业家，但唯独对小彭这个患难时期的朋友一直不离不弃，不管小彭后来有多么落魄，阿伟都是尽力相助，从不求回报。

因为阿伟知道，小彭这种人，才是他的真朋友。

在日常的人情世故里，想要收获他人的友谊，就需要真诚地用一颗心去换取另一颗心。如果换不来，那可以打住，如果换得来，就要更加用心地去守护。不要因为一次误会，一点矛盾就轻易对朋友有看法。

自己认定了的朋友，就要相信他，守护住彼此的友情。朋友多了，才能多条路。朋友多了，生活才有它独有的快乐。

一个人的生活里，除了自我、伴侣、亲人，还必须有朋友。

朋友带给我们的快乐，是金钱物质都无法带来的宝贵体验，所以，我们一定不能活成孤家寡人。这需要我们在平时的相处中就要多记朋友的好，少记那些不好的地方。

如果因为一些不好的事情产生了误会，就要及时化解。

那么，误会具体该如何化解呢？

在中国式人情世故里，自有一套化解误会的方法。

面对无心伤害不要在意

朋友间的伤害很多时候都是无心之举，很少有人会专门去伤害朋友，当然这种人也有，只是很少会被我们遇见罢了。一旦双方都认同彼此是朋友，鲜有故意伤害对方的意思。所以面对真朋友的无心伤害，不要放在心上。

请客吃饭化解误会

如果和朋友产生了误会，那最好请朋友吃个饭，席间喝点小酒，情绪到了，再把之前误会的事情讲出来，很容易就和解了。最好不要在刚见面的时候就提误会的事情，朋友之间的误会，还是顺其自然慢慢讲出来比较好，让双方都有一个慢慢消化误会的过程。

衣不如新，人不如故

有的人和朋友闹翻了，朋友其实心里也很过意不去，甚至想要来和解。可有些人却不会给朋友机会，电话不接，消息不回。其实大可不必，一个人的朋友是有限的，成年后更不容易交到真心的朋友。面对好朋友的主动和解，哪怕是对方真的伤害了我们，我们也要试着给对方一个和解的机会。

毕竟，衣不如新，人不如故。

第5章

难得糊涂，做个糊涂的有心人

糊涂是一种大智慧，真正的难得糊涂，是糊涂做人，清醒做事。

为人处世的时候，不妨糊涂一点，面对他人的过错不要过于纠结，面对人情世故里的不如意，用糊涂轻松应对。凡事看开，凡事看淡，重要的事情十分清醒，不重要的人与事则保持一个难得糊涂的态度。

在中国式人情世故里，遇事遇人，分清主次，何时该清醒，何时该糊涂，才是大智慧。

面对他人之错，不妨糊涂一点

中国人的处世哲学讲究“糊涂”二字，糊涂是一种大智慧，可使自己心安，也可免去一些麻烦。心头洞明，表面糊涂，凡事退让一步，面对他人的错误，不妨糊涂着放过，不要把事情做绝，要始终给彼此的关系留有余地。

唐代的郭子仪力挽狂澜，平定安史之乱，让唐朝再次回归正轨。

功高盖主的郭子仪在朝廷里被很多人嫉恨，其中就有唐代宗的宠臣鱼朝恩。

鱼朝恩趁着郭子仪带兵在外的时机，竟然暗中派人挖了郭子仪的祖坟。

在古代，这是一件非常严重的事情，古人相信祖坟被挖家里的荣耀就会被阻断，也会为后代招来祸事。

如果是一般人，肯定会怒发冲冠。

但郭子仪却选择了装糊涂来避免和唐代宗的宠臣鱼朝恩正面对抗。

他把祖坟被挖的原因归咎于自己杀人太多，罪孽深重，一定是上天用此事来惩罚他。

最终，这件事不了了之，郭子仪也重新修缮了祖坟。

正是因为郭子仪聪明地选择了装糊涂，避开了与皇帝宠臣的正面对抗，才没有给对方落下把柄。

郭子仪的后代在后来都在朝为官，郭子仪也寿终正寝，成为“功高盖主”的将士中难得善终的一位。

后来的人每每想起郭子仪这次的处理，都不禁感慨，糊涂原来才是真的聪明。能用糊涂就办到的事情，又何必正面去对抗呢。

不过，糊涂的前提是自己得有一个糊涂的人设，那么糊涂起来就会得心应手。

至于如何才能树立一个可可爱爱的糊涂人设，一般按照下面几个点去做准没错。

不要完美主义

不要去试图维护一个完美的自己，什么事情都力求最好。

一些人是完美主义者，想要什么事情都做到最好。做到最好的结局就是往后稍微没做好一次，就会被人认为不够努力。所以平常的时候，不要刻意去避免暴露出自己无伤大雅的小缺点。

糊涂的前提是磨炼好能力

只有将自己的生存能力和处世能力磨炼好，才有资格说糊涂。如果本身就能力缺缺，那最好还是先努力学习提升自己，不要在糊涂上浪费时间。因为没有能力的糊涂，最终就会变成无可奈何的真糊涂。

不要任何事都一副很懂的样子

对于一些和自己无关的事情，大可以用一句“我不是很懂”来回复对方，懂就懂，不懂就说不懂，这样才是真实的你自己，糊涂的人设也要基于真实，而不是刻意去装糊涂。

以静制动，“糊涂”制胜

智者，以静制动，后发制人。

中国人的处世哲学讲究难得糊涂，懂得糊涂，才能在与人的相处中不论是顺境还是逆境都能泰然自若。一个有能力，又懂得“糊涂”处世的人，很容易就能和周围的人打成一片。哪怕身处逆境，也能慢慢丰满羽翼，以“糊涂”为出发点，走向制胜的终点。

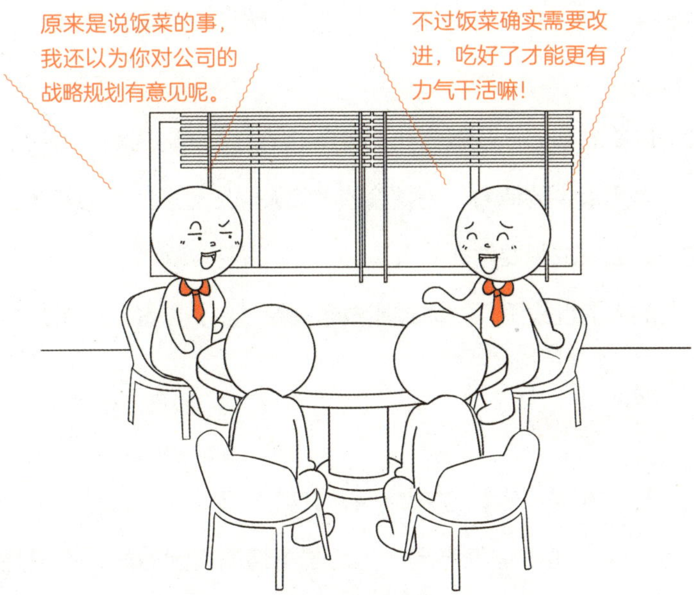

司马懿就是个懂得糊涂处世的高手，深谙以静观动。

作为托孤大臣，司马懿和曹爽执掌大权，司马家族被曹爽不断打压，为了躲避其锋芒，司马懿只好交出兵权，同时在家故意装病，静待局势变化。

有一次曹爽派了个手下去探听司马懿的状况。

司马懿佯装口不能言，口水流了一大摊，连吃饭都是吃三口吐两口，一副命不久矣的样子，连曹爽手下的名字都记错了。

曹爽的手下回去跟曹爽说司马懿命不久矣，不足为惧，曹爽顿时放松了对司马懿的提防。

后来司马懿趁曹爽出去祭祖的时候，发动高平陵政变，一举拿下了魏国的掌控权，不仅保住了自己的性命，还为子孙保住了未来。

司马懿是历史上有名的老狐狸，一手以静制动玩得出神入化。

对于司马懿这种用装糊涂来“阴”别人的行为，我们要进行批判，不能去效仿，更何况现代社会也很少有需要付出如此代价去坑别人的时候。

作为普通人，在日常的人情世故里，糊涂一些，能以静制动，面对逆境能蛰伏得住，慢慢积蓄力量，在不伤害他人的情况下逐渐改善自我的处境，就是对以静制动最好的应用。

一个不懂得以静制动的人，就会花费更多的精力去面对生活中的纷纷扰扰。而以静制动，则是用最少的精力，用糊涂的态度去隔绝过多的纷纷扰扰，最大化节省自己的精力，去完成想要做成的大事。

那么在日常的人情世故里，如何才能做到糊涂一些，以静制动呢？

面对纠纷，先置身事外

一些人只要面临纠纷，就会立刻炸毛，其实大可不必。面对迎面而来的纠纷，不妨先冷静思考，不做任何举动，先想想事情的前因后果，看看是不是有什么好的办法，一定不要选择第一个跳跃在脑海里的念头，那个念头往往是冲动的结果。

冲动是魔鬼，以静制动，反应迟钝并非坏事，在某些时刻反而是最稳妥的方式。

以静制动，准备周全

司马懿在发动政变之前，秘密豢养了三千门客，散落在整个城市的各个角落。一个人想要以静制动，就需要做足准备。

静就是准备，以静制动，其实就是以时间换取空间，让自己有充分的时间做准备，用充足的准备去战胜所遭遇的困境。

当然，一切都要建立在不伤害他人的前提下，以静制动是让自我修身养性，修炼好自身能力，突围生活的困境，如此才能长青不败。如果像司马家族一样，将自己的成功建立在坑蒙拐骗他人之上，那就算取得了一定的成功，在不久之后，也会以更大的代价被倾覆。

大智若愚，做个聪明“糊涂蛋”

作家阿来在长篇小说《尘埃落定》里塑造了一个大智若愚的主人公。他看似傻傻的，但做的事情却都是利国利民利于家族的事情。也正是因为他看起来傻傻的，所以他做这些事情的时候反而阻力更少，更加得心应手。

不论是在生活中，还是在职场中，大智若愚都是一种非常好的品质，拥有了这种品质，不争不抢，却总能把事情很好地完成。

在国外，有这么一个小故事，堪称大智若愚的典范。

从前有一位小乞丐，是远近闻名的糊涂蛋，据说他只认识一元钱，不认识除此之外的钱币。

起因是有一次他在街上看到地上有钱，就将其中的一元钱全部捡走了，其他都留在了原地。

很多人听说后都不相信，觉得既然认识一元钱，说明其他钱币也认识啊，就纷纷前去试探。

结果他们丢在小乞丐面前的其他钱币，小乞丐都装作看不见，只有丢下一元钱，他才会捡起。

更多的人听说了这件事后，纷纷前来试验，结果就是小乞丐每天能捡一大堆的一元钱。

有个老乞丐说："你明明认识其他钱币，怎么不捡呢？这不比捡一元钱收获更多吗？"

小乞丐却说："我要是什么钱都捡，那还有这么多人来试探我吗？"

老乞丐顿时恍然大悟。

瞧，这就是大智若愚的威力。他看似愚笨，做出的选择却无比高明。

在生活中，往往也有这样的人，他们看似有些愚笨，甚至一根筋，其他人都觉得自己比他们聪明，但仔细想想，这种看似愚笨的人却过得很开心，一些好事似乎也上赶着往他身上撞。

金庸先生的小说里也塑造过一个经典的大智若愚的角色，那就是郭靖。

他看似愚笨，却获得了武林中高手们的认同，纷纷把自己的独门绝技传授给他，因为没有人不喜欢老实踏实的人。

在中国式人情世故里，如果一个人能做到大智如愚，那距离成功就真的不远了。因为大智若愚看似糊里糊涂，有点笨笨的，其实需要耗费非常大的定力才能达成。

想要做一个大智若愚的人，那至少要学会以下几点。

甘当绿叶

要甘于在人群里当绿叶，红花人人都想要做，最后就争得一地鸡毛，可红花往往只有那么一两个名额，最后一群人中受益的人也就那么一两个。

绿叶不同，绿叶能衬托红花，也能收获益处。

在别人争做红花时，你不妨先当一片绿叶，既衬托了别人，同时也为自己寻到了一处位置。

懂得超额分享

一个大智若愚的人，必然是给予多于收益，至少在表面看来是这样的。

大智若愚不是说说而已，需要我们实打实地对他人好，只有率先付出了，日后有回报的时候，其他人也会想起你的付出，将你应得的反馈给你。

很多人觉得这个社会人情冷暖，其实仔细观察身边的友人，绝大多数的人都拥有着温良恭俭让的美好品格。你之所以感觉到人情世故里有很多冷冰冰的因素，是因为你没有走入他们的内心，所以懂得超额分享，能真心实意对他人好，是让你尽快走入他人内心的有效途径。

在外界看来，多付出的人看似有些愚钝，其实这才是真正的大智若愚。

无心插柳，才能柳成荫

树需先立根，方成参天之基，羽翼需先丰，才能振翅高飞。

人生在世，事可缓缓图之，是一种境界，亦是一种智慧。凡事太上心，便容易陷入其中，进入当局者迷的困境。无心插柳，往往却能柳树成荫。

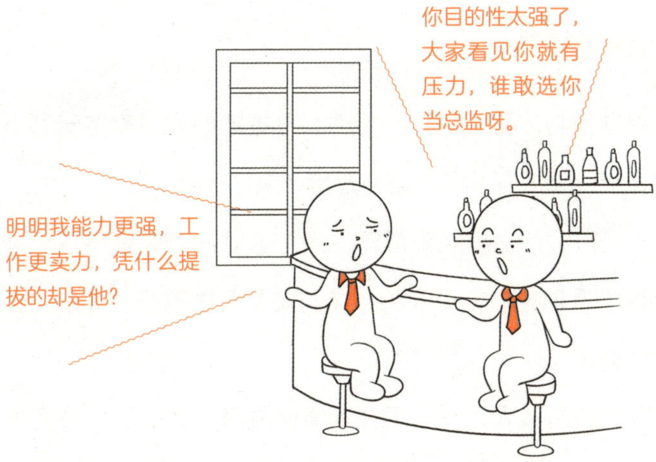

美国有一个走钢丝的表演艺术家叫瓦伦达，他走过无数次钢丝，都圆满完成了表演，唯独在最重视的一次走钢丝活动中失足摔了下去。

事后他的妻子说：“我知道他这次很可能会出事，因为以前他只管走好钢丝就行了，可这次他显得很紧张，在出场前一直念叨着不能出错，这次很重要。”

最后反而出了差池。

后来心理学家就把这个现象叫瓦伦达效应，意思是越关心一件事，越是容易出错，也越容易搞砸。

中国有个说法叫无心插柳柳成荫，有心栽花花不开，说的也是这么个道理。

关心则乱，想要获得一个好结果，就要把关心控制在一个合理的范围内，关心过度，反而会给自己不必要的压力与烦恼，最终反而影响结果的达成。

这是因为过于在乎就会失去些许的理智，只注重结果而忽略过程，从而在整个过程中犯下致命的错误。

那么怎么才能做个“无心人”，避免有心栽花花不开呢？保持一个糊涂的心态，看起来是不容忽视的一环。

谋事在人，成事在天

抱持着重视过程与体验，结果不要那么看重的心态，秉持着谋事在人，成事在天的态度，那么就能有效避免用心过度，关心则乱。

很多事都不是过度用心就能完成的，人与人之间的关系十分复杂，一些事情能不能做成也不是越关心越有效果。我们需要明白的是，成事与否，三分天注定，七分靠打拼。

不论是做事，还是做人，在中国式人情世故里，有的时候需要秉承一条原则——尽人事，其他交给老天爷。

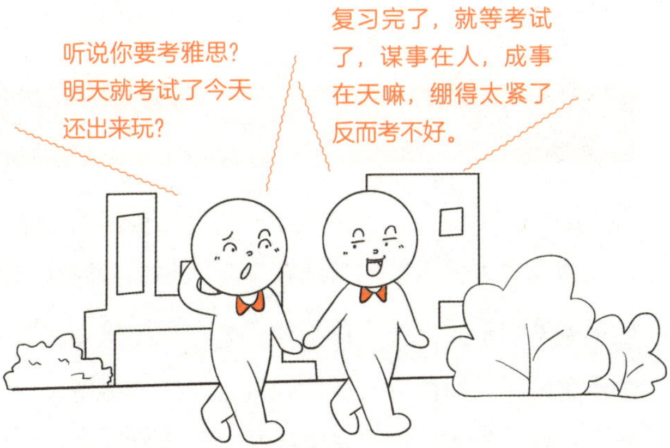

专注事物本身

有的人平常考试发挥很好，一旦到了正式考场就会考砸；有的人私下里能言善辩，一旦到了大场合，说起话来总是磕磕巴巴。

这是因为想得太多，没有把精力专注于事物本身。不妨在自己想得太多的时候，强迫自己不要胡思乱想，只去想眼前要做的那件事就可以了，千万不要发散思维想东想西。

失败是成功之母

没有失败，何来成功，没有过失败的沮丧，又怎么能体验到成功的喜悦呢？正确看待失败，明白失败乃常事，不过于看重结果，就不会患得患失过度用心，不过度用心，反而更容易接近事物的本质，也更容易把事情做成。

不要暗示自己坏的结果

一直想着坏的结果，那么坏的结果就会影响自己做事的方式。暗示是一种强大的力量，要懂得用好的暗示来影响事情往好的方向发展，避免用坏的暗示来影响事情往糟糕的方向疾驰而去。

他人的闲事，莫要多嘴

中国式人情世故的精髓在于与人相处的时候，别人的家事要少插手，更不要不请自管，不要给他人留下一个多管闲事的印象。对待他人身上发生的事情，我们要有一点糊涂心态，不要事事精明，事事参与。

阿叶最近遇到了婚姻难题，老婆天天在家里和他吵架。

阿叶找小顾倾诉，小顾想也没想就说："我早劝过你，你们不合适，现在后悔了吧。她这个人太要强，你性格又直，你们俩能过到一起才有鬼咧。"

阿叶听完，也有些后悔当年结婚的时候没有提前考虑清楚，可事已至此，也只能倾诉完再回去继续过日子。

小顾本来以为这件事就到此为止了，结果后来阿叶就很少和他联系了，甚至有一次小顾急用钱，找阿叶周转，阿叶都没有接小顾电话。

小顾不明白自己到底哪里做错了，直到从他人那里听说，是阿叶的老婆坚决要求阿叶不能再和小顾来往。

小顾回忆了一下，马上明白过来，可能是因为那一次的倾诉。

在现实中经常会有这样的现象，他人前来倾诉，外人一堆意见，结果人家夫妻和好了，把这个外人给卖了。

这就是不懂中国式人情世故的后果。

人与人之间是靠着关系的亲密和疏远来说话的，你一个外人，再亲也亲不过人家夫妻，别人床头吵架床尾和，夫妻一和好，人家什么话不会互相表露呢。

同理，在其他的事情上也是同样的道理，你觉得你跟他关系好，他有麻烦来找你倾诉，你说了一些第三者的不好的话，也许人家觉得自己跟第三者关系更好，转头就把你的话告诉了对方。最后，就是你和第三者的关系彻底破裂，反而给自己的生活增添障碍。

如何才能避免这样的情况出现呢？

其实很简单，那就是他人之事，莫要多嘴，更不要多管，要把精力留给更重要的事情。当然，如果是好朋友向你咨询，那你可以根据现状，结合自己的经验给出一些积极的意见。

那么，怎样的事情不要多管呢？

他人的选择，莫要多嘴

每个人的经历不同，三观不同，对生活方式的选择也不同。有的人就是喜欢去大城市拼搏，有的人就是喜欢在小地方安逸，任何生活方式都是他人当下的最优解，没必要用自己的经验，去多嘴他人的选择。

他人的事业，莫要掺和

不论是工作还是事业，一个人只能顾好自己。他人的事业你多了嘴，事情变好了，你不一定有好处，事情变坏了，他人则很有可能会觉得是你的掺和坏了事。

与感情相关的，莫要多管

别人的感情不要多管闲事，感情的事情很少有绝对的对错，不论出什么主意，最后的结果可能都会让对方耿耿于怀。劝分，别人分开了，也许会后悔，想起是你劝的，对你就有了意见；劝和，别人在一起不幸福，最后还是怪到你的身上。不如先把自己的感情搞好，别人的情感问题，就留给别人去操心吧。

得理也要饶人，朋友才能遍天下

水至清则无鱼，人至察则无徒。中国式的人情世故讲究礼尚往来，你对别人如何，别人就对你如何，太过锱铢必较，得理不饶人，反而有理也要变没理。

做人留一线，日后好相见，得理的时候还能饶人，便是在给自己留退路。

梁上君子的典故讲的就是得理也要饶人这么一个道理。

东汉的时候，有一个叫陈寔的名士回到故里隐居。

当地发生了什么事情，大家都愿意去找名声在外的陈寔评理。慢慢地，陈寔公平公正的名声远扬十里八乡。

有一年发生了天灾，粮食歉收，很多人都食不果腹，当地的治安一下子变得糟糕起来。

某个夜晚，陈寔发现家里进了小偷，他却没有声张，而是起床将家里人都聚拢在一起训诫，大意是说，其实人的本心不一定是坏的，很多人做出不好的事情，是因为周围的环境发生了变化，而自己又没有坚持自己的正直品性。

陈寔说完，就指着梁上说，梁上君子大概也是这样的人吧。

那个躲在梁上的小偷一听，顿时羞愧万分，下到地面，立刻跪在地上求饶。

陈寔一打听，知道对方是迫于无奈，反而送了对方一些布匹钱财，帮助他渡过难关。

后来因为这件事，整个乡里都十分佩服陈寔，偷盗的事情也从此杜绝。陈寔因为得理饶人，也在历史上留下一段美谈。

在中国式人情世故里，得理饶人是考验一个人人情是否练达的关键指标。

信奉有理走遍天下的人，往往得了理，却会失去好人缘。

信奉得理饶人的人，则往往不仅能得理，还能收获好人缘。

得理饶人，是一种境界，更是人情世故里的大智慧。

得理饶人，提醒点到为止

得理饶人，意味我们占理，对方不占理，伴随着我们的利益受损，这个时候往往是对方处于一种犯错的尴尬境地，所谓的饶人，就是在这种关键时刻，我们愿意化解矛盾，点到为止，提醒对方不占理就行了。切不可喋喋不休，揪着对方的错误反复提，这样反而会让对方产生逆反心理，会把彼此之间的关系搞得更差。

得理饶人，下次争气

和人翻脸会让你一时爽快，但得了的理也会消失在对方的心田。

本来对方心怀愧疚，但你的翻脸却给了对方和你彻底决裂的决心。

在中国式人情世故里，得饶人处且饶人，与其翻脸，不如总结经验教训，搞明白被对方占便宜的原因，把翻脸的勇气用在提升自己，永远杜绝自己在这一方面再次被人无理相待。

得理饶人，不是毫无底线

得理要饶人，并不是说让我们毫无底线。如果一个人没有底线地退让，只会让对方觉得你好欺负，是一个软柿子，下次他人就还会欺负你。得理饶人是有底线的，假使对方蛮不讲理，那就一定要力争到底，绝不退让！

大事不糊涂，小事莫纠结

人的很多精力其实都是耗费在小事情上，很多人之所以没有精力去做大事情，就是因为把很多精力浪费在了无关紧要的小事情上。

所以生活中遇到了一些无关紧要的小事，恰恰这件小事情又困扰到了我们，那么这时候需要做的就是莫要纠结，面对小事，糊涂一点，能过去就过去，把有限的精力留给大事。

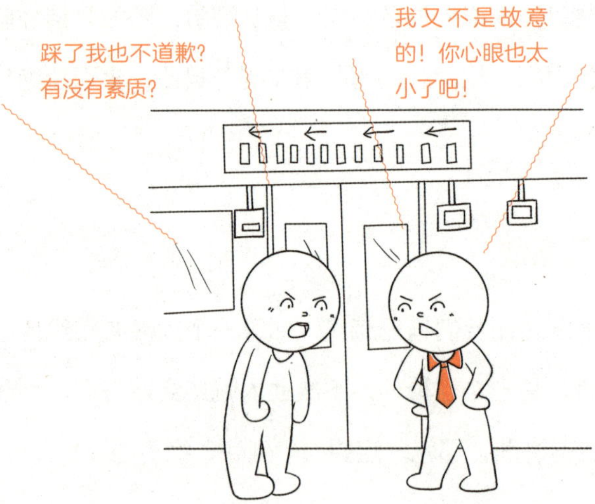

北宋的名相吕端是个典型的大事不糊涂、小事不纠结的性子。

面对很多无关紧要的事情，他从来是睁一只眼闭一只眼，但是对于大事，他却谨慎到一点都不糊涂。

宋太宗驾崩之后，太后想选其他的皇子代替宋太宗定下的皇子，吕端早早预料到这个结果，赶紧把同谋的人锁在房子里，派侍卫看管好，然后又搬出太宗皇帝的遗诏，让太宗选定的皇子继位。

最后太后只得同意。

皇子继位后要行大礼，吕端还特意让人把帘子掀开，先看清楚对方的长相，才肯行大礼，可谓是谨慎到了极致。

吕端因此也成了一代名相，甚至后世评价其“诸葛一生唯谨慎，吕端大事不糊涂”。

一个人的精力毕竟是有限的，如果把过多的精力耗在小事情上，那就会缺乏精力去应对大事。

小事情影响不了大局，与其关注，不如放任，大事情至关紧要，需要大智慧去把控，更需要把所有的注意力押在其上。

懂得合理分配自己的精力，是中国式人情世故里的大智慧体现。

当然，大事不糊涂的先决条件，首先是小事莫要纠结，那么如何才能做到小事不纠结呢？

小事不要太在意

听到了烦心的小事，就装作没听见，过几分钟再回头来看，小烦恼也许早就消失了，要是当场就开始纠结，就难免陷入小事中无法自拔。

看到了烦心的小事，也是一样的道理。

大事要从利益角度判断

一件事情到底是不是大事，除了自己的主观判断，更重要的是利益上的判断，触及核心利益的，必然是大事，一定要重视。有些事情看似很大，其实和你没啥关系，邻居家里有人去世，事情够大了吧，但是和你有什么关系呢？

公司老板要你做个东西，对他人来说不是什么大事，但是对于你来说，却是实打实的大事。

大事要从原则角度出发

有的事情看似不大，但却触及自己的原则，那么也算是大事。同事当面说你坏话，看似不是什么大事，但其实已经触及了你做人做事的原则，摆明了被欺负的事情，肯定不能无视。有些小事，触及原则，就一定要及时解决。

小事上节省精力，大事上目标明确

糊涂的关键在于，小事情上不纠结，用糊涂来应对，从而节省精力。在大事情上目标明确，死死盯住目标，坚持下去，永不放弃。

如果把人比作一艘航空母舰，那么糊涂就是护卫舰，在小事上糊涂得越多，才能有更多的护卫舰，从而守护自己一路朝着目标乘风破浪。

再糊涂，不能在钱上糊涂

借钱还钱，天经地义，好借好还，再借不难。

不论在其他方面多么糊涂，在金钱往来上，一定要做到清晰明朗，不带一点糊涂心，是多少就是多少，不让他人吃亏，也不让自己因为一点糊涂账而被人说道，从而影响到自己在朋友圈里的风评。

小优的发小阿乐因为生活困难，找小优借了两千块钱。

过了两年，阿乐都没有要还的意思，小优也不好意思开口，逢年过节的时候，两个人见了面，小优一看对方确实困难，就主动说钱不用还了，反正也不多。

阿乐倒是没有说什么，只是笑笑没说话。

没过几年，小优因为一些事情也非常缺钱，就想起了阿乐这里还借过两千块钱，就提了一句，结果阿乐竟然说没有欠过小优钱，之前借的钱已经还过了。

小优一下子心冷了，当初是他自己说不用还没错，但是没想到阿乐竟然连这事情都不记得了。

小优伤心之余找同事倾诉，结果同事却说，那是因为你给他留下了你不在乎这个事情的印象，你说不用还了，他自然就不放在心里了，也许他是真的忘记了，但却是你给他开了这笔糊涂账的头。

在日常的人情世故里，金钱的来往是无法避免的。在金钱往来时，一定要计算清楚，不要让金钱成为彼此关系间的障碍，最好让金钱成为服务彼此关系的助推器。

借出去的钱，就当打水漂

最简单的办法就是不期望就不会失望，借钱的那一瞬间，就做好自己的心理建设，这个钱对方如果不还，你能接受吗？能接受，那就借，不能接受，那就拒绝。

借钱借急不借欲望

要买房要买车或是各种消费的借钱，直接拒绝就是了。借钱一定要遵循不借欲望的原则，因为欲望是无底洞，你不知道对方的欲望止步线到底划在哪里。今天买房借，明天买车借，后天买手机找你借，你借还是不借？一次不借，上次却借，什么意思？

你瞧，很容易就会让彼此的关系变得更为糟糕。

借钱可以打折借

别人借两万，你可以表达心意，我借给你，但是我没这么多，我只有三千，你要我就给你，不要我留着继续花。既表达了自己的诚意，也没有伤害彼此的关系。

借钱不要讲面子

有些人在乎面子，借给别人钱，连借条都没有，日后想要钱的时候，却连一个证据都没有。对方是个心细的人，会一直记着你的钱，到时候也会还给你。若是对方是个脑子糊涂的人，坚持说不记得有这回事了，你说你怎么办？所以借钱的时候，不要在乎那一点面子，起码得写一张借条。

第6章

淡泊明志，为人处世需谨慎

害人之心不可有，防人之心不可无。

一个真正有智慧的人，在与人相处时，总是谨慎稳重的。他们虽然与人为善，但也不会盲目轻信他人，更不会相信天上掉馅饼的事情。

不要贪图小便宜，为人处世多付出

贪小便宜往往吃大亏，人性最大的一个弱点就是贪图小恩小惠，殊不知，贪多了小恩小惠，就会形成一个思维定式，最终形成路径依赖，从而把眼光放在眼前的一亩三分地之上，而忘了看向更加宽广的天地。所谓有得必有失，天上是不会掉馅饼的，贪小便宜，还会让我们陷入一些不太好的处境，比如拿人手短，吃人嘴软。

小茶大学毕业后，有幸进入了一家业界前三的文创公司，公司做的是故宫的相关文创产品开发，因此会有很多样品。

这些样品精美，但并不值多少钱，不过单看的话，依然是一个不错的摆设。

小茶觉得反正这些样品放在公司也没用，有的样品甚至是被刷下来的废品，公司也鼓励大家时常清理样品，空出更多的位置给新产品。

于是，小茶便经常顺手带一两件回去，有时候送人，有时候干脆摆在家里。

结果有一天老总来公司视察，想要看某个样品的质量，大家在公司里翻箱倒柜始终没找到那个样品。

小茶一看，要找的那个样品刚好是前几天自己带走的那个，只好赶紧承认是自己拿走了……

事情的结果可想而知，小茶因此被批评了一顿。虽然他也没犯什么原则性的错误，但是也只能吃这个哑巴亏了。

这时候小茶才明白过来，为什么公司鼓励大家经常清理样品，但依然没有同事会带走样品，只有他自己，因为贪图便宜，成了众矢之的。

在日常的生活里，总有那么一些能贪图小便宜的时刻，超市打折送鸡蛋，有的人能排三四个小时，就为了得到三四个鸡蛋；有时候小区里的果树成熟了，有的人不顾危险爬上去摘果子吃……

这些其实都是没必要的小便宜，贪图了，不会发财，反而会浪费自己宝贵的时间，甚至会给自己造成危险。

一个懂得中国式人情世故的人，是必然不会去贪图小便宜的。在更多的时候，他们往往是付出的那个人。因为只有付出得足够多，才能收获更融洽的人际关系。

那么，怎样付出才能收获融洽的人际关系呢？

工作上经常付出，工作关系更融洽

给同事不时带点小零食，买咖啡的时候顺手请同事喝一杯，一次不起眼的付出，却能让对方理解你对他们的重视。当你在工作中需要用到他人的时候，他们也会对你出手相助。

付出是自愿，不要妄图有回报

为别人付出的时候，切记不要抱着对方一定要回报你的心态。记得付出这些行动只是让大家的关系更融洽，并非一定要收获对方的回报。抱着有回报最好，没有也无所谓的心态，才能更加游刃有余地搞好人情世故。

付出的时候不要套路，要用心

有的女生要减肥，你天天送糖果，对方只会觉得有压力，吃也不是，不吃也不是；有的男人要戒烟，你转手就给了他一包烟，对方会觉得你在故意考验他的意志力。

在付出之前，一定要用心了解一下对方的近况和喜好，这样才不至于让你的付出变成对方的烦恼。

谨言慎行，为人处世必修课

与人打交道的时候，说的每一句话都要经过思考，不可以不过脑子乱说、瞎说。

与人打交道的时候，面对亲朋好友，熟悉的人，要真诚相待，知无不言；面对不熟悉的人，或者拿不准对方到底是什么性子的人，则要谨言慎行，说话做事一定不能逾矩。

春秋战国时期，有一个人叫公叔痤，是魏国的贵族，身居高位，执掌大权。

同时，他还有一个有力的竞争对手，外来的改革派吴起。

魏王对吴起非常重视，觉得国家的强大也许就看吴起的改革了。

公叔痤一度很担心吴起超过自己，有个属下给公叔痤出了一个主意，说你只需要让魏王把公主嫁给吴起，就能挫败吴起。

公叔痤不解，下属说道："吴起是外来人，如果你让魏王把公主嫁给他，他要是接受了，自然对他有好处，可他要是拒绝了呢？必然会让魏王觉得他的心意并不在咱们魏国，自然就会疏远他。至于怎么让他拒绝公主嫁给自己，其实很简单，只需要把他叫来吃一次饭，您让您的妻子在席间不断羞辱您，就是了。"

公叔痤一下子懂了，他娶的妻子就是魏国的公主，吴起又是一个性格刚直的人，看见公主羞辱自己的丈夫，必然不会接受公主嫁给自己。

如此这般，吴起不知不觉中因为一顿饭就入了局。等到魏王提起嫁公主的事情，吴起想都没想就拒绝了。拒绝后，吴起回家越想越觉得哪里有点不对劲，毕竟也是个聪明人，很快想明白了其中的逻辑关系，可惜已经引起了魏王的怀疑，他为了躲避危险，只好离开魏国。

所以说，谨言慎行不仅是一个人为人处世的根基，更是需要时时刻刻践行的铁律，只有做到谨言慎行，遇上事情的时候能够多想几个来回，想想自己说的话，做的事情是否会给自己带来不好的影响，这样才能有效避免自己陷入不好的境遇中。

那么，怎样才能做到谨言慎行呢？也许下面几个方式可以试一试。

少说话多做事

与人交往的时候，做事的时候，如果情况未明，就尽量少说多做，有一句话叫，说得越多，错得越多。少说话的同时埋头认真做事，努力把事情做好，就是对谨言慎行最好的践行。

不要伤他人的自尊心

不论是做事，还是与人相处，都要做到处处尊重人，时时把别人的自尊心捧在手心里，不要说伤害他人自尊心的话，更不要做伤害他人自尊心的事情。

遇到了争端，先给对方面子，自己吃点亏也就吃点亏，在为人处世中，做到进退有度。

面对利益要冷静

有的人平时非常持重，一旦面临利益，就会坐立不安，无法做到谨言慎行。所以，当利益来临的时候，更要告诫自己冷静，做到不逾矩，不冲动。

很多危险的因素往往也蕴藏在利益之中，面对利益的诱惑，一定要沉得住气，想明白其中的瓜葛，先问问自己这个利益正当与否，正当再去争取，然后再考量一下得到这个利益的时候是否会伤害到其他人的利益，照顾到除了自己之外的方方面面。另外，要警惕那些天上掉馅饼的时候。无论何时都要脚踏实地，天上掉馅饼的好事往往会有危险，一定要擦亮眼睛。

与人为善，不要怠慢他人

在生活中，大部分人的心胸说不上宽阔，但也绝对不会狭隘，我们都是平凡的人。

大家能在世间相遇、相识，就是一种十分难得的缘分。一个有处世智慧的人，会尽量和身边的人搞好关系，将彼此之间的关系打理得井井有条，不轻易得罪他人。

能帮忙的时候就尽量帮忙，能与他人方便的时候就尽量给人方便，善待他人，他人也会回馈善意给我们。

如果在生活与工作中不注意尽量给人行方便，很可能就会遭遇人情世故的危机。

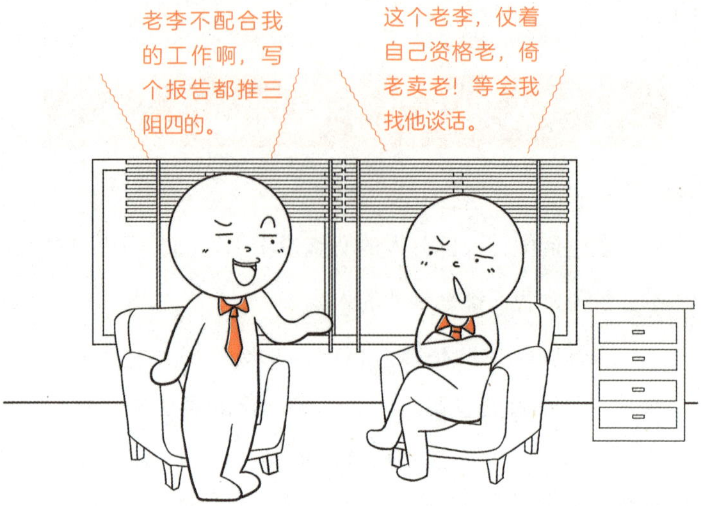

公司里新进来的员工小袁是个能力非常突出的人，得到了老总的青睐。

小袁为此得意忘形，除了老总谁的命令也不听，老总之前的秘书给他吩咐事情，他也爱答不理。

后来公司有个重要的项目需要人去把控，老总让小袁去负责。小袁自然是满心答应下来，同时提出了一些把项目做好的方法。

等到快下班的时候，老总忽然突发奇想，问了问进来汇报工作的秘书的意见，秘书一听这个，立刻想起小袁这个人平时做事态度很不积极，便将小袁身上的这个问题提了出来。

那位秘书也是公事公办，老总也不禁开始怀疑小袁的能力。老总一下子放弃了让小袁来负责这个项目的想法。

小袁就这样失去了一个机会，等他去找老总的时候，明显感觉到老总的冷淡，自然也不愿意再提项目负责人的事情。

这就是平常不与人为善的结果。

中国式人情世故讲究的是一个人情练达，不论面对什么人，都要保持一个和善的相处模式，若是因为种种原因故意怠慢对方，那最终对方反馈给我们的又怎么可能是一个好结果呢？

那么，怎样做才能不怠慢他人呢？

对待他人一视同仁

不论对方是贫穷还是富有，职位高或者职位低，在面对他人的时候，都要做到一视同仁，不能戴着有色眼镜去看待他人。

当你戴着有色眼镜去看待他人的时候，他人同时也会在心里用同样的标准评估你的价值。最终大家都靠赤裸裸的价值相处，就会让人情世故陷入非常冷淡的境地。

对待请求要态度认真

别人有事找我们帮忙的时候，只要事情合理，合法合规，都要用一个认真的态度去对待他人。不能因为对方有事相求，我们就摆架子，给对方脸色看。三十年河东三十年河西，人都有需要他人帮助的时候，认真对待他人，就是在认真对待未来求人办事的自己。

为人处世遇危机，谨慎的同时要勇敢

如果在为人处世中不小心遭遇了无法避免的危机，比如遇见了不讲理的人，或者对方不依不饶地不断攻击你，到处散播对你不利的言论，这时候不能做鸵鸟，假装没看见。

该谨慎的时候谨慎，该反击的时候，一定要勇于反击。一个勇敢的人，才能收获他人的尊重，一个胆小懦弱的人，只会被逼迫到角落，最终退无可退。

战国时期，赵国有一个叫郭开的大臣，他是个十足的小人。

他污蔑廉颇，导致赵王判断失误，一代名将廉颇为国奋斗的心意也只能被埋没，最终加快了秦国彻底打败赵国的进程。

廉颇的一再忍让，让郭开更加得寸进尺，逼得廉颇不得不和郭开彻底决裂，但此刻的反击已经晚了，他只有远走他国避难。

最后连赵国的名将李牧，也处处被郭开所制，无法充分发挥自己的军事才能。

面对这样一个小人，秦国使用起来却得心应手，他们先是送给他许多金银珠宝，收买了郭开，又许下高官厚禄，让本是赵王宠臣的郭开，成为了赵国的掘墓人。

最后郭开自然是没有好下场，在出卖给秦国无数关键情报之后，郭开最后却没有得到一个好的结局。这是因为秦国上下都知道，这样反复无常的小人，是没有办法真正为我所用的。

毕竟，小人今天能为你卖命，明天就会成为别人手里的匕首。

遭遇了人情世故的危机，切记不可犯下廉颇和李牧的错误，该反击时，就要反击，且要一击得手，不能放虎归山，更不能养虎为患。

试想，若是在郭开羽翼还未丰满时，李牧与廉颇能下定决心对其进行彻底的反击，那么赵国的结局也许会不一样。

中国式人情世故本身看重的是和和气气，可是面对无法同舟共济，且还要危害我们的人，则要做到有效反击，坚决维护自己的利益不受损。

面对这一类人的攻击，怎样反击才能既保全自己，又能有效反击到对方呢？

对不利于自己的言论要解释

如果有对自己不利的谣言在自身周围蔓延，那一定要找个机会向他人解释清楚自己的本意，把谣言里传播的不好的、不准确的事情解释清楚，尽量让大家明白你不是谣言里传的那样。

平时要做个正直的人

一些对于我们极为不利的谣言，往往涉及人品方面的问题。如果我们平常做人不注意保持一个正面形象，就会陷入解释不清的困境。如果我们在平时就是正能量的人，一身正气，那便是身正不怕影子斜，谣言的贬低并不会奈我何。哪怕是别人听到了，也会觉得对方在胡说八道。

与价值观不同的人相处，要谨小慎微

生活中，总会遇见一些和我们的价值观不同的人，大家很难聊到一起去，所以关系也就很难搞好。

对于这种人，一般都是工作上有来往的人。我们对他们有一定的了解，但是也不够深，说陌生吧，又多少有些了解。一旦进入社会，就要多多少少与这些人打交道，我们无法完全拒绝和他们相处。如何在打交道的时候与关系一般的人和谐共处，是中国式人情世故里的智慧体现。

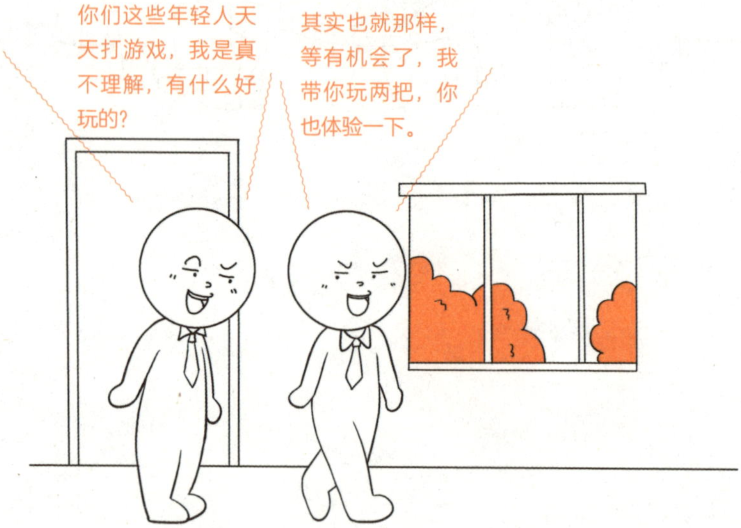

张松和法正是刘备入蜀立国的关键人物，他们俩严格来说，其实都是卖主求荣的人。

在整个历史上，其实对于他们的评价都不太高。

有人说曹操之所以不喜欢张松，苛待张松，就是因为知道对方是个小人，曹操爱才惜才，但却在张松这里不给一点面子，看来张松的为人确实是不怎么样。

法正更是小肚鸡肠，心胸狭隘，人人都敬而远之。

但这样的两个人，却甘心为刘备肝脑涂地。

究其原因，是因为刘备十分明白如何与和自己价值观不同的人相处，对于张松，他给足面子，对于法正，他只用他的聪明才智，而且给予充分信任。

后来刘备兵败东吴，诸葛亮忍不住感慨，要是法正活着，一定不会是这样的结果。

在和价值观与自己截然不同的人相处的过程中，刘备做到了极致，所以他才能建立蜀国基业。

在日常的人情世故里，我们总能遇见不少与自己价值观完全不同的人。与这样的人相处，尤其要讲究方式方法，否则很容易让彼此之间的相处变得不融洽。

要想搞清楚如何与价值观不同的人相处，首先就要搞明白他们的价值观，其次是要尽量避免在价值观上进行争论。

君子和而不同

如果对方性格开朗，大可以稍微就价值观上的不同进行一些交流，也许一交流就能在不同之中发现相同的地方；如果对方的性格比较沉稳谨慎，那彼此之间出现不同意见的时候，如果不涉及原则性的问题，都可以适当退让，做到和而不同。

培养健康的价值观

一个人能不能获得精神上的自在，源于价值观是否积极健康。

对不健康的价值观，要远离他们。对于健康的价值观，要深入学习领悟，让它帮助自己成长。

什么叫健康的价值观呢？首先要积极向上，其次不能损害他人，最后要多学多看，兼听则明，不可以偏信偏听。对待任何事物都要先研究透彻，再总结出一套正确的观点，然后坚持自己的观点，不随波逐流。

先亮出自己的价值观

如果觉得对方的价值观自己实在无法接受，可以在与对方相处的时候，不等对方抛出自己的价值观，你就先把自己的价值观摆出来。先入为主，对方明白了你的价值观和他的完全不同，大概率不会自讨没趣和你就价值观上的差异进行讨论。

对于他人的夸赞，要谨慎对待

人与人的相处的时候，免不了会互相夸赞。如果对方夸赞了你，你就飘飘然，那就会失去对自我清醒的认知，甚至会觉得自己就是对方夸得那般好。人当然不能妄自菲薄，但是也不能飘飘然，最好的办法是面对夸奖，要想一想，对方夸得对不对，是不是事实，如果是，那么自己可以全身心接受，如果对方的夸赞脱离了事实，我们就要保持清醒，切不可因为他人脱离实际的夸赞而扬扬得意。

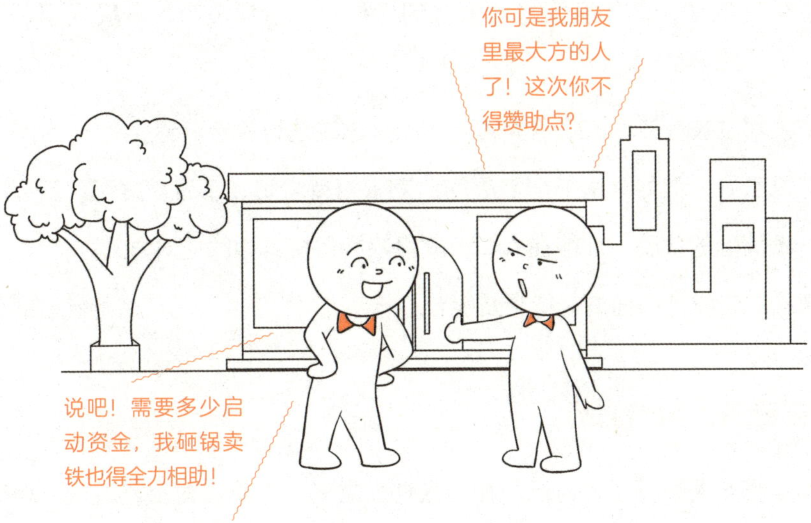

面对夸赞，要谨慎对待。

别人夸你，有时候是具有多重的目的的，可能是单纯欣赏你，也可能是为了让彼此相处时的氛围更加热烈。所以，面对夸赞，不能一个标准对待。别人真心实意夸赞，我们大可以接受。别人只是为了活跃气氛，那我们就要保持清醒，对待夸奖要谨慎，切不可因此而忘记了自己真实的能力范围。

还有一些时候，别人的夸赞可能有其他目的，这个时候更需要谨慎对待。

有一位美食家曾经讲过一个故事。

他说圈内作家参加研讨会，其中有两位大作家坐在一起，一位大作家对另一位大作家说："你的小说真好！"

那位作家说："一般一般。"

第二天，他又说了相同的话："你的小说真好。"

那位作家继续谦虚说："一般一般。"

第三天，他又说了类似的话："我看了你的小说，还是得夸一句，真好。"

那位作家一听，笑道："我也觉得我写得真好，哈哈哈。"

然后这位夸人的作家笑着对旁边的人说："看见没有，一般人都顶不过三天。"

结果那位被夸的作家哈哈大笑："原来你在这里等着我呢。"

夸赞虽好，但如果能搭配清醒的认知去对待夸赞，那就更好了。只有时刻保持一颗清醒的头脑，才能在人情世故里始终保持得体的应对方式。

那么，怎样才能谨慎对待夸赞呢？

洞悉自己的优势与劣势

其实很多人都不了解自己，在为人处世之前，不妨先对自我进行一次彻底的剖析，看看自身的优势是什么，劣势又是什么。如果对自己有一个比较全面的认知，那么面对别人的夸赞，就能始终明白哪些是可以接受的，哪些是听听就算了的。

有的夸赞有目的，更要谨慎对待

有一些夸赞是有目的的，比如有的人夸你大方，很可能是有求于你。接受别人的夸赞时，要先估量一下对方所求之事你是否能帮得上忙，切不可别人夸了就全都接下来，一定要量力而行。能帮的忙，只要合理合规，就一定要乐于助人。帮不上的忙，在面对夸赞时就要给自己留点余地，不要全盘接受。时刻保持一个谦逊的态度，是面对夸赞时最好的处理方式。

分清是活跃气氛还是真夸赞

有的时候，为了活跃气氛，大家就会互相夸赞一番。这个时候肯定不能当真，别人说什么都一笑而过就行了。活跃气氛的赞扬，大多带着开玩笑的成分，千万不要沉湎其中，沾沾自喜。

为人处世，要有一些“迟钝感”

所谓“迟钝感”，就是在为人处世时，当外界发生了激烈的变动，自我则不会根据此变动而做出剧烈反应，而是慢一拍，先观察一下这个激烈的变动，然后再做出最适合这个变化的举动。

有一位摇滚歌手去参加一档访谈节目，节目主持人相当聪明，嘴皮子利索，脑子又转得快。

以往的节目里，很多来参加采访的艺人因为比较拘谨，又害怕说错话，所以多多少少都显得有些放不开，那位主持人面对这一类艺人自然就得心应手，采访也都很顺利，因为他说的那些话，对方就算不接受，一般最多也就一笑而过。

谁知道那天去的那个艺人也是个脑子转得快的“聪明人”，两个人顿时你来我往，唇枪舌剑，节目都险些做不下去了。

主持人问：“你这些年没有作品是为什么？”

艺人回：“可能是因为你不关注，我作品还挺多的。”

主持人立刻反击了一句：“不关注是不是说明水准有所下滑？”

艺人又来一句：“你都没关注，怎么知道水准下滑？”

不愉快的采访好不容易结束，两个人话都没说直接转身走人。之后，主持人在社交平台讽刺艺人耍大牌，闹得满城风雨，导致那位艺人不得不休息了一段时间，才算渡过了这次舆论难关。

后来，艺人出山后，又报复主持人，又搞得那位主持人疲于应付……

其实这就是锐气过盛，“迟钝感”缺乏的典型表现，两个人针尖对麦芒，自然会闹得不可开交。

如果其中一位能带点“迟钝感”，那么这次采访都不至于会闹成这样。

为人处世中带点“迟钝感”，不仅能得体应对种种突发状况，也能尽最大可能避免和人产生冲突，何乐而不为呢？

那么，怎样才算是拥有“迟钝感”呢？

“迟钝感”不是表面上的迟钝

首先要明白“迟钝感”不是表面上做事缓慢，说话慢条斯理，“迟钝感”是一种对待事物的态度，是一种深思熟虑后做出的适合当下境况的举止。它的主要目的是规避可能因为冲动造成的错误，从而人情练达。

培养自己的“迟钝感”

想要带点“迟钝感”去为人处世，那么首先就要获取“迟钝感”。平常说话做事的时候，注意放缓自己的语速，时刻注意稳住情绪。

多点体谅，少些拆穿

前些年网络上流行一句话叫：人生已经如此艰难，就不要再拆穿。

网友们的见解可以说是一针见血了。家家有本难念的经，每个人都有不愿被外人所知的难堪的事情，或者说心事。对待他人的这些不愿公开的心思，不妨带些“迟钝感”去面对。不要不管不顾点破别人的心思，往往会破坏彼此之间的关系。

第7章

进退自如，人情世故的大智慧

做人要有远见，不能只执拗于眼前的利益，有些时候，得学会退一步。

退一步海阔天空，面对一些无法解决的困境，不妨先放一放，能退一步是忍让，能退两步是格局，能退三步是大智慧。

打出去的拳头没有力量，需要收回来才能再次重拳出击。

一直前进的事情很难出现，更多的时候，需要退后几步，积蓄力量，瞅准机会，再次出击。

提升自我价值，努力更进一步

努力提升自身价值，一颗努力的心时时刻刻都不能松懈。

一个有智慧的人，不会将自我的价值寄托在他人身上，更不会把彼此的关系建立在单纯的示好上。他们会首先建立自我的硬核价值，之后再根据自己的价值，与他人产生良性的价值交换，建立良好的人际关系。

小王作为新员工，对同事十分尊重，面对老同事更是尊重有加。

可小王发现不论自己怎么做，其他同事都很难对自己有一个尊重的态度。

同事之间聊天的时候，他明显能感觉到别人都是侃侃而谈，只有对他，别人总是不把他的话当回事。

小王很不解，还是小王的好哥们提醒了他——可能是你的姿态放得太低了，做人要不卑不亢，姿态过低，容易让他人产生了一些不太好的联想。在别人看来，你的低姿态会让你看上去不太靠谱，大家自然不愿意和你深交。

一席话让小王顿时恍然大悟，与其放低姿态，不如努力工作提升自己的价值。

后来小王不再刻意讨好同事，只在工作上花心思，一段时间以后，同事们慢慢也接受了小王。

在中国式人情世故里，与其讨好别人，不如提升自己的价值。

在日常的生活中，有一些人有讨好型人格，总是忍不住想要讨好对方，对于这种情形，需要从以下几个方面去说服自己。

提升人际关系，重在价值展现

想要获得他人的尊重，就要努力提升自我的价值，让他人看到你身上可取的部分。要抓住一切机会展现自己的价值，这样才能在他人心中有一席之地。有了一席之地的价值，无须讨好，他人也会给予尊重。

人格上的吸引胜过苦苦求索

讨好是一种求索，旨在获得对方的认可，然而往往不会有好的结果。就像谈恋爱追求爱侣的时候，追求其实只是辅助，个人魅力的吸引远胜于刻意的追求。

在中国式人情世故里，道理也是相通的。想要讨好他人的时候，不妨想想若是放大自己的个人魅力，去吸引对方，是不是更事半功倍。至于如何提升魅力，看书、锻炼、行万里路，都是非常不错的方式。

你不可能获得所有人的喜欢

不论你多么优秀，都不可能获得所有人的喜欢。讨好型人格最终谁也讨好不了，认识到这一点，就是戒掉讨好型人格的第一步。

绝境求生，退无可退时的翻盘能力

顺境人人都可以起势，在中国式人情世故里，难的是逆境中的翻盘能力。

有的人遭遇挫折，从此一蹶不振，有的人遭遇困境，却能一次次战胜困难，踩着先前的失败，不断攀登更高的人生高度，这就是绝境求生的能力。

拥有绝境求生的能力，不仅能让我们东山再起，也能让我们明白生活不是一帆风顺，总有大浪会袭来，做好准备，准备迎击，打出一个漂亮的翻身仗，才算是拥有真正的处世智慧。

范雎是秦国的一代名相，辅佐秦昭襄王南征北战，为秦国统一天下打下了坚实基础，通过反间计打赢了长平之战，从此天下再无大国能够阻挡秦国东出。

然而范雎在任秦相之前，却只是魏国一个大夫的门客。因为出使齐国得到齐国的盛情款待，他被怀疑通齐，险些被打死在厕所里。

最后九死一生抵达秦国，用远交近攻的策略游说秦王，博得了秦王的青睐。

范雎改名换姓，最终促使秦国国力进一步提升，同时也为自己报仇雪恨。

后来留下一个成语叫睚眦必报，就是讲的范雎复仇的故事。

尽管在当代人看来睚眦必报的范雎没有韩信那般的胸怀，但不可否认范雎是典型的能进能退的典范。

魏国待不下去了，果断跑秦国，重新开始。大丈夫志在四方，又何必拘泥于一地。

日常里有很多人其实都做不到这一点，在某一个圈子里，人们都有自己的舒适地，哪怕是遭遇了挫折，想的也是如何在这个圈子里补救，恢复从前的舒适状态。只有极少数的人能跳出舒适圈，在绝境中也能有勇气重新开始。

那么，那些面对困境的少数人，为什么会拥有重新开始的勇气呢？

绝境求生，需要心力强大

天将降大任于是人也，必先苦其心志，劳其筋骨。

老祖宗留下的智慧诚不我欺，想要成就大事，怎么能避免遭遇巨大的困境呢？困境几乎是成大事者必须要越过的一道难关。那些能越过困境的人，往往有强大的心力，而强大的心力往往来自对困境的蔑视。有时候越过困境的办法就是在战略上重视，但在战术上藐视。如此才能维持住心力，始终拥有一股不服输的劲头。

永远行动，用实践战胜困境

面对困境，多数人选择的是避开，若避无可避，那便只能接受。接受未尝不好，只是会让我们失去一次绝佳的历练机会。

突袭到人们面前的巨大困境其实并不常有，当困境来临，需要迅速转换心态，把困境当机会，去行动，去实践，学会在困境成长。

相信奇迹，奇迹才会发生

有些东西你要相信它才会存在，要相信自己，要相信奇迹。

信心是比黄金还要宝贵的东西，只要有一口气在，就永远不会被打倒！真正的英雄主义，是认清了生活之后依旧热爱生活。

所谓的人情世故，除了对外的人情练达，也有对自己的永不放弃。

紧盯他人优点，自我进步更快

对自己要严厉，自我提升要刻苦。但对他人，却不可以这样，而是要宽以待人。与人相处时，尽量多看看别人身上的优点，忽略别人身上的缺点。盯着别人的优点，看到的就都是美好向上的东西，也有助于搞好彼此间的关系，别人便更愿意用这些优点来帮助我们进步。如果经常盯着别人的缺点，就可能让自己陷入挑毛病的境地。

刘邦得了天下后，总结过自己得天下的原因。

他说项羽赏罚不分明，过于看重到手的利益，身边所剩不多的几个人才，都被他逼走了。

而他就不一样了，他处处不如项羽，唯一能比得过项羽的是赏罚分明，尤其在用人时，更是能人尽其才，让每个人都能发挥自己的长处。能做到这一点的关键就在于看重长处，忽略短处。

带兵打仗他不如韩信，那就让韩信代替自己去打北方；运筹帷幄他不如张良，那就让张良承担出主意的重任；筹备粮草、管理后方他不如萧何，那就让萧何全权负责，用人不疑。

这三处用人的例子，其实体现的就是刘邦的驭人之道——顺着他人的长处来。

做好人情世故，目的就在于让自己在生活中不论面对什么情况都能得心应手。

刘邦在这方面，可以说是佼佼者了。

一个人想要实现理想，成就非凡人生，首先就要会整合周围的资源。比如要多看到他人的长处，忽略掉他人的短处，如此才能让他人有获得感，在与你相处的时候产生成就感，那么在这种感受之下，他人自然也更愿意帮助你实现你想做的事情。

那么，怎样才能使得他人愿意用自身的优点来帮助我们更进一步呢？

根据优点找人帮忙

如果是找朋友帮忙，一定要根据对方的优点来找人。朋友甲性格稳重，做事靠谱，找他帮忙记得不要多找，关键的事情再去麻烦别人；朋友乙性格开朗，但是做事比较急躁，那么不要把重要的事情交给他去做。

另外，每个人身上的优点也不仅限于性格，还有对各自行业的了解，如果遇见了什么不懂的，可以根据身边人的职业去求教。很多人在自己的职业里都有自信，你去请教他，他也许还会非常受用，所以不要害怕麻烦别人，适当的帮忙是彼此关系的润滑剂。

忽略他人缺点也要有底线

忽略掉他人身上的缺点，是说忽略掉一些无关紧要的缺点。如果这个缺点违背公序良俗，我们需要做的是去规劝对方，回到正轨。自然不能为了他人身上的优点，而无底线忽略他人身上的缺点。

想要自我进步，交友一定要慎重，要善交诤友，乐交益友，远离损友。

要基于现实去激励对方

绝大多数人很排斥画饼，是因为画饼这个行为往往超出现实基础。所以，想要用好他人的优点，就要有一个合理的激励方法，从而让对方可以更加用心地去发挥自己的优点，来帮我们达成目标。比如像刘邦，他的激励手法便是论功行赏，赏罚严明，下属自然会心甘情愿把自己的优点发挥到极致了。

巧妙化解尴尬，才能进退自如

一个人想要搞好人情世故，首先要有化解尴尬的能力。不论是自己遭遇尴尬，还是遇上了他人面临尴尬的场景，能巧妙地用一套行之有效的方式来化解尴尬，是人情世故是否老练的关键。

有一位家喻户晓的喜剧演员，在人情世故里可谓是做到了极致。

因为他长相并不是美男子那一挂，所以经常有人拿他的长相说事。

有一次一个美女演员说："听说和你做搭档，我感觉自己也要成谐星了。"

搁一般人听到这种话肯定会觉得尴尬，甚至是不开心。

可这位喜剧演员只是笑道："听说和你做搭档，我感觉自己也要成美男了。"

一句话逗笑了所有人，巧妙化解了尴尬。

在中国式人情世故里，谁能更巧妙地学会化解尴尬，谁就是人情世故里的赢家。

也许我们没有这位喜剧演员这么巧妙地化解尴尬的能力，但也不妨碍我们可以学几个小妙招，来应对生活中可能遇到的尴尬。

转移话题化解尴尬

面对尴尬的局面，完全可以跳脱出原来的话题，对方说东你说西。他的话让你尴尬，让氛围降低到冰点，你可以权当没听见，继续开启新话题，通过转移话题的方式，将尴尬无声无息地化解掉。

正话反说化解尴尬

所谓正话反说，就是顺着别人的话题，把你想要表达的意思掺入其中。

打个简单的比方，别人问你的收入情况，你告诉了对方，对方却说这个收入好像不是很高。你觉得有些尴尬，那你可以顺着他的话，但完全表达相反的意思，比如说自己收入确实低，所以一直都不太愿意和别人讨论收入的问题。说完后再向对方报以歉意，便能有效地阻止这个话题继续说下去。

避免尴尬从我做起

每个人都有不想谈及的事情，在与人相处的时候，如果不小心触碰到了对方的禁区，感觉到对方对继续讨论的话题有些犹豫，那你这个时候最好的办法就是打住话题，千万不要去刨根问底。在做事上要有打破砂锅问到底的深钻精神，但是在人情世故里，要懂得适可而止，从而避免尴尬。

一句“对不起”胜过万言雄辩

道歉并不是弱小的表现，而是一种人生的智慧。一句“对不起”可以解决很多麻烦。在中国式的人情世故里，面对麻烦，主动表达善意往往能迅速化被动为主动，扭转局面。有时候一句简单的“对不起”，不仅能迅速缓和紧张的人际关系，还能立刻化解彼此之间的矛盾。

有家公司聚餐后去唱歌，唱歌的过程中，人多嘈杂，老板无意中切掉了一位员工的歌。

这位员工虽然没说什么，但也明显有些尴尬和失落。这位老板自然也注意到了，但碍于颜面，并没有做出任何道歉的举动。

事后，回到酒店的老板辗转反侧一夜未眠，觉得过意不去。

第二天一早他就借着中午吃饭的时间，专门请这位员工吃了一顿饭，在席间正式提起了唱歌的事情，甚至还给员工道歉。

这位员工完全没想到这件事竟然能让老板给他道歉，当场就被这位老板的格局所折服。

在日后的工作中，他总能想起老板认真道歉的模样，觉得跟着这样的人做事准没错，便也使出了十二分的努力去做事。很快，他就成长为公司的骨干员工。

一个看似简单的道歉，竟然会有如此强大的驱动力。

在中国式人情世故里，做错了事情，不如真诚一点，去道歉，说一句对不起，胜过狡辩一百句一千句。

面对他人真诚地道歉，绝大多数人都会选择原谅他人，而不是斤斤计较。

不过道歉也有技巧，错误的道歉无异于火上浇油，为了让道歉更有效，就要避免以下几种错误的道歉方式。

道歉要真诚不敷衍

如果道歉不真诚，就会变成敷衍。一句“我错了还不行吗”几乎成了激怒对方的绝佳方式。道歉一定要真诚，发自内心，让对方感觉到你的诚意是有效道歉的关键。

道歉要基于事实

道歉的范围不要擅自扩大，明明只是一件事做错了，你却说是自己整个人有问题，最后换来的不会是对方的原谅，而是认为你这个人的确有你所说的那些问题。

错了就是错了不要找借口

道歉的时候切忌给自己找理由。“我虽然做错了，但也是因为有理由。”这样的道歉方式，只会让对方觉得你并没有认识到自己的错误，你只是来他这里找存在感的。

道歉的目的是负责

道歉的作用在于它能弥补错误，重新让事情进入正轨。主动道歉，主动承担责任，才能让对方觉得你的道歉有价值，否则就是一句空话。

留得青山在，不怕没柴烧

当面对无法突破的困境，不如及时抽身，先躲开眼前的困难。如此，才能保住眼下的利益，然后拥有缓缓图之的机会，这就叫以退为进。这个利益可以是金钱，也可以是健康。总之，面对困境，永远不要盲目地拼上一切。懂得在困境中保全自我，以图未来，是一种大智慧的体现。

唐代诗人杜牧写过一首诗，诗名叫《题乌江亭》，里面有句千古名句——江东子弟多才俊，卷土重来未可知。

这讲的是项羽自刎乌江的故事。

当年刘邦联合天下诸侯，打败了项羽，将他包围在垓下，后来项羽突围，到了乌江，却因为无颜见江东父老，放弃了坐船逃离，自刎于乌江。

后来的人总会想象，江东还有那么多青年才俊，如果项羽选择了回去，重整旗鼓，以他的能力，兴许还有翻盘的机会。

可惜没有如果了。

一个人失去了生命，也就失去了最大的本钱。留得青山在，不怕没柴烧。若是没有了青山，又哪里会有柴烧呢？

面对人生的痛苦，一个人一定不能放弃，始终要记得，只要活着，坚持做事，就一定有柳暗花明的那一天，假如真的没有，但至少经历了一个不一样的人生。

人生处处都是风景，好的坏的，其实都有它存在的意义。

最重要的就是，要去主动寻找其中的意义，不要让“绝望”占据上风。

不过，所谓的“留得青山在”，到底是怎么留呢？

保持健康是第一步

有句至理名言叫——身体是革命的本钱。一个好的身体，胜过任何的资源和贵人。试想没有了健康的体魄，就算成功了，又有多大意义呢？所以越是逆境，越要锻炼身体，为东山再起打下坚实的基础。

接触外界是第二步

有的人一旦失败，就会封闭自己，怨天尤人，觉得这也不是，那也不对，好像人生除了感伤再无其他的办法。感伤有用的话，那么东山再起未免就太过于容易了些。不管遭遇了多么大的困境，都不要封闭自己。

适当推卸错误是第三步

不要把所有的失败都大包大揽到自己身上，有的错误与失败，并非我们个人能改变和避免的。

把所有过错都归于自己只是给自己增加没必要的烦恼，适当推卸一些责任出去，也是给自己一点喘息的空间。

洞察人心，识人方能进退有道

世事洞明皆学问，人情练达即文章。

所谓的人情世故，说的就是一个为人处世的方法，为人处世之前，首先就要识人，不识人，又如何与人得体相处呢？在中国式的人情世故里，识人是一门高深的智慧，洞悉人心，就可以在人情世故中更好地与其建立良好的人际关系。

大家都知道汉高祖刘邦非常能识人，其实在识人这一方面，他手下的萧何也不遑多让。

汉初三杰里，萧何是最会识人用人的，他先是认识到刘邦身上的闪光点，举家投靠刘邦，后来又举荐了韩信给刘邦，甚至留下一段美谈——萧何月下追韩信。

当初刘邦被项羽封在蜀地，眼看着这辈子是出不来了，各路将领纷纷跑路，韩信也在这些将领之中。萧何得知后，连夜去追赶韩信。

刘邦本以为萧何也跑了，一听萧何去追韩信，发怒说那么多将领都跑了，你不追，追一个无名之辈。

萧何却说，其他将领都容易得到，唯独韩信是不世之材，如果想要争夺天下，那么他是不可或缺的。

果然，后来的事情如萧何所说，韩信带着杂牌军就打下了整个北方，甚至多次在刘邦打了败仗后提供后续兵力。

萧何识人不只是韩信，在他临终的时候，皇帝问他谁可以接替他的位置，萧何举荐了曹参。他与曹参本来多有不和，但却十分明白曹参是最合适的相国人选。

果然，后来的事情如萧何所说，曹参随萧旧规，无为而治，为大汉王朝的繁荣奠定了坚实的基础。

萧何识人用人，举荐人，从不出错，成就了自己大汉第一相国的地位。

在日常的人情世故里，识人用人，是一个人能否成就一番事业的关键。

可是人心隔肚皮，怎么样才能正确地识人，明白对方是一个什么样的人呢？

这里不妨学学鬼谷子的识人五术。

富视其所与

一个人有钱的时候怎么对待钱财，深刻透露了他的价值观是否正直。贫穷的时候，人人都可以说苟富贵勿相忘，但是真有了利益，却是另外一番模样，那就要敬而远之了。

达视其所举

一个人发达了，就会鸡犬升天，这样的人重视血缘关系，喜欢小圈子运作。这样的人是不能长久的，我们要想成事，就需要结交那些目光长远的人。

窘视其所不为

窘迫身处逆境的时候，最能考验一个人的品质。是否能在困境中坚守自己的本性，不向外界屈服，是判断能否与这个人长久共事的关键。

居视其所亲

看一个人是什么样的人，就看看他平常交往的对象都是一些什么人。如果周围都是狐朋狗友，那么这个人的水准大概也就这样了。如果他交往的对象里，有业界大拿，还有很多厉害的人，那他大概率也是个水准比较高的人。

贫视其所不取

贫困的时候能否不贪图不属于自己的身外之物，是考验一个人能不能深交的关键。君子安贫乐道，小人为了利益无所不用其极。因为贫困就博取不义之财，说明这个人的品行是有问题的，要远离品行不端的人。

让你的退让在他人那里产生价值

你的退让是否有价值，一个是取决于对方的品行，品行高尚的人会记得你的退让。但是也有一些时候，对方因为种种原因，并不能理解你的退让，这个时候的退让就很难产生价值。有时候这种退让非但不能改善彼此的关系，甚至还会让关系继续恶化。所以，退让的时候，最好是可以让对方理解你的退让，体会到你的退让里的价值。

有一位男星在综艺节目中分享过自己的两段婚姻，他说第一次结婚的时候，什么都不懂，以为哄好了对方，就一切都会好起来。结果对方却越发得寸进尺，直到最后他已经没有办法再前进半步，每次有了矛盾，都只能是他

退步。

退让过多，在对方眼里他的退让变得理所应当，毫无价值，最后把自己的婚姻都葬送掉了。

后来，他又开启了第二段婚姻。在这段婚姻里，他不再做那个毫无底线一直退让的人，而是退可以，但前提是得让对方知道，他每一次的退让，都是有损失的。

比如说，两个人吵架，他会去哄好对方，但是会向对方说明，他其实心情也很糟糕，但是为了家庭，所以他愿意委屈自己来哄她。

这就是退让的价值的一种具体的体现。

结果这段婚姻里，两个人的感情反而变得融洽起来。

有一位商人曾经分享过类似的经验，他说自己以前做生意的时候，都想着把对方谈下来，于是能答应的条件都答应，不能答应的条件也要退让三分努力答应，最后对方却拍拍屁股说再考虑一下。

后来改变策略，不能答应的就坚决不退让，能给的优惠也讲清楚自己退让了多少利益给对方，不卑不亢。所有的退让里都包含着价值，结果生意反而当场就谈成了。

一直退让，容易给对方造成你价值很低的印象。每次退让都把价值摆出来，才能让对方知道你的退让是有价值的。

那么，如何才能做到退让的时候，同时体现出其价值呢？

不要过度抬高对方

想要让退让有价值，首先不能过度抬高对方。

不论是在商业谈判中，还是日常的人情世故里，不要将对方抬高到过度的高度，可以适当夸赞，但切记不能夸到没边，把别人捧得太高，那自然是不管相处中遇到什么事情，都只能你退步了。否则，就会与你所捧的氛围产生割裂感。

退的智慧在于三进两退

进三步，退两步，在你看来，你是进了，在对方看来，你是进中有退，说明你退是主动的，你可以进，但你选择了退。一旦让对方明白你的退是主动的，那你的退就产生了价值。

渲染“退”的对象为特定

在酒桌上，经常能听到一句话，我是给你面子，所以我才怎么样怎么样。

放在日常的退和进之中，一样可以运用这样的方式。我是给你面子，所以我才退步的。凡是把“退”和特定的对象绑定，就是把你“退”的价值直接告诉了对方。

第8章

吃亏是福，人情练达的关键锚点

吃亏是福，前提是有技巧地吃亏。

盲目吃亏并不是福，而是一种他人对我们的消耗。所谓吃亏是福，是指每一次吃亏之后，都能吸取教训，积攒经验，避免下次吃同样的亏。

有技巧地吃亏则更进一步，这是一种主动吃亏，通过主动吃亏，从而人情练达，收获更多的实惠；通过有技巧地吃亏，舍弃眼前的利益，谋取未来更大的成就。

吃亏有道，吃点亏才能人情练达

别人让你心情愉悦，你是此刻人际交往中的幸运儿，但你让别人心情愉悦，才是人情练达的高手。多想自己能给别人带来什么，不要总想着从他人那里得到什么。日积月累，你替他人着想过的一切，都会一一反馈到你身上，让你成为人情世故里的高手。

关于如何让别人心情愉悦，避免让他人处于尴尬之地，孔子曾经有过一个经典的案例。

有一天，孔子出门不久，外面就下起雨来，孔子所乘坐的马车没有车盖，雨水就打了进来。

当时孔子所到的地方刚好距离学生子夏的家不远，陪同孔子的学生就说，老师，你车上没有车盖，可是据我所知，子夏家里有，不如去找子夏借用一下。

孔子听完却摇摇头，说子夏这个人我了解，他有点小气，还是不要去借了。我之前就听说过人与人之间相处，一定要避开他人的短处，推崇别人的优点，这样两个人的关系才能更加长久。

学生听完受益匪浅。

孔子是子夏的老师，如果孔子去找子夏借车盖，那么子夏肯定没办法拒绝，但是没办法拒绝不代表子夏心里就会开心，小气吝啬的人肯定会在心里琢磨出一堆的事情。孔子不愧是圣人，对于人情世故的练达可谓到了登峰造极的地步。他宁愿放弃老师的身份，在用身份占便宜这件事上吃点小亏，也不愿意把自己处于让学生尴尬的境地，维护了彼此的颜面。

他不会让自己处于人际关系中的尴尬境地，尽力避开与他人的矛盾，用自己的所作所为，告诉身边的人，真正的人情练达该是什么样子的。

孔子能成为千古圣人，怕是这些做人的方式也起了很大的作用。

在中国式人情世故里，人情练达的一部分内容就是要尽力让他人在与自己相处的时候保持一个愉悦的状态，心情舒适。保持愉悦和舒适的关键就是常常吃点小亏，在能占便宜的时候，选择不占；在吃小亏能让对方舒适的时候，就吃点小亏。

如此，才能让彼此的关系更加融洽长久，才有机会在融洽的关系基础上，成就出更大的事业。

话题上吃点亏，快乐的事情要多谈

与人舒服地相处，关键在于多谈论彼此都快乐的事情，谈谈他的爱好，谈谈他的成就，不要去讨论可能引起争论的话题，更不要把话题总往自己身上引，过多地谈论自己是一种不礼貌的表现。

很多人在与人相处的时候，自然而然就会把话题往自己身上引，这也不是故意的，其实就属于一种本能的反应。你不妨做个特别的人，在话题上稍稍委屈一下自己，吃点小亏，把话题的焦点始终放在对方身上，让他的心情愉悦，让你们的关系更加融洽。

钱上吃点亏，让他人多赚一点点

在分配利益的时候，让其他人能多赚取一点点，让自己永远多付出一点点。有时候出让一点点利益不会让你真正失去什么，反而会让当下收获一段良好的人际关系。人生很长，不要只争朝夕，让别人多赚一点点，于你没有实质的损失，但是却能让人情世故这艘船载着你们稳稳地航行下去。

情绪上吃点亏，回应情绪不好为人师

相处的过程中，别人难免会提及自己的一些事情，切记不要好为人师，指指点点别人的人生。多多回应他提及的事情上关于情绪的那部分，多顺着他人的情绪安慰对方，不要在对方表达自己情绪的时候，却去指点他人的对错。

轻信所谓的贵人，往往要吃大亏

很多人把自己没有成功的原因归咎于没有贵人相助。于是当一个贵人出现的时候，就会紧紧抓住对方，这个贵人可能是业界大拿，也可能是手头有超过一般人的资源。总之，很多人会觉得贵人出现，自己就要发达了。其实贵人不会轻易出现，能轻易出现在普通人身边的贵人，往往带有其他不太好的目的。

阿磊在做虚拟人物方面的工作，和几个小伙伴开了一家小互联网公司，可惜因为没有商业化，所以资金一直是个问题。

直到有一天，一个自称天使投资人的钱总忽然大驾光临，说要考察一下他们公司，看能不能投点钱。

阿磊了解了一下这个钱总，是他之前的大学同学介绍来的，手头有点钱，而且确实投资过好几家互联网公司。

于是双方一接触，立刻达成协议，一个需要项目投资，另一个需要资金发展公司。

谁知道协议签了好几天，可钱却一直不到账，不仅钱不到账，甚至这位钱总还拥有了公司的决定权……

阿磊一下子蒙了，找到律师了解了一下，才发现自己太轻率了。

原来就有这么一类人，专门找那种年轻人的项目，拿准了对方缺钱想要赶紧定下来的心理，入驻其公司，而对方的身份，往往是同品类公司派来搅局的。

阿磊最终在与这个所谓的投资人的纠缠下，官司还没打完，公司就撑不下去了，大好的项目也因为长久的纠缠而失败了。

在日常的生活里，千里马常有，而伯乐不常有。不过也不能因此就怀疑所有的人，只是吸引别人来帮助你的关键还在于我们自身的价值体现。有了价值，才能吸引来真正的帮助。

相信那些你了解且佩服的高手

逻辑思维的创始人说过，他只结交那些他佩服的人。这些令他佩服的人，其实就是他的贵人。令你佩服的人，必然是你熟悉的人，千了解万打听，不如自己真认识。

提供的帮助要问清看清

有的人虽然提供了帮助，但是这些帮助往往却和你真正需要的东西南辕北辙。这也不是说对方故意的，有时候双方互相对彼此了解不够深，就可能做出帮倒忙的事情。所以在别人给你提供帮助前，就一定要搞清楚、问清楚、看清楚，这个帮助里包含的东西到底是不是你真正需要的东西，切莫因为贵人光环就放弃去考察他人给予的东西。

超高规格的帮助往往有大代价

很多人对帮大忙的理解是给钱、给资源、给门路，但前提是，这些帮忙都是有条件的。如果一个手上掌握了很多资源的人出现，承诺给你这些，但需要你付出的条件却相当简单，那你就要谨慎对待了。

吃亏要主动，磨炼大格局

常言道，吃亏是福。

有得必有失，有失必有得。中国式人情世故里，有大智慧的那些人，与人相处时往往会主动吃亏，磨炼自己的格局，开阔自我的胸襟。

小王在公司里一直有个勤快的人设。

每次拿快递，他都要在公司群里问一句谁有快递要拿，他顺便帮忙拿上来。

每次吃饭拿外卖，他看见公司的外卖，也会顺手帮同事带上来。

久而久之，大家都知道小王是个勤快的人，心地善良，人缘也好了起来。

有的人却觉得，小王这是无事献殷勤，必有所求，不然这不是妥妥的冤大头嘛。

可小王也没表现出什么所求来，直到有一次，下面的快递点忽然着火。公司部门负责人急忙去快递点，看自己的关键文件是不是还能找到。自然是没找到，回到公司，却发现那个文件已经在自己的办公桌上了，后来才知道小王是最后一批拿到快递的，不久之后就发生了火灾。

因为这件事，部门负责人记住了小王这个人。

再后来，负责人要高升去总部，临走之前，老总让他推荐接替人选，负责人想起小王，谁知道刚一提，老总就笑着说这个小王他已经观察很久了，觉得是个可塑之才，有能力，性格也好，还勤快。

两个人一拍即合，小王理所当然成了部门的负责人，让很多老员工都大跌眼镜。

这就是主动吃亏，帮助他人，时常付出的威力所在，它在当下看来是一次次无意义的付出，但是拉长时间看，总有人会看到你吃亏后身上的闪光点。

所以，不要害怕吃亏，甚至要时常去敦促自己主动吃亏，与人相处多付出。主动吃的亏越多，格局也便越大。大格局的人，才有可能会一方有事，八方来帮。

主动吃亏，磨炼意志

吃亏在多数时候，是一种负面的，不得不接受的状态，当然也可以去争取不吃亏，但若是仔细考量后发现无法争取，那么就需要转变思维，把吃亏当成是磨炼意志力的一种方式。糟糕的事情已经发生了，不如让自己换个角度，重新在糟糕的事情里，获得收获。

主动吃亏，吸取教训

主动吃亏，还能帮助你避免承受大的损失。

平常的时候，可以主动吃点自己能接受的亏，看看后续的结果。如果结果不太好，那下次就要在这方面注意。比如说面对一个刚结识的人，可以主动吃点亏，如果对方品行正直，那主动吃亏就是让你结交到了一位好朋友。如果结果不太好，那说明以后打交道的时候就要格外注意。

主动吃亏，留下退路

萧何当年被分封的时候，主动放弃了良田，只要了劣田。很多人不解，但是萧何明白枪打出头鸟，福分还是慢慢来比较好。到了顶端的福分，就只有下坡路可以走了。后来果然如此，大多数分封了爵位的人，都没有善终，倒是萧何的后人，一直延续到了几百年后。

吃亏攒福气，是一种看似玄学，但其实自有一套人情世故的逻辑在其中运行。

有时看似吃亏，实则利大于弊

己欲利，先利人，己欲达，先达人。

正所谓世间熙熙攘攘，皆为利来。但若想在人情世故里成就自我，就得先学会吃亏，再学会让利。有时候一件事情看似是自己吃了亏，实际上结果却往更好的方向去了。

如果要做一款手机，除了外观设计和硬件外，还需要保障产能。否则就是做出来了，生产跟不上，一样会完蛋。

这是一个符合大多数人印象的商业逻辑。

然而有一个词语叫饥饿营销，意思是故意压缩产能，造成商品供不应求的局面。

有一款手机的确就是这么做的，它不论是外观、硬件，都是行业中的佼佼者，但就是产能跟不上。

手机公司对外宣布，某个时刻网站会放出一批手机，几十秒一抢而光。

有内部人士就跟老总提意见，说要不多找几家厂商，把产能做上去，迅速抢占市场。

老总却说，就保持这个产能，不要妄想一口吃成个大胖子。

这看似是放弃快速抢占市场，明面上吃了亏，但其实内里却赚得盆满钵满。

首先，利用饥饿营销，让消费者求而不得，造成一轮宣传上的攻势。其次，因为产能和消费者购买需求永远不匹配，导致手机一旦生产出来就被卖掉，节省了整个产业链上的成本堆积。最后，这款手机通过这个看似吃亏，实际上好处多多的策略，成功地一步步占据了市场。

同样是在这个公司，他们还曾花数百万设计商标，很多人觉得这个亏吃大了，然而业界的聪明人却说道，这是赚大了，花几百万，对于他们的体量来说，其实根本不算什么，但通过这件事，上了无数个热搜，其中的广告价值都不止几千万了。

这就是看似表面吃亏，但其实内里在狂赚的逻辑。

在中国式人情世故里，也是同样的道理，人生不可能不吃亏，反而是越吃亏，人生越是完整。你吃过的每一次亏，都会成为你完整人生的拼图。如果在吃亏的时候去算计，去纠结每一次吃亏背后的损失，那得多累。所以一个真正有智慧的人，往往能看到吃亏背后蕴藏的机遇，把吃到的亏，转化为自己的优势。

具体该怎么做，才能把吃亏变成优势呢？

善思考，吃亏后深思熟虑

吃亏后不要垂头丧气，而是要多琢磨一下这次吃的亏，看看是否能从中发现有利于自己的方面。

吃亏其实是每个人都不愿意去面对的事情，但是人情世故里的高手们懂得，吃亏的时候看似是在某些方面损失了一些利益，但其实在另外一些方面，也带来了一些好处，关键是要善于发掘那些好的一面。

多看书，学吃专业亏

看似吃亏实际得利的背后都是有一套逻辑的，比如饥饿营销，让目的和吃亏合为一体，便能边吃亏，边达到目的。这需要我们平常就应该多学习，多积累，多看社会学科类的书，多看经济学和心理学方面的书籍，掌握看似吃亏，实际大赚的方式方法。

敢吃亏，付出才有回报

想要成就多大的事业，在先前就要付出相应的代价。这个代价往往在我们看来就是吃亏。但是自己要明白，只要能达成目的，这个亏得吃，也要敢于吃。

明人不吃暗亏，吃亏要在明处

亏吃在暗处无人知晓，吃在明处是智慧。

与人相处的时候，亏可以吃，但一定要让他人知道你是吃亏的，要把吃的亏晾在他人面前，摆在明处。否则，亏就白吃了。中国式的人情世故里，吃亏在明处才是福，千万不能哑巴吃黄连，有苦说不出。

吃亏也要明明白白吃亏，所谓吃亏是福，一定是指的明亏，让对方知道你退了一步，让对方明白你吃了亏，你吃亏才有意义。

之前公司里有一个负责销售的经理，能力突出，带的人也都愿意跟着他干，他的办法就是吃明亏。项目做成了，直接告诉大家多少提成，怎么分给大家，他一分不拿。

众人都知道经理吃了亏，自然也愿意跟着他继续干。

在日常的生活里，有的开店的老板卖货总是能来一个人就成交一个人，秘诀就在于，他把吃亏摆在明面上。直接告诉顾客，这个进货价多少，我赚多少，别人那赚多少，你觉得我能赚这个钱，就在我这买，一切都是透明的。当然，在这个过程中，老板一定会表现出自己赚少了，留给顾客一个其他人赚你更多，而我吃亏了的印象。

一下子让做生意的黑箱状态变得透明，顾客也不会觉得自己是冤大头，自然愿意在他这里买东西。

如何才能在生活中明面吃亏，杜绝吃暗亏呢？中国式人情世故里，不吃暗亏，讲究以下几点。

吃了亏就要讲明白

吃明亏的关键就是把吃亏摆在台面上，讲的清清楚楚，没有丝毫的隐瞒。其实哪怕是吃了暗亏，也可以通过放在台面上讲清楚而获得吃明亏一样的好效果，关键就是要有讲出来的勇气。很多人吃了亏，觉得丢脸，不愿意讲，最终只能吃个暗亏，独自感伤。

做事要光明正大

所谓明人不吃暗亏，首先得是个正直的人，做的事情得光明正大。如果是玩阴谋诡计，那吃了亏真是有苦说不出，就像孙权那般。

不管是做人还是做事，在日常的人情世故里，一定要行得端坐得正，如此一来，哪怕是吃了亏，也能有理有据的告知。

干活多就要表现出来

不要以为酒香不怕巷子深，很多人吃暗亏就是因为只顾埋头做事，却不知道偶尔表现一下自己，展示一下自己。在日常生活与工作中，如果你是那个一直做得比较多的一方，记得适当把你干得多的事情摆在明面上。如果对方因此受益，你更要把自己吃了亏这件事点明一下。但是切记不要过多地宣扬，点出来就好，让对方明白即可。否则，说的多了，反而会有适得其反的效果。

不想吃大亏，就一定要改缺点

吃亏的原因有很多，有一个重要原因是自身本身就有格外明显的缺点。

为了避免吃大亏，就要不时去反省自己身上的缺点，哪些可以克服，哪些可以收敛，切记不要让自己的缺点出现在所做的大事上，否则，就有可能摔个大跟头。

秦朝二世而亡，究其原因，当然有大环境的变坏，但昏庸的秦二世也难逃其责，他好玩，好享受，却不想被政务缠身。

身边的宦官赵高看出来秦二世的心思，告诉他作为帝王就应该享受全国的供奉，那些乱七八糟的治国理政的事情就交给下面的人去操心就好了，比如他赵高。

秦二世十分信任赵高，凡事都让他去拿主意，自己则躲在深宫高墙里享受帝王生活。

赵高还抓住了秦二世享受生活的时候不乐意让大臣打扰的心态，凡是有大臣要禀告什么事情，赵高就专门安排在秦二世正在享乐的时候，结果每次那些大臣都受到冷遇。

久而久之，再也没有大臣想要去觐见，权力也渐渐落在了赵高手里。

最后天下大乱，敌人都要打到咸阳了，秦二世才恍惚得知。

与秦二世相似的，还有隋炀帝杨广。杨广好大喜功，不愿意听坏消息，身边的人凡是报告坏消息的，都受到冷落，甚至是杀头。最后天下无法收拾了，他才假惺惺问身边的人为什么不早点说，结果身边的人说要是早点说，就活不到现在了。

这都是被下面的权臣抓住了帝王身上的毛病的生动案例。

回归到日常生活里，我们每个人身上都或多或少会有一些缺点。为了避免吃大亏，要先改掉那些让你吃亏的缺点，如此才能不吃大亏，越来越强大。

那么，怎样的缺点容易导致吃大亏呢？

懦弱的缺点一定要改

一个人的善良得有底线，没有底线的善良往往看上去会比较像是懦弱。为什么有些人总是吃亏，每次有大亏来临，他总是头一个吃。就是因为在他人眼里，他是那个吃了大亏也不会反抗的人。所以善良要有底线，该争取的时候，要有勇气去争取。尤其是吃大亏的时候，一定要据理力争。

情绪全在脸上的缺点要改

吃大亏的人往往情绪不稳定，多数时候稍有不顺就情绪爆发，脸红脖子粗，看似强势，其实已经落了下风。没有人会喜欢情绪不稳定的人，这个时候哪怕你吃了大亏，别人也会因为你的暴躁而觉得你不是那么占理。

一个人不想吃大亏，想要做成一番大事业，就一定要情绪稳定，喜怒不要过于外露。

把时间进度掌握在自己手上

重要的事情要自己把控好整体的进度，若是把进度完成的时间寄托在别人身上，那就很可能误期。做一件事情的时候，一定要给自己留足应急的时间，最好把时间往前提前一些。这样的话，哪怕对方没有完成，我们也有时间去补救。切不可把所有的希望压在对方身上，否则就一定会在时间进度上吃大亏。

高情商社交术

漫画中国式沟通智慧

吴学刚◎主编　小黑◎绘图

湘潭大学出版社
XIANGTAN UNIVERSITY PRESS

版权所有 侵权必究

图书在版编目（CIP）数据

高情商社交术 / 吴学刚主编 ; 小黑绘图 . -- 湘潭 : 湘潭大学出版社，2024.6
ISBN 978-7-5687-1429-7

Ⅰ . ①高… Ⅱ . ①吴… ②小… Ⅲ . ①情商－通俗读物②人际关系学－通俗读物 Ⅳ . ① B842.6-49 ② C912.11-49

中国国家版本馆 CIP 数据核字（2024）第 086526 号

高情商社交术

GAOQINGSHANG SHEJIAOSHU

吴学刚 主编 小黑 绘图

责任编辑：张宝香　钟夏萍　肖　萑　唐姝莹
封面设计：尚书堂
出版发行：湘潭大学出版社
社　　址：湖南省湘潭大学工程训练大楼
电　　话：0731-58298960 0731-58298966（传真）
邮　　编：411105
网　　址：http://press.xtu.edu.cn/
印　　刷：大厂回族自治县德诚印务有限公司
经　　销：湖南省新华书店
开　　本：710 mm×1000 mm 1/16
印　　张：51
字　　数：715 千字
版　　次：2024 年 6 月第 1 版
印　　次：2024 年 6 月第 1 次印刷
书　　号：ISBN 978-7-5687-1429-7
定　　价：198.00 元

前言

会沟通的人，朋友喜欢你、同事亲近你、老板赏识你，不会沟通的人则会寸步难行。

能不能运用好中国式沟通智慧，事关一个人的基本生存，同时也是做出一番成就的基础。

那么，如何才能运用好中国式沟通智慧呢？中国式沟通智慧，主要体现在哪些方面呢？

中国式沟通智慧就是见面说好开场白，将沟通的氛围烘托好，交流过程中懂得把话语包装得动听，从而快速达成沟通的目的。会说开场白的人，不论是遇见陌生人，还是与熟人见面，总能一句话就把彼此间的谈话氛围烘托到位。他们思维敏捷，一句话就能让对方有个好心情，沟通中更是能说会道，总能把握对方的心理，把话说到他人的心坎里，让人听了非常舒服，从而造就好人缘，让沟通更顺畅。

中国式沟通智慧就是会赞美，懂幽默。幽默是一种智慧，赞美是一种格局。懂幽默能够帮助你化解尴尬，让你的身边充满欢笑，让你的人际关系更加和谐，为你与他人创造一个良好的沟通氛围，从而拉近你们之间的距离。会赞美能让你说出对方爱听、想听的话，让你们之间的沟通更加轻松愉快。

中国式沟通智慧就是会说更会问，还能巧回话。说什么很重要，问什么更重要。会问话，能让我们迅速了解对方的真实想法，从而在沟通中及时调整沟通策略，让沟通事半功倍。而大方得体的回话，则能让你避免答非所问，大大提高人与人之间的沟通效率。

中国式沟通智慧就是批评有分寸。批评的话要慎说、少说。不到万不得已，不要批评他人，一旦要批评他人，就要注意分寸和尺度。掌握批评的技巧，恰到好处地批评他人，可以让你沟通更顺利，关系更紧密。

沟通像是一张大网，将每一个人紧密相连。学会了中国式沟通智慧，可以让你在与人交流时更顺畅、更得心应手，是你维护人际关系的必修课，是你走向成功的敲门砖。

沟通是智慧的综合体现，它有技巧、有门道、有规律，掌握了沟通的艺术，就掌握了人与人之间和谐相处的秘诀。

为了让广大读者更好地理解沟通，学会沟通，本书采用漫画与文字相结合的方式，将各种沟通场景一一呈现，将沟通的技巧一一罗列，没有长篇大论的理论说教，更注重实用性和可操作性，使阅读者拿起书便能一目了然，放下书就可以现学现用。

最后，愿每一位读者都能成为沟通高手。

目录

第 1 章　说好开场白，沟通才能更顺畅

第 2 章　能说又会道，话出口前要“包装”

第 4 章　沟通想顺畅，幽默少不了

第 5 章　懂沟通的人，会说更会问

第 6 章　好好回话，才能掌控话语权

第 7 章　批评的话，要巧说更要慎说

第1章

说好开场白，沟通才能更顺畅

俗话说：“万事开头难。”

与人打交道，最难的就是头一次见面，而开场白将直接决定了初次沟通的成与败。

说好开场白，将有助于我们跟素昧平生的人打交道，赢得对方的友谊，结交到更多的朋友。

另外，与朋友许久不见，再见面的时候，也要注意开场白的选择，开场白说好了，友谊的小船才能越开越稳。

称呼对方需得体，才能留下好印象

良言一句三冬暖，恶语伤人六月寒。与人初次见面，如何称呼对方非常讲究。好的称呼能让彼此之间迅速拉近距离，为彼此开启一个良好的谈话开端。

不管是与陌生人初次见面，还是老朋友再次相遇，都要注意得体地称呼对方。

称呼得体，双方沟通的氛围才会好，称呼不得体，对方心里就会产生排斥情绪。

在一次马拉松运动会上，一个赛事服务人员看见一个八十多岁的老人家来参加运动会，忍不住笑道：“老大爷，您小心点，有的运动员跑起来不要命，您可别被撞到了。”

老人家回头瞥了一眼跟自己说话的小伙子，脸色有些不悦，最终也没搭理小伙子，只是自顾自地走开了。

小伙子还在纳闷儿自己哪里说错话了，这大爷怎么一副不太开心的样子？

旁边的活动总监一看，过来跟小伙子说："逢人减寿，逢物添价的道理不懂吗？看见老年人，往年轻了喊，看见别人拿着什么东西，往贵了说价格。人家来参加马拉松，就是对自己的身体有信心，你喊人家老大爷，人家能理你吗？"

小伙子一听，似乎还真是这么个道理。

在中国式沟通智慧中，与人初相识，得体的称呼往往决定了彼此间的第一印象，所以在沟通前，最好先想想如何称呼对方，这个称呼不一定要抬高对方，但一定不能贬低对方，最好以得体为准绳。

得体的称呼既能体现我们自身的修养，又能让彼此之间的谈话维持在一个亲切友好的氛围里。

那么，如何才能掌握得体地称呼对方这一沟通技巧呢？

得体的称呼来自尊重

如果是一群人，称呼对方要注意的地方就更多了。

一般来说，先跟长者打招呼，然后根据职务打招呼，有女士在场的情况下，要优先尊重女士，和女士先打招呼，女士打完招呼，再和同辈打招呼。

得体的称呼要看场合

私下的场合，如果你们关系亲密，喊什么都可以，彼此只要认可称呼就行。但是如果是比较公开的场合，哪怕是关系比较亲密，也要注意对方的身份，以及考虑到对方的面子，尤其是不能称呼对方的绰号。

得体的称呼在于把握好他人的心思

打交道的人的职位为副职，称呼对方时可以省略掉“副”，比如副总经理，可以直接以××总称呼对方。

另外，对于年龄偏大的人，称呼时要为对方减岁，对同龄人则自动为对方长两岁，以示尊重。当然，这一条对女士无效。对待女士，则要尽量把年龄往小了说。

记住对方的名字，好感自然来

名字是一个人最基本的信息，如果能记住不太熟的人的名字，能让我们在称呼他人的时候获得很大的沟通优势。记住对方的名字，会给人一种你很在意对方，你专门记住了对方名字的感觉。

有一位国际知名的大导演，在圈内有着非常高的评价。

在互联网发达的今天，这位导演从来没有被爆出来过一件不好的绯闻。

除了这位导演洁身自好以外，还有一个原因就是他很善于记住别人的姓名。

有一次，一个被绯闻缠身的同行问他到底是怎么和那些难缠的记者搞好关系的。他笑着说，记住他们的名字就行了。

每次公开露面，当记者们踊跃提问的时候，这位大导演总是能准确地喊出其中一两个人的名字。有时候也记不住对方的全名，最多记住个姓氏，但其实也起到了记住名字的效果。

比如他会说：“你是那个某某报纸的小李吧，我记得你，你上次问的问题比这次尖锐，看来你最近心情不错。”

被称为小李的记者一下子就兴奋了起来，能被大导演记住自己，对他来说是一件非常值得开心的事情。

这位大导演靠着这一招，在很多娱乐记者那里留下了好印象。这些记者采访完毕，回去写稿的时候，自然会手下留情。

其实古今中外，有很多这样的例子，一些名人政要，都很善于记住别人的名字。

记住对方的姓名，是对一个陌生人最大的尊重和敬意，能让我们在对方心里留下极好的印象。但记姓名也不是一件简单的事情，如果没有超级好的记性，就需要掌握一些小技巧。

记姓不记名

记姓不记名是一个与不太熟的人打交道的小技巧，如果记不住对方的名字，可以选择记住对方的姓氏，等下次见面的时候称呼其姓就行，也能引起对方的好感。运用这个小技巧的时候，遇见比自己大的，就在姓氏后面加姐或者哥，比如王姐，王哥。遇到比自己小的，可以在姓氏后加对方的职位等身份特征。

提前打探对方的名字

在日常生活中，我们时常需要和一些不太熟的人打交道。大多数时候，这些人往往来自工作上的接触。在与对方接触之前，可以先打听好对方的名字，反复确认不要记错字。这样就能在与对方见面时，给对方留下一个好印象。

使用对方名字别加姓

在与对方打招呼的时候，如果记住了对方的名字，可以尽量不去喊对方的姓氏，只喊对方的名字。连名带姓称呼，会给人一种生疏的感觉，只喊名字，则会让人产生两个老熟人再次相见的错觉。

有礼貌，越沟通收获越多

中国自古就被称为礼仪之邦。

礼貌虽然听上去很简单，但并不是人人都能做到真正有礼貌。因为礼貌其实它包含了很多方面，比如面对他人时的态度、语气，甚至是肢体动作，这些方面都做好了，才算是真正的礼貌待人。

在和他人交谈的时候，有礼貌的人能给人一种好感，能让他人感觉被尊重。

讲礼貌能让沟通始终处在良好的氛围中，越是讲礼貌，越能收获他人的善意。

小王是一家公司的销售总监，有一次他坐电梯，眼看着门要关了，被电梯里的一位男士拦住了即将关闭的电梯门。小王也没在意，一句谢谢也没说。

出了电梯，到了公司，赶紧整理一下衣冠，准备接待即将到来的大客户。

谁知道秘书领进来的人，正是电梯里那位帮他拦住了电梯门的人。

小王一下子尴尬在了原地，笑也不是，不笑也不是。对方的态度也很冷淡，谈了半小时对方就借故走了。

小王后来得知，对方回去后跟他的上司反映："对方的负责人素质比较低，没有什么礼貌，我们的产品又是服务型产品，我很不看好他能帮我们把这个东西推广出去。"结果事情就这样黄了。

礼貌虽小，却处处体现出一个人的修养和格局。

没有礼貌的人，很难给他人留下好印象，从而导致自己在与人打交道的时候寸步难行，更不要说把事业做大做强。做一个有礼貌的人，让别人开心，自己也能心里舒坦，做人做事都将事半功倍。不过，在与他人沟通的时候，如何恰到好处地体现出礼貌，其实也是有技巧的。有时候把握不好礼貌的度，反而会适得其反。比如说，一味谦让并不是礼貌。

如何做到礼貌有加，考验的是一个人的综合素质。在日常的沟通中，我们首先要做到以下几点。

有礼貌就是一视同仁

对上位者讲礼貌，对下位者却倨傲，这显然不是一个讲礼貌的心态。

礼貌的人，不论是对上司，还是对下属，都能时时刻刻做到讲礼貌，并不会因为对方的地位比自己低就改换另外一副面孔。一个能够不因职位高低而始终能保持礼貌态度的人，不论和谁沟通，都将获得对方的尊重。

有礼貌就是尊重弱势群体

一个社会的文明程度，取决于对待弱者的方式和态度。同理，一个人是否有礼貌，也取决于对弱者的态度。面对老人，他们和颜悦色，面对小孩，他们耐心有加，对待体力不如自己的群体，他们抑强扶弱。

有礼貌就是各方面都要得体

一个说话张牙舞爪，动不动就挥舞手臂的人，很难称为有礼貌。要想在他人心中留下有礼貌的印象，首先就要注意自己的肢体语言，不能有过于激烈的大动作。在与人沟通交流时，则要尽量保持小的动作幅度。

说话要温声细语，尽量控制自己的音量与周围一致，周围安静，就小声说话，周围太吵，就适当提升音量，以对方能听到为准。切记不可大吼大叫，更不要与人争个面红耳赤。同时还要注意自己的形象，与人见面前，要保持一个干净整洁的形象。与人见面前，可以刷个牙，或者见面前嚼一嚼口香糖，保持口气清新也是很有必要的，这些细节都要考虑到。

一见如故的秘诀就是真诚的认可

真诚是一切人际关系里的必杀技，认可是一切人际关系里的杀手锏。

一个真诚的人，很容易让他人感觉到自己的善意，从而结交更多的知心好友。

在真诚待人的基础上，再增加一点点真诚的认可，一见如故就不再是什么难题。

小章在一家广告公司上班，经常需要和客户打交道。

有一次，公司把一个谈了两次都没拿下的客户交给小章，让他务必完成任务。

就在众人都觉得没戏的时候，小章却信誓旦旦拍胸口表示一定拿下。

同事好奇地问："你打算怎么拿下？这个客户油盐不进，软硬不吃。"

小章说："是人都喜欢被认可，我打算从这一方面入手。"

同事觉得小章想简单了，之前的两次谈判，大家席间已经捧了客户一圈了，根本没用。

小章则不以为意，他知道公司的同事是怎么认可对方的，无非是说人家年纪轻轻有本事，要不就是说人家酒量好，他觉得这些其实都是非常表面化的认可。

而他打算从深处认可客户，打动客户。

事后，小章竟然真的拿下了这位客户。

后来有人打听到，小章在见客户之前，了解到客户对孩子的教育非常重视，小孩成绩也很好，是客户的骄傲。

小章于是带了个亲戚的孩子赴宴，客户起初觉得带着小孩来有点奇怪，直到小章表明来意，在吃饭的时候说亲戚家孩子是特意来请教的，想要知道学习好的秘诀，还说家长都不会教孩子，让客户给支支招。

客户本身就对教育有着独到的见解，立刻来了劲，给小章和亲戚家孩子上了一节家庭教育课。

其间小章不断插科打诨，变着法儿认可对方的教育理念，一顿饭吃下来，都没怎么谈生意，对方就认定了小章这个人聪明有能力，实在是合作的好对象。

这就是真诚的认可带来的巨大能量。

人人都喜欢被认可，但若是流于表面的认可，很容易会让对方觉得你只是因为有求于他，所以在讨好他。

想要让对方在被认可的时候感觉到你的真诚，那就需要投其所好，在对方最得意的地方，给予真诚的认可。

真诚的认可来自真实的信息

认可一个人，一定要先了解这个人。否则，认可就是无根之水。在与人接触前，可以尽可能地打听一下此人的兴趣爱好、工作相关等个人信息。从这些方面去认可对方，一般都能让对方产生遇见知己的感觉，让彼此初次见面就有一种老朋友相逢的感觉。

认可的同时记得升级称呼

认可之后，在对方心情不错、兴致高昂的时候，立刻趁热打铁，悄悄改称更亲密的称呼，把关系升级。

比如称对方为老哥哥，小老弟，等等。

打开话匣子，需找个好话题

两个人相顾无言，只有大眼瞪小眼，那沟通就不可能变好。沟通交流的时候，难免会有相对无言的时刻。冷场是沟通交流中的大忌，会迅速降低彼此之间的聊天氛围。想要打开对方的话匣子，需要会找话题，而且还得是好话题。一般而言，最好从对方熟悉的领域展开话题。

有了好话题，就像巧妇有了丰盛的食材，一桌丰富的沟通盛宴自然也就开张了。

小张新到一家公司任职，为了和上司搞好关系，私下里他总是见缝插针与上司讲话，可是效果都不尽如人意。

上司显然对他提出的话题不感兴趣，匆匆聊几句就各自回办公室去了。

后来，小张打听了一下上司的过往，才知道原来上司以前是个小导演，拍过一些不太出名的片子。

再次遇见上司，小张刻意提起最近看的电影，结果不出所料，上司果然很感兴趣。两个人一路从电梯聊到公司，兴致盎然。

下班后，上司还专门过来问小张什么时候有时间，一起讨论讨论最近上映的电影。

就这样，小张通过找到好话题，与上司建立了良好的沟通关系。

人与人之间，不论说什么，话题都是最重要的基础。没有话题就无法开启沟通，怎么寻找到一个好的话题，是谈话是否成功的关键。

一个好的话题，至少要包括两点，第一个是对方一定很熟悉这个话题，如此才能有兴趣谈；第二个是对方感兴趣的话题，如此才能愿意谈。

那么，怎么才能找到好话题呢？不妨从以下几个方面着手。

话题宜近不宜远

陌生人相见，如果聊距离当下太久远的话题，显然是不合适的，你不知道对方那时候在做什么，对方也不知道那时候你在哪里。所以所聊话题的时间，一定要尽可能接近当下。可以聊聊网上的热门话题，也可以聊聊彼此的近况等。

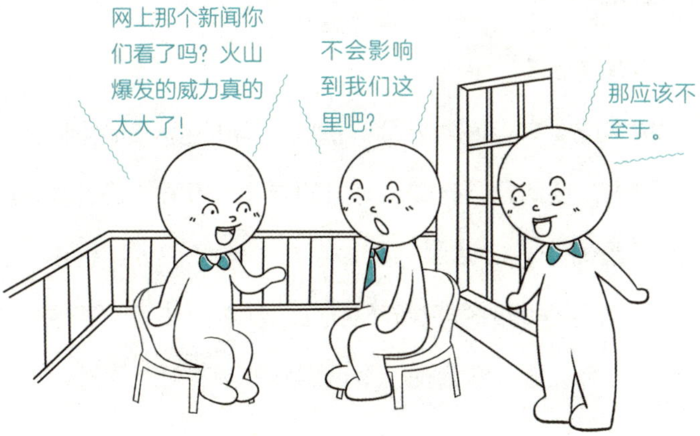

从对方身上找话题

如果不知道对方对近期的话题是否感兴趣，那么可以从对方身上入手，聊聊对方的穿着，对方的言谈举止。从对方身上当下展现出来的某个点去开启话题，准没错。

请教问题不会错

三人行，必有我师焉。

每个人都或多或少有点好为人师的情结，与陌生人初次相见。可以从请教对方问题的角度去开启话题，比如从对方的专业，对方的兴趣爱好等。

总之，发问是为了开启话题，是为了让对方多说，切记不要自己问个不停，也不要在对方回答的时候只听不回应。要学会垫话，要在对方回答的时候，适时找到下一个话题，学会把一个话题延伸到下一个话题。

自我介绍这块“敲门砖”，一定要用好

自我介绍就像是一个人的脸面，好的介绍能让人一眼就记住你，坏的介绍则让你无法从众人中脱颖而出，甚至会因为自我介绍不当，使得沟通也变得不顺畅。

试想一下，如果你是曹操，你现在要进行一个简短的自我介绍。

有两种方式。

第一种方式是：“我叫曹操，小名阿瞒，安徽人，目前在做治安一类的工作。”

第二种方式是："我叫曹操，别人评价我为'治世之能臣，乱世之奸雄'，目前的工作是治安，前几天刚收拾了几个不守法的权贵子弟。"

哪一种自我介绍让人眼前一亮不言而喻。

这就是独特的自我介绍的魅力，一个有特色的自我介绍，能让你瞬间在人群中脱颖而出，也能让交谈的双方明白你的为人和目前的状况，从而让后续的沟通交流更加顺畅。

如果不能好好利用自我介绍这块"敲门砖"，可能会在第一次见面时就给对方留下不深刻的印象。

不过，自我介绍也不能过于花里胡哨，否则也会让对方觉得你过于轻浮。

好的自我介绍要包含几个方面，比如职位、年龄、现状，以及此时此刻的目的。

只要能在自我介绍中把这些信息清晰有效地传达给对方，就是一个恰到好处的自我介绍。

除此之外，还有以下几个方面需要注意。

真诚大方有礼貌

在自我介绍的时候，首先态度一定要大方得体，让沟通对象感觉到我们从容不迫的状态。

其次不要在自我介绍时说很多头衔，这很容易让对方觉得你是在炫耀。

最后才是个人特色，可以根据自己的特长来精练出一两个值得介绍的点。比如你是个作家，就说自己是"码字"工，自嘲的同时又讲清楚了自己的个人特点。

个人信息详略得当

自我介绍不是流水账，更不是对方在查你的户口本，该讲的讲，比如姓名，怎么写，怎么拼，家住哪里，所来何事。

不该讲的就不要讲，比如家里几口人，爸妈做什么的，有没有孩子。没有人会关心你的家长里短，大家都很忙，快速讲清楚个人信息就足矣。尤其是在求职的时候，更需要简单说明自己的现状，不可拖拖拉拉。

极具特色的自我介绍

在自我介绍的时候，如果能增加一点幽默那再好不过。

比如送快递的，可以幽默地说自己是物流专家。

建筑师，可以自嘲说是搬砖达人。

收银员，可以戏称自己为财务师。

总之，各行各业都有一些行业内知晓的幽默称呼，你需要做的就是在自我介绍的时候把它讲出来。

有时候一些场景不适合讲出自己的职业，也可以用这一招搪塞过去。

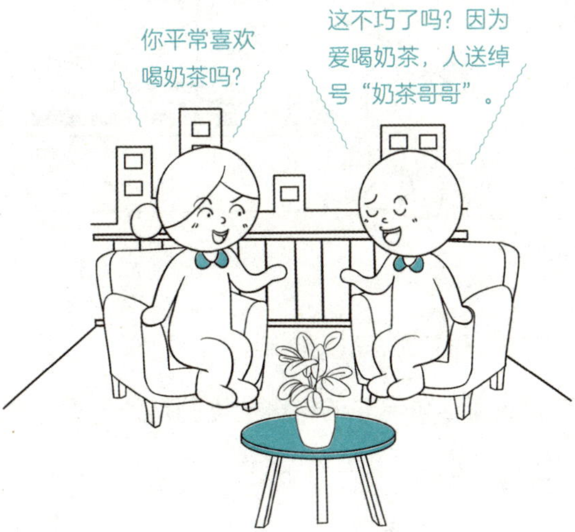

逢人先夸，沟通交流更顺畅

初次与人见面，沟通是否尽兴，受很多因素的影响。想要撇开诸多因素，让初次见面沟通顺畅，关键是要遇人先夸奖一番，先让对方的心情好起来，对方的心情变好了，接下来的沟通自然顺利。

一位集团老总要去下面的公司视察。

结果人还没来，关于这位老总的流言蜚语倒是先传播开了。

有人说他德不配位，总之，没一句好话。

结果这位老总来后，口碑大好。

原因是什么呢？

原来，这位老总来的第一天，就征服了公司的员工。

他到了门口，就握着保安的手，问保安亭有没有空调，夏天热不热，冬天冷不冷，还夸保安身姿挺拔。

到了前台，又夸前台小姑娘的花卉摆得好。

甚至公司新来的总监，他也了解，握着别人的手说：“我知道你，是我们公司的销售冠军，整个集团都要向你学习。”

到了中午吃饭的时间，又和员工一起在食堂用餐，他用个人工资请客，给每个人加了一道菜。

一个充满魅力的老总形象立刻树立了起来。

在中国式沟通智慧中，逢人先夸，夸到点上，就准能收获好人缘。

与人沟通时，想要营造一个良好的说话氛围，夸奖他人是最简单、最有效的捷径。

那要怎样夸奖，才能营造一个良好的沟通氛围呢？一般来说，需要注意几个大的方向。

夸奖要诚恳，不可乱夸

诚恳的对待他人很重要，尤其是在夸别人的时候。所以夸奖要基于现实，最好和对方最近的生活有关，比如近期发生在对方身上的好事，让你的夸奖紧贴他近期的生活，夸奖的话会让对方更加受用，大家的感情也会在沟通交流中进一步加深。

把夸奖融进寒暄里

与人初次见面，如果能在寒暄的时候把夸奖融入进去，可以让对方产生被认同的感觉，从而营造出一个良好的沟通氛围。

对方给你的第一眼印象是你夸奖的关键

很多人说见面不知道该怎么夸对方，甚至为此绞尽脑汁，其实夸奖是一件顺其自然的事情，不要在事前逼迫自己去琢磨，越琢磨反而越会不知道怎么夸。

不妨把夸奖留给第一眼印象，当你第一眼看见对方的时候，他给你的第一印象里最深刻的那个点，就是你需要夸奖的点。

比如你和朋友好久不见，再次见到，你发现他精神不错，就可以顺势夸奖“状态不错嘛，肯定是有什么好事发生”。

第 2 章

能说又会道，话出口前要“包装”

能说会道是一种能力，这不仅体现一个人的说话水平，更是中国式沟通智慧的体现。学会说话，说别人爱听的话，是中国式沟通的必修课。能说会道，可以让你的人缘越来越好，人脉越来越广。

沟通有道，把话说到对方心坎里

能够把话说到对方的心坎里，在中国式沟通智慧中是很重要的。要做到这一点，你首先得知道对方心里是怎么想的，然后我们才可以投其所好，在沟通的时候避开对方可能不爱听的话，挑一些能让沟通氛围变得更好的话去说。

简而言之，挑一些对方喜欢听的话去说。

小李和小张一起吃饭的时候，看见小张在玩手机，小李顺嘴就说了句：“你这手机不错啊，得三四千吧。”

小张笑道：“哪里用得着这么多，两千块不到。”

小李立刻来了兴趣："不可能啊，这么大屏幕，造型也好看，我感觉它应该很贵。你不会是骗我的吧？"

小张哈哈笑道："真的，不到两千。怎么样，你要是喜欢，我给你介绍介绍？"

小李又问了问手机的其他配置，小张耐心地给他做了解答。

一顿饭吃下来，小张心情极好。

每个人都希望自己的生活是美好的，选择是正确的。如果能在沟通的时候满足对方这些心理，说出对方心里想听的话，既能让对方很开心，也能让彼此之间的沟通氛围变得和谐，何乐而不为呢？

而且，很多时候，说对方心里想听的话，也是开启话题的一个技巧。如果能在开启话题的时候，说到彼此都感兴趣的共同话题，那就更妙了。

话不投机半句多，只有说到对方心坎里，你们的沟通才会和谐顺畅。

那么，如何才能把话说到别人的心坎上呢？

给对方想要的答案

很多人沟通的时候，其实都是带着答案来的，只是有时候不好意思直接说出来。

比如你的好朋友和你聊天，谈起近期工作上的烦恼，如果你听出来对方的意思是想要辞职，那么就支持对方的决定；如果你听出来对方只是抱怨一下，那就安慰安慰对方。

总之，先根据对方的描述和情绪判断一下对方到底想要一个什么样的答案，然后把这个答案告知对方。能做到这一点，便是沟通高手。

顺着对方的话题聊

如果不知道对方对什么感兴趣，不妨先别着急寻找话题，先听听对方想和你聊的，之后顺着对方想聊的话题继续往下说。对方想聊的话题，一般就是对方心里感兴趣的话题，跟着他的话题聊，就很容易聊到对方心里去。

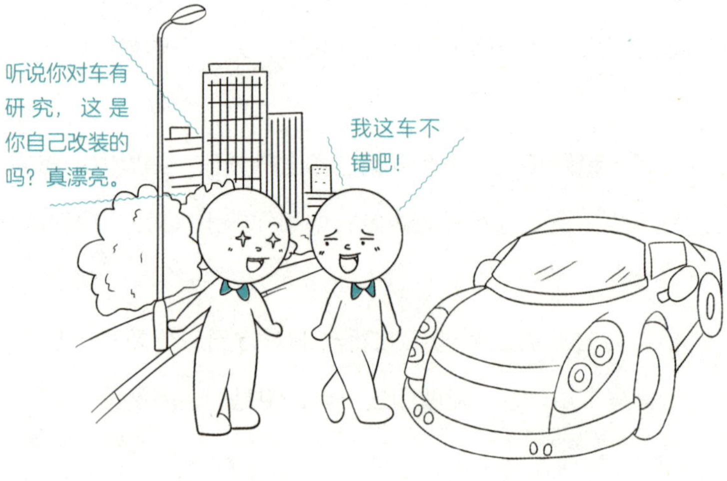

沟通的方向标，让他人觉得被重视

很多人都希望自己是重要人物，是社交场合中的焦点，别人能高看自己一眼，也就是说希望自己成为他人心中的重要人物。

所以，我们在与他人沟通的时候，要尽量满足人们渴望被重视的心理，做到这一点，别人会更愿意和你沟通交流。

在古代有这么一个故事。

一天赵秀才请客，请钱秀才、孙秀才、李秀才吃饭。

赵秀才刚入席，发现只来了钱秀才与孙秀才，李秀才还没来。

赵秀才就卖弄聪明，说：“该来的怎么还不来？”

孙秀才一听，就不乐意了，气呼呼地说：“你是说我不该来？”说完就起身离席走了。

赵秀才急忙说：“不该走的反而走了。”

孙秀才一听，更不乐意了：“他不该走？我该走是吧！”说罢也起身走了。

赵秀才碍于脸面也没法挽留别人，过了一会儿李秀才来了，赵秀才摇头晃脑地说：“你来了，不该走的却都走了。”

李秀才还没坐下呢，一听这不是赶人走吗，于是也走了。

这则笑话虽然听起来很荒谬，但却反映了一个现实问题——每个人都希望别人尊重自己，重视自己。

中国式沟通有个极为重要的法则，这一法则就是让别人感到自己很重要。因为一旦对方感受到了尊重，他们的自尊心就得到了极大的满足，自然会对你产生好感，有了对方的好感，沟通就不再是问题。

那么，怎样做才能使人们觉得自己被重视呢？

认可他们的成就

当别人取得了一些进步或者出色地完成了一件事情时，我们要马上对他们进行表扬，这样他们会非常高兴，感觉自己是被人重视的。

好久不见的朋友要多说想念

在与好久不见的朋友见面时，要多从话语中表露出你对他的想念之情，一定要通过语言告诉对方，让他知道你的心里在想着他。被人想念，很容易就会让他觉得你非常重视他，从而让你们之间的沟通氛围变得更好，有助于接下来的沟通朝着更加顺利的方向进展。

关注那些暂时被冷落的人

与他人沟通的时候，要格外注意那些待在角落里的人，及时过去和他们打招呼，不要让社交场合的边缘人物觉得被冷落，及时关心他们，用真心实意去和他们沟通交流，从而获得新的朋友、新的客户。

长篇大论讲再多，不如简洁说重点

说话不是越多越好，简洁有力就是很好的沟通方式。

所谓的简洁，就是提高沟通的效率，用最高效的方式，把我们想要表达的意思传达给对方。

人际交往中，往往有很多人会说个不停，这样非常容易耗费掉他人的耐心。

沟通的智慧归根结底是要准确表达自己的意思，同时让对方尽快接受自己的观点，所以，尽量不要长篇大论，能简洁说完就尽量简洁说完。

某广告公司因为业绩下滑严重，老总召集大家开了一次大会，让大家献计献策。

李总监觉得这是个表现的机会，上去洋洋洒洒分析了半小时国内外广告行业形势，又分析了一番同行竞争状况，眼看着一个小时过去了，开会的人都听得昏昏欲睡。

连老总都开始打哈欠，李总监只得尴尬地赶紧结束发言。

轮到王总监发言，他只简短地说了三条。

第一条：马上发动产品部门深入基层，了解销售困境，询问顾客为何不买。

第二条：将销售最好的同类型产品买回来，研究优劣区别。

第三条：加大广告投入。

最后老总拍板了王总监的方案。

一个说了快一小时，没任何效果。一个只说了几分钟，但抓住了要害，立刻切中了老总的意愿，这就是说话简洁的魅力。

沟通是为了尽快达成目的，切记不可以将说话变成“老太婆的裹脚布——又臭又长”。

缺乏针对性的表达，抓不住表达的核心意思，这样的表达在沟通中显然是非常失败的。真正的沟通智慧就是提高说话的效率，能一句话搞定的事情，就不要说两句话。

所以，在中国式沟通智慧中，话不一定要说很多，但一定要说到关键的地方。说话没有重点，哪怕说上一天，也不会是一个好的沟通。

直奔主题

说话就要直奔主题，沟通的时候，如果不是难言之隐，就一定要直来直往，你想说什么，就直接告诉对方，只要不是伤害对方的话，或者说了会让对方不悦的话，都可以直奔主题。尽快直奔主题，让对方明白你的目的，是沟通的重中之重。

如果在说出目的之前铺垫太久，很可能会给对方留下磨磨叽叽的印象。

多用短句，少用长句

越长的句子，对方所要分析的信息量越多，想要提高沟通效率，那么短句就是最好的沟通语言。这一点和写作非常相似，快速的情节，短句推进效率最高，缓慢的情节，长句推进最合适。想要沟通简洁高效，那么就要少用长句，多用短句。

沟通想顺利，顺着对方三观讲

人生观、价值观、世界观，世界上找不到三观一模一样的人，所以每个人对事物的看法都会有所不同。

所以与他人沟通，最重要的不是我们说什么，而是我们怎么说给对方听，如果你在沟通的时候，顺着对方的三观来组织语言，表达你的想法，那么沟通就会很及时地传达给对方，对方也会迅速理解你的意思，甚至同意你的看法。如果逆着对方的三观讲，很可能就会遭遇对方的回呛，这个时候沟通就不存在了，只剩下彼此的不对付。

遇见厨师，就说做饭的事情。

遇见老板，就说生意经，哪怕自己不懂，也可以虚心请教对方。

如果碰上了同事，不妨多说说工作上的事情。

喜欢一个女孩子，先看看她是什么人，再根据她这个人的特点去沟通，往往更能收获对方的芳心。

沟通的目的是让对方有兴趣和我们聊天，切不可刻舟求剑，用一种沟通方式去面对所有的沟通对象，最后就是鸡同鸭讲，对牛弹琴，不仅沟通不顺畅，还会白白浪费口舌。

那么，怎样才能做到面对不同的人，都能准确说出让对方感兴趣的话呢？

三观不同，不能强行沟通

三观不同，强行融入，用你的方式和人沟通，就会如同鸡同鸭讲。

比如有的人的观念里，说话就要直来直往，不要拐弯抹角，并且自诩为粗人一个，听不懂你们那些文绉绉的话。那么，和这一类所谓的粗人沟通，就要用粗人的方式，他们大多数性格直爽，有什么说什么，如果你不能转化成他们的说话方式，就会变成秀才遇上兵，有理说不清。

随着性格来沟通

三观不同，塑造了不同的性格和为人处世的方式，沟通的方式自然也是不一样的。

有的人性格急躁，你若是慢吞吞地跟他讲道理，他是一句也听不进去。遇上性子急的人，你要顺着他的性子来，把话快速讲完，将你的观点大致传达给对方就行。

同理，三观不同，性格各异，沟通之前要充分了解一下对方的三观，评估出对方的性格，然后再选择合适的沟通方式。

紧贴对方的价值观沟通

沟通的时候，要格外注意对方的价值观。

价值观代表了一个人对这个事物的认知，从而形成了一套价值理念，这一套价值理念是非常难以改变的，想要靠几句话就改变他人无异于痴人说梦。

在中国式沟通智慧中，所谓的沟通一定不是改变他人的观念，而是要紧贴他人的观念来表达你的意思。

比如说，有的老人就是相信一些偏方，你想要他接受你的观点，那沟通的时候你就要贴着他的观念来组织语言。

沟通的时候不要否认对方的三观

一个人的三观，是他的人生经验所生成的，想要靠着几句话就让人听你的，那基本上是不可能的。

在沟通的时候，难免会有三观碰撞的时候，同样的一件事，你觉得是对，他偏偏觉得是错。这个时候沟通就会陷入困境之中，坏的沟通是和对方争个面红耳赤，好的沟通是承认对方观念里那些值得肯定的，忽略对方观念里你不同意的。

要记住，想要沟通顺畅，就不要轻易否定他人的三观。

含蓄沟通，不好直说的话绕个弯讲

言有尽而意无穷，余意尽在不言中。

有时候需要直来直往，那是针对话题不会引起彼此不悦的情况。有些话却要含蓄表达，因为直接说可能会使人尴尬或者产生矛盾，这时候沟通就需要采取委婉含蓄的方式。

绕个弯，含蓄一点，你的话听起来不那么难听了，对方才更容易接受你的想法。

公司同事小李上班的时候喜欢脱鞋，搞得办公室里味道总是怪怪的。

几个同事也不好意思说他，可这样忍着也不是办法。本以为小李能有点自知之明，谁知道一连几天，小李都是一来就脱鞋。

就在大家都敢怒不敢言的时候，小张却端着一碗螺蛳粉出现在办公室。

众人纷纷捂住了鼻子，嚷嚷着让小张赶紧出去。

小张笑道：“我这个人鼻子比较怪，气味越特殊就越喜欢，小时候喜欢闻汽车尾气，长大了喜欢闻臭豆腐、榴莲味。因为这件事，我老婆还收拾了我，说我天天把家里搞得臭不可闻，可架不住咱就是好这一口啊。”说着开心地吃起来，还邀请小李一起吃。

小李赶紧捂着鼻子让小张离远点。

小张嘿嘿一笑，指了指小李的脚：“总比你这个好闻吧，来，吃两口。”

小李哈哈一笑，赶紧把鞋子穿上了。

小张笑着端着螺蛳粉回到工位，吃了个美。

从那天以后，小李再也没有脱过鞋。奇怪的是，小张也再没有在办公室吃过螺蛳粉。

其实，小张是故意现身说法，让小李明白人不能只顾自己，因为你舒服了，却可能会影响到他人。他用这种方式，委婉提醒了小李要注意办公室礼仪。

在中国式沟通智慧中，经常会用到含蓄委婉的方式来达到沟通的目的。

委婉含蓄的说话方式可以增强你的沟通效果，但是，委婉含蓄不是让对方听不懂，一定要让人能领会到你的真正意思，这才是我们的最终目的。

那么，在日常的语言表达中，如何才能做到说话委婉而又通俗易懂呢？

含蓄沟通，拉个“第三者”说出你的想法

这里的第三者是指你与沟通对象共同认识的人，也可以是公共人物，或者历史人物。

沟通的时候，难免会有一些难言之隐，有些话你自己说出来会不太妥当，那么这时候你可以拉一个第三者，借用第三者的身份把你想说的话讲出来。

比如你想劝对方不要做某件事，你可以说这个第三者曾说过不要做某件事。

总之，你需要做的是把不好开口的话用第三者的口吻讲出来，这个第三者，就是你们彼此之间沟通的缓冲带。

含蓄沟通，讲讲故事

可以根据你想表达的沟通观点，编一个小故事，倒不需要多么复杂，然后讲给对方听。对方如果有心，大概率能听明白你故事里蕴含的意思。

含蓄沟通，侧面提醒

有些话不能直接说的时候，我们就要换个方式说，从侧面进行点拨，让对方明白你的言外之意。

抚慰受伤的心灵，多用善意的“谎言”

所谓善意的谎言，大多是我们为了他人的感受而被迫说谎，这时候，谎言就变成了一种善举。善意的谎言是人际关系的润滑剂，该说的时候就大胆地说，这不会影响你的诚信度。沟通的时候，适当地说一些善意的谎言，不仅不会对彼此有坏处，反而会促进你们之间的关系。

在医学领域，有一个实验叫双盲实验。

在试验一种药物是否有效时，就需要用到这个实验。具体方法是给两拨人分别发真药和假药。

但并不会告诉病人哪个是真药，哪个是假药。

一段时间以后，吃了药的病人纷纷回医院进行检查，才会公布谁吃的是真药，谁吃的是假药。

这个实验的目的就是杜绝安慰剂效应。

医生们很早就发现，暗示病人吃的药有用，会有助于病情恢复。哪怕吃的是面粉，但只要告诉病人是特效药，一样会有安慰剂效应。

安慰剂效应，其实就是另外一个层面的“善意的谎言”。

得了绝症的病人，如果告诉他真相，反而会加速他的病情。有些时候，说一些谎言无可厚非，反而有好处。

善意的谎言不是为了欺骗别人，而是一种善意的保护，这种谎言与道德无关，不会影响一个人的品格。

在日常生活中，经常会有一些坏消息不方便直接告诉对方，怕他一时难以接受，从而造成不可挽回的后果，这时候就需要说点善意的谎言。

因此，在需要的时候说点善意的谎言，是沟通中必不可少的一个环节。

善意的谎言，关键是善意

善意的谎言，关键就在于这个谎言的性质是为了行善。

对待病人，可以说一些善意的谎言，让他安心。

对待家人，可以说一些善意的谎言，让他们不要担心我们的生活。

对待爱人，可以说一些善意的谎言，避免大家陷入争吵的境地。

对待陌生人，可以说一些善意的谎言，萍水相逢，让他人心情愉悦又有什么不好呢？

善意的谎言要适量

无论如何，我们都要以诚实作为人生的底色。所以，不到万不得已，不要轻易说谎，哪怕是善意的谎言，也不要张口就来。

所以，善意的谎言绝对不能随便乱说，一定是尊重基本事实，可以稍微夸大或者美化，但绝对不能偏离事实过多，否则谎言就很容易被人识破，到时候就不是善意的谎言了，而是变成了你在故意讽刺对方。

有些实话，你得换个方式说

实话实说固然好，但也很容易给沟通造成障碍。

有些实话要藏起来，对方不问，你就别说。或者，你也可以选择换个方式说实话，让实话更加悦耳。

如果沟通的时候不管不顾地把实话讲出来，很可能就会让对方陷入尴尬的情绪中。

小文平常不太爱说话，别人问一句，他往往才会回答别人一句，大家都觉得小文这孩子虽然有些内向，但是人很踏实。

有一次，一个女同事买了件漂亮的裙子，大家纷纷夸赞这裙子好看。有好事者问小文，裙子好看不好看？

小文一看，裙子确实好看，可是女同事太胖了，穿上裙子反而有点奇怪，于是就实话实说，结果女同事竟然还很开心。

小文怎么说的呢？

他说："衣服很好看，可是这衣服好像比较适合骨干型的美女，你这样的丰腴型的，它反而衬托不出你的美。"

女同事听完，开心得不行，笑着说："头一次听到把胖说得这么好听的，今天心情好，下班了我请你吃饭。"

确实，小文没说谎话，他只是把实话换了个方式说出来而已。

这就是实话换个方式说的智慧，在中国式沟通智慧中，把实话包装一下，用不同的方式说出来，让对方听完更容易接受你的说法。掌握了这个沟通技巧，可以让你在沟通的关键时刻无往不利。

那么，怎样才能把实话说得动听呢？

说实话的时候记得挑挑拣拣。

世界是复杂的，会沟通的人总是能够在一堆实话里挑出最能让人接受的那一句，从而达到沟通的目的。

打个比方，有个同事工作很努力，可是依然做不好事情。你作为上司，通过观察发现，这个同事虽然非常努力，但是他的工作方式不对，效率很低，与同事们的沟通也有问题。

这个时候，你如果说他效率低，或者做事方法不对，都可能会让他产生强烈的逆反心理。

但如果你告诉对方是沟通的问题，让他在工作中和其他同事多沟通多学习一下，就会在很大程度上消弭逆反心理。对方在与其他同事沟通的过程中，慢慢也会发现自己的其他问题。

悲观的实话换乐观的方式说

有些实话很悲观，说出来会让人心里不舒服，这个时候可以换成乐观的方式讲出来。

比如说，某个项目失败了，如果直言失败，固然是实话，但也会让人感觉到颓丧。如果换一种说法，比方说“所以我们有更多精力去做新的项目了”，气氛立刻就大为不同。

这就是把悲观的实话转成了乐观的实话，同样的事情，用不同的话语表达出来，就会有不同的效果。

心里话不要随便说出口

逢人只说三分话，不可全抛一片心。

交浅不可言深，否则可能会有意想不到的伤害来临。对一些不太了解的人，不能把自己的心里话随便讲给别人听，这样你很容易受到伤害。

王先生刚到一家公司做销售，对公司的人都不太熟悉。

一位叫小熊的同事经常主动找王先生聊天，一来二去，小熊成了王先生在公司最熟的同事。

这位小熊呢，特别喜欢在私下讲一些公司的八卦，对公司的一些同事评头论足。王先生起初并没有参与，后来他渐渐也和其他同事有了交集，难免会有一些工作上的事情需要合作，产生了一些嫌隙。

王先生听小熊经常说同事的一些坏话，他也没忍住，跟着说了几句。

谁知道，自那之后，王先生明显感觉到同事们的冷漠。

后来王先生实在是受不了这种氛围，就主动离职了。

很久之后，王先生才从一个前同事那里得知，原来他没忍住跟着说的那几句话，不知道怎么传到了其他同事耳中。

自那之后，王先生明白了交浅言深的害处。

害人之心不可有，防人之心不可无。

在日常沟通交流中，经常有一些人毫无戒备心理，心直口快，对一些不太了解的人就随便说出自己的心里话，这是沟通智慧的大忌。

因为你与对方不是特别熟悉，自然也就不是很了解，所以随便说出自己的心里话，容易给他人留下把柄。

因此，我们在与不太熟悉的人沟通时，要格外注意，不是什么心里话都可以往外说的。

心里最想知道的事情要忍住不问

有时候我们会面临和不太熟悉的人讲话的境况，这时候就要注意不能口无遮拦，想说什么就说什么，尤其是不要把你心里最想知道的那个问题问出来。

因为一般来说，你最想从对方那里得知的答案，往往就是对方不太愿意告诉你的答案。

比如说，同事之间往往会很在意对方的薪资，你如果和对方关系不太亲近，但又问出了这个问题，那么对方就会对你有意见。

不要打着“我说话直”的理由说心里话

很多人自诩直爽，但直爽不等于言语上毫无顾忌。如果你自诩直爽，经常打着“我说话直”“我是为你好才这么说”的由头，把自己的心里话告诉别人，那么很容易就会使对方受到伤害。因为一般情况下，这些由头后面跟着的话都是对方不愿意听的话。

对于这种对方不愿意听的话，最好还是把它烂在自己的肚子里。

坦诚可以，但要慢慢来

坦诚不等于毫无防范，尤其是与人初次交谈，一定要有点防范心理。说话要注意分寸和尺度，以免给自己造成不必要的麻烦。即使你跟对方聊得很投缘，也不能一股脑儿把自己心里的话都告诉对方。

人与人的沟通交流是一个相互试探的过程，哪怕是想要跟对方交心，想要和他成为好朋友，也要在沟通中一点点地说出心里话。同时，也要评估对方有没有对你说心里话，如果对方也很坦诚，那么你就可以多说一些心里话，让彼此之间的沟通不断加深。

说话前先“包装”一下

商品需要有精美的包装，这样才能激发起消费者的购买欲望；人要穿光鲜亮丽的服装，这样才能展现自己的潇洒和美丽；同样，说话也需要“包装”一下，这样别人听起来才更舒服，也更容易接受你的观点和想法。

关于纪晓岚，多年前有一部风靡全国的电视剧。

其实在他的身上，有很多有意思的事情。首先，纪晓岚是一个口才非常好的人，在沟通这一块，他是个绝顶的高手。

据说，纪晓岚还是个孩子的时候，有一次和几个小孩子一起玩球。

具体是什么球，也不大清楚，大概是竹子编织的球状物吧。

重点是，他们几个小孩玩得太尽兴，竟然连县太爷路过都没有察觉，不知道谁不长眼，一把将球丢进了县太爷的轿子里，砸中了县太爷。

这还了得。

县太爷当即发火，把几个小孩全揪了过来，问到底是谁干的。

纪晓岚灵机一动，对县太爷表示，老爷政绩卓越，老百姓安居乐业，小民们才有玩乐的机会，这都是县太爷的功绩呀。

县太爷一听，这孩子可真会说话，一下子喜上眉梢，吩咐下人放了孩子。

一场危机，就这样被化解了。

试想，如果纪晓岚没有说这一番话，也许就会遭受惩罚。

可见，遇上事情，如果说话前能把话好好包装一下，用对方受用的方式讲出来，甚至能消除灾祸。

这就是为什么，有的人说话让人非常舒服，有的人说话则让人难以接受。同样的一句话，用不同的方式说出来给人的感觉是不一样的。

虽然大家都知道“良药苦口利于病，忠言逆耳利于行”的道理，但真正喜欢听忠言的人没有几个。

在中国式沟通智慧中，说话一定要懂得包装，这样才不至于引起对方的反感，从而接受你的意见。

那么，我们说话时该怎么包装呢？

用机智幽默做包装

幽默风趣的人会给人一种亲近感，如果你觉得自己的话非常难听，对方会难以接受，这时候你可以用幽默的方式表达出来。幽默是需要智慧的，既要表达出你的观点，又不能让交谈双方感到尴尬。

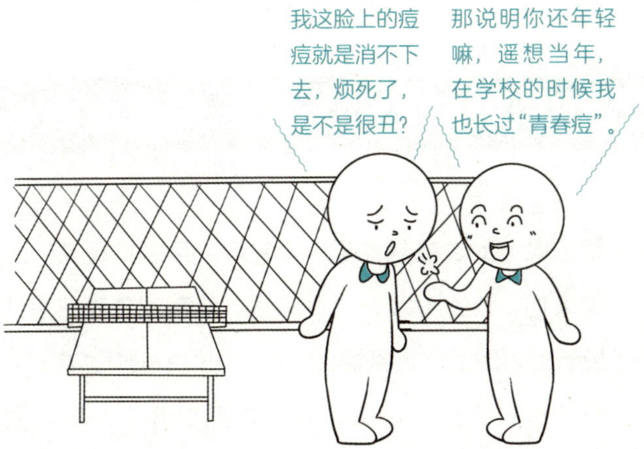

用微笑做包装

微笑具有一种神奇的力量，如果你说话时经常面带微笑，这是一种最好的包装，任何人都是无法拒绝的。无论你提出的意见多么尖锐，对方都会觉得你是善意的。所谓伸手不打笑脸人，微笑是沟通时成本最低的包装方式。

保持积极向上的态度，沟通更顺畅

积极向上的态度就像是一把钥匙，可以打开人们之间心灵的大门，让人们敞开心扉沟通。没有人喜欢和浑身充满负能量的人沟通，大家更喜欢那些人群中的开心果。

保持积极向上的态度，用正能量去感染你的沟通对象，会让对方如沐春风，从而更喜欢与你沟通交流。

如果浑身都是负能量，说出来的都是充满怨气的话语，谁又愿意和你沟通交流呢？

最近工作不好找，刚刚失业的刚子去应聘大堂经理，一起来应聘的人很多，排到了酒店外面。

刚子发现，别人既比他学历高，也有比他更阳光帅气的，还有比他经验更丰富的。

应聘完后刚子一点信心也没有，不过乐观的他还是去找朋友吃了一顿饭，诉说了一下近况。

谁知道到了晚上，本已经放弃了的刚子竟然接到了酒店的通过电话。

在电话里，刚子不解地问道：“这么多应聘的，条件很多都比我好，怎么选了我？”

电话那端的负责人笑着说：“因为你看起来很阳光，笑容也很有感染力，面试的时候问你的问题，你的回答都是积极向上的，很符合我们的招聘要求。另外，酒店大堂是个迎来送往的地方，最需要的就是你这样的笑容。顾客看到你的笑容，也能心情好不少呀。”

刚子感到意外而又欣喜。他无论如何想不到，是乐观的心态与微笑最终让他获得了这份工作。

与人交往沟通，积极向上的态度会让人如沐春风，低迷沉闷的态度则让对方如履薄冰，还以为哪里得罪了你呢，沟通显然不会顺畅。

如何才能保持积极的态度呢？

首先保持笑容，其次要形体挺拔，最后是与他人沟通的时候要多谈一些正向的话题，避免负面的话题，这些都能传达积极向上的一面。

当然，积极向上的态度也是有讲究的，在中国式沟通智慧中，运用好了，可以让你成为他人的阳光，人人都爱与你沟通。运用得不好，则会让别人觉得你有些虚伪。

所以，为了避免让人觉得你有些虚情假意，一定要做到以下几点。

笑的时候要真诚

有一段时间，假笑在网上着实火了一把，讽刺了各种场合为了交际不得不假笑的人。

其实这也说明，在人与人的沟通中，笑是非常重要的，否则也不会有那么多人宁肯假笑也要笑。

但是一个真正积极向上的人会明白，在与人见面沟通时，假笑是万万不能出现的。宁肯不笑，也不假笑。笑就一定是发自内心，只有这样，你的笑才会打动人。

见面第一句话就要积极向上

如果许久不见的老友相见，那么见面的时候，第一句话就要积极向上。

比如你可以见面就先提一句："看着气色不错嘛。"

先把沟通的氛围定调在对方状态不错，尽量把沟通往正向的话题去引导。

积极向上的态度就是体现在这些细节上，如果第一句话就说对方看上去好像气色有点不对劲，那么话题很可能就会滑向负能量的深渊。负能量的话题当然也是沟通的一部分，只是很多时候，它会在彼此之间产生一些负面的氛围，使得情绪低迷，难以形成有效的沟通成果。

用消极来激发出积极的沟通氛围

想要让沟通顺畅，光自己积极还不行，还得想方设法调动对方的积极性。

有时候我们积极向上，不一定就能感染对方，这时候可以反其道而行之，我们可以用消极去刺激对方的心态。

打个比方，你与他人见面，有件事需要和对方沟通，但你又怕和对方沟通不顺，这时候你可以表现得消极一些，让对方来担心你的状态，从而达到一个神奇的攻守转换的效果。

沟通时少用“我”，多用“我们”

平时交流沟通中，有些人特别爱用“我”字，这是一种过分强调自我的表现，会给人一种过于自我的印象。如果能在沟通时多说“我们”，尽量少用“我”，这样可以给对方一种你们是一体的错觉，会让对方对你产生非常友好的感觉，愿意与你沟通。

如果你仔细观察新闻里的记者采访，就会发现，他们很少用“我”这个字眼，而是尽量用“我们”来表达意见，提出问题。

比如面对厂子里的污染状况，记者会问：“我们厂的污染是如何解决的？”

这是因为，在人际沟通中，用“我”会给人一种拉开距离，分出你我的感觉。

而用“我们”，则会让对方在心理上觉得你和他是站在同一条战线上的。

比如说，你想出门散步，如果你对家人说：“我想出门散会步，你去不去？”

家人首先想的是，他是陪你去散步。

但假如你说：“我们出去散会步吧。”对方会觉得，这件事他也是参与者，只是你率先提出了这项要求而已。

“我”和“我们”虽然只差了一个字，但意思上是有很大差别的。“我”代表的是一个人，主要的意思是强调自己、突出自己，跟对方完全不在同一个立场上。“我们”则代表一部分人，不只是我，还有你，也有他，这样就把大家放在了同一个立场上，会给人一种非常亲近的感觉，从而得到大家的认可。

因此，懂得中国式沟通智慧的人，经常是尽量少用“我”字，而多用“我们”说话。

能用“我们”别用“我”

能用“我们”的时候，尽量不用“我”来说话，这是一种优秀的沟通习惯，一旦养成了，对我们的日常交流帮助非常大，可以让你成为一个受欢迎的人。因为“我”用得太多，会让对方产生谈话沟通是以你为主导，他只是配合你的感觉，这样是无助于沟通的。在沟通的过程中淡化“我”，给对方一种他才是谈话焦点的错觉，可以让沟通更加顺畅。

代表集体说话时应用“我们”

当你代表一个集体或者一部分人讲话时，一定要用“我们”，而不要用“我”。因为你代表的不是自己，代表是的大家。如果只强调“我”，会引起大家的反感。

和上司沟通时弱化“我”

和上司沟通时，淡化“我”，尽量在说话的时候不要说“我”，多用“我们”代替“我”，让上司在沟通的过程中产生一种你和他是同一战线的错觉，更有利于沟通。

产生感情问题时换成“我们”来表述

如果和亲密的人产生了矛盾，可以用“我们”代替“我”，把矛盾点换个说法表述，可以让双方的沟通更加理智。

比如说“我觉得你这样做不对”可以换成“如果你这样，会影响到我们”，虽然意思还是同样的意思，但已经把“我”的利益转变成了“我们”共同的利益，那么沟通自然就会更顺畅一些。

好的沟通，从倾听开始

懂得沟通智慧的人，不只是会说话，他们倾听的能力也是一流。对方说什么，自己怎么听，有没有言外之意，是否需要全神贯注倾听对方的言论，对于沟通高手来说，都是必修课。会倾听的最基本标准是认真听人说话，如果听别人说话的时候不够认真，态度敷衍，会给人留下非常不好的印象。

小宁是一家销售公司的新任总监。

有一次，公司谈妥了一个项目，让小宁去签合同，小宁本以为只是走个过场，就满口答应了下来。

酒过三巡，小宁便在酒桌上东拉西扯，讲了很多项目以外的事情。

客户觉得项目上的一些细节还需要再确定一下，好几次暗示小宁就项目的细节再谈一谈，却都被小宁无意中给忽略了。

临到签约的时候，客户忽然说公司临时有事，签订合同的事情再往后延一延。

小宁丈二和尚摸不着头脑，不知道对方到底是什么意思。

之后几天，小宁还在等着对方来签约，却始终没有等到对方的消息。他心一横，给对方打了个电话，询问对方签约的事情，却被告知签约的事情先放一放……

最终，项目自然是没有签约成功，客户给出的理由是小宁连客户说什么都听不进去，看起来很没有耐心。

从以上这个案例我们可以看出，倾听可以成事，也可以坏事。

在日常的沟通中，每个人都希望自己的主张或观点能被对方接受，所以，如果你能认真倾听对方的话，并给予积极的回应，那么对于沟通来说是非常有助益的。

倾听是一种聪明有效的沟通方式，但倾听绝对不是只用耳朵听，而是一种充满技巧的互动和交流。

那么，怎样做才能掌握倾听的技巧呢？

适时给说话人一个示意

在倾听对方说话时，我们不能只是坐在那里听，还应该时不时地给对方一个回应。表示认同的时候可以点一下头，或者微笑一下，表示我一直在认真地听。

要集中自己的注意力

在倾听的时候，你一定不能三心二意，心不在焉的状态，这样是不尊重人的表现。心里不要想别的事情，全神贯注地听对方说什么。眼睛也不要东张西望，而要看着对方，注意他的表情变化，让他知道你在用心倾听。

不要轻易打断别人的话

在倾听对方说话的时候，千万不要随意打断别人，这会让人非常难堪，也许会打断对方的说话思路。如果你有什么想法或者问题，可以等对方说话结束后再提出，这样会给人留下一个非常礼貌的印象。

第3章

甜在心里头，赞美话人人爱听

每个人都喜欢听赞美的话，即使知道有些赞美的话不是那么真实，但心里仍然非常高兴，好像得到了很大的满足感。因此，要想与人沟通的时候更加顺畅，让沟通更加轻松，就需要懂得赞美他人。

想要沟通顺畅，赞美的话不可少

生活中离不开赞美，沟通的时候尤其需要赞美，赞美可以让你的说话效果变得更好。因为得到了你的赞美，对方心里会非常高兴，这样你们的沟通交流就会更加和谐，沟通的效率也会更高，因此你们的谈话效果就会更好。

有这样一则笑话。

古代的时候，有一位官老爷为了表示自己一心为民，为人正直，处处向人表示自己最讨厌的就是马屁精，最欣赏的则是干实事的下属。

一位热衷于拍马屁的下属于是被抓了过来，官老爷想要拿他杀鸡儆猴，彰显自己所说的话并非假话。

于是，老爷问他："大家都说你喜欢拍马屁，为什么这么做？"

那个人就恭敬地回答："因为前任老爷都喜欢拍马屁的人，所以我不得不这么做。不过现在好了，老爷您是青天大老爷，为政清廉，不喜欢拍马屁的，那我以后自然也不需要拍马屁了。"

官老爷一听，是这么个道理，于是把这个下属给放了。

后来，他回到后堂才反应过来，这个下属不就是在给自己拍马屁吗？

可惜，已经当着众人的面放了他，也不好再抓起来。

尽管这个笑话看起来很荒唐，但是从这个笑话也大概能看出一些人性的端倪，哪怕是扬言不喜欢被拍马屁的人，也可能无意中被拍马屁的人给搞定。

拍马屁，换个说法，也可以说是赞美他人。如果是赞到实处，那就是陈述事实，如果是赞到虚处，那自然就是拍马屁。

几乎人人都渴望被赞美，会赞美的他人的人，在沟通之中会更加如鱼得水。

工作中有了赞美，同事之间的关系会非常和谐融洽；亲戚朋友间有了赞美，亲情和友谊会越来越浓厚；家庭中有了赞美，家人之间的感情会更加愉快和睦。

虽然人人都喜欢赞美，但要恰到好处的赞美并不是一件简单的事情。

那么，具体要如何赞美他人呢？

赞美要抓住时机

在恰当的时机进行赞美，会让你的赞美更具效力。当对方穿一件漂亮衣服时，如果你抓住时机真诚地夸奖一番，对方会非常高兴，自然会对你产生好感，愿意与你交流沟通。

抓住时机赞美别人，可以让你的赞美听上去更加自然。

如果为了赞美而赞美，对方会感觉到你是在故意奉承，这样就失去了赞美的意义。

不能违背事实胡说

赞美会让人高兴，但违背事实的胡说就会让人反感。赞美的时候，一定要符合事实，这样的赞美才是有的放矢。

赞美别人，不要忽略小事

勿以事小而不赞。

真正懂得中国式沟通智慧的人都明白，赞美别人要从小事说起，因为生活就是由一件件小事构成的，没有那么多大事需要你来赞美。能不能发现对方身上发生的小事情，找到其中的闪光点，然后赞美对方，是成为赞美高手的必修课。

小青发现，公司里有位同事特别喜欢打领带。

其他人是只有重要的会议才会打领带，但这位同事却每天都会打着领带来上班。

大家似乎对这件事也没有特别在意，倒是小青发现了这个同事不同于他人的这一点。

于是小青就格外注意对方的领带，他发现这位同事每天的领带都不重样，便笑着说："今天的领带花色很不错，哪里买的？"

于是对方热情地给小青介绍了几个品牌。

过了几天，小青发现对方的领带颜色似乎和西装也是有关联的，于是又赞美道："我发现你这个搭配很妙啊，能不能教教我？"

一来二去，两个人因为领带的事情熟络了起来。

后来，这位同事因为业绩突出，被调到总部去了，小青本以为就此失去了一个关系好的同事，结果那位同事却向总部申请，希望能带小青一起前往。

小青自然是满心欢喜。

没想到，赞美了别人的领带，这么小的一件事，竟然成就了彼此的友谊，甚至让他得到了一个光明的前程。

赞美虽好，但也要下一点功夫。赞美前要认真观察，用心发现一些值得赞美的小事情，这种细微之处的赞美往往会给对方一种贴心的感觉，赞美的效果也就更好。

当然，从小事上赞美别人也要把握好度，不要什么事情都大惊小怪地赞美一番，这样会给人一种不舒服的感觉，甚至会让人反感。

一般来说，从小事情上赞美别人，需要掌握一定的技巧，如以下几个方面。

要善于发现小事的重大意义

小事虽然小，但也有一定的意义，所以，赞美小事情的重点在于善于发现小事里包含的意义。

这就需要我们学会用发展的眼光看事情，小事情往往也会发展变化成大事情，从这个角度去看，就能从一些微不足道的小事情里找到其中蕴含的重要意义。从这些意义上去发散、去赞美对方，往往能收获很好的效果。

要留心观察，细心思考

只有留心观察，细心思考，你才能发现那些值得赞美的小事。因为身边的小事太多，我们要挑选那些真正值得赞美的小事，否则你的赞美就非常不真实了。

比如，对方特别注意的那些方面，就是你要格外注意的地方。例如，衣着打扮、兴趣爱好，都是可以赞美的。

再如，对方做成了某件小事，虽然不是什么太大的事情，也不值得跟别人说，但是你却发现了，这时候来一句赞美，就能让对方心情愉悦。

对方心情愉悦了，你们的沟通也就更顺畅了。

赞美不要藏着掖着

有的人不仅被夸了会不好意思， 连夸赞别人都会不好意思，其实大可不必，如果发现了值得赞美的事，一定要光明正大地说出口。所谓赠人玫瑰，手有余香。

背后说人好话，别人更领情

很多人习惯当面赞美别人，这样的赞美没什么不好，但却缺乏一点技巧。

如果我们能换个思路，在背后赞美别人，说别人的好话，效果可能会很不一样。

小辉在一家公司做销售，是个非常聪明的小伙子。

有一天，小辉赶着进电梯，刚好经理也在电梯里，就帮小辉挡住了马上要关门的电梯，小辉赶紧说了声谢谢。

后来，小辉在公司茶水间和别人说起这件小事，夸奖经理心细，对待下属礼遇有加。

无巧不成书，刚好经理路过茶水间，听到小辉的赞美，便记住了这个小伙子。

从那之后，经理就格外注意小辉的举动，他发现小辉虽然是新人，但那股聪明劲完全不输自己，而且还很有冲劲，经理于是决定着重培养一下小辉。

没几年，小辉就成了公司的副总经理。

后来二人吃饭，谈起这几年一起联手打拼的经历，经理无意间提起那次茶水间的夸赞。

小辉这才发现，原来一切都是从那次背后夸人开始的，没想到自己当时随口一说，竟然让自己收获这么多。

这便是背后赞美他人的妙处。

在背后说别人好话是一种很巧妙的沟通技巧，这样既可以使对方因为我们的赞美而高兴，又能表现出我们的赞美是真心的，从而让对方对我们的赞美更加受用。

因为当面说人的好话会让他人觉得你有求于他，但是背后说人好话却可以规避这个问题。所以，大家更喜欢在背后赞美自己的人。

那么，应该怎样在背后赞美别人呢？

内容应当具体

在背后赞美他人，一定不能太笼统，一定要翔实具体，把对方值得赞美的地方详细地表达出来，这样才能给人一种真实可信的感觉。如果你只是说一些空洞的赞美之词，会给人一种虚伪的印象，这会让你的赞美失去意义。

背后赞美更要真诚

背后赞美他人，要注意赞美的时候不要刻意，看见他人有什么优点，做了什么好事，顺嘴和身边的人提一下是最好的赞美方式。如果刻意提起，会让人觉得你的赞美是有目的性的。另外，我们也不能为了目的而去背后刻意赞美他人，不论什么时候，都要做一个心态积极的人。你的赞美，不论是背后赞美，还是人前赞美，都需要是发自内心的。

切记，不论是什么形式的赞美，都需要基于真诚。

背后赞美要选对人

背后赞美他人，最好选那些和被赞美者关系亲密的人，这样的话，你的赞美才能得到对方的认可。

要赞美不要讽刺，职场之路更顺畅

赞美同事并不是要我们拍马屁，甚至是说一些阿谀奉承的谄媚之言，我们所说的赞美上司，是对职场中同事的人格魅力和工作态度的一种肯定和支持，是一种积极的行为。

真诚的、符合实际的赞美会让工作氛围更加和谐，让大家在工作上更好地形成合作的氛围。同时，也要摒弃掉过于夸张的赞美，首先这种赞美的出发点就很难是真诚的，其次这种夸张的赞美有时候也会让对方觉得不适，轻则不认可你的赞美，重则觉得你是一个阿谀奉承的人。

老张是公司的老员工，甚至总经理都没有他资历深，这让老张对待总经理的时候，很是傲慢。

有一次，总经理带着老张去见一个客户。席间说到技术上的问题，这是老张的强项，于是老张滔滔不绝地跟客户说了一个多小时，把总经理晾在一边，尴尬地独自喝着酒……

总经理觉得技术方面他确实不懂，老张聊那么久的技术，无非是为了谈成单子。甚至，总经理事后还赞美了老张技术过硬，给这次谈判增加了不少胜算。

谁知，老张竟然把这件事当成了自己的战绩，当场跟总经理说："技术再硬，还得你们管着才能有用武之地啊。"

看似是在夸赞总经理，但总经理一看老张的脸色，就知道对方是在讽刺他这个总经理不懂技术。

总经理听说后，一笑而过，觉得老张说得也没错，虽然话不好听，但事实确实如此。

后来，又有一次去见客户，老张又跟着总经理去了。

结果这一次，老张更加过分，总经理席间讲了一些合作上的细节，对方公司负责人夸赞总经理细心，这些问题竟然都想到了，结果轮到老张了，老张却阴阳怪气地说，"这都想不到，也不用当经理了呀。"

这一下，彻底让总经理下不来台了，对方公司的负责人也尴尬不已，总经理只好赶紧先安慰大家不必在意，老张说话直，但是他的工作态度是非常认真的。

纵使总经理脾气再好，老张这一下也让他有点不舒服。他本以为步步退让，老张会有所收敛，谁知道换来的却是步步紧逼。

回去之后，总经理就下了通知，以后和客户谈判的时候，人员名单由他来定，否则以后老张指不定还会出什么问题，他倒是无所谓，万一让合作方觉得不妥那就麻烦大了。

在职场中，不必要的讽刺会让你树敌，而赞美则是一种必不可少的沟通技巧，这不仅包括赞美你的同事，也可以是赞美你的上级。如果你的赞美能让同事们内心愉快，那么你的前进之路会非常平坦。

但是，在赞美同事时，一定要注意自己的用词，要尽量做到恰到好处。

因此，在赞美同事时应格外注意以下几点。

赞美同事最好在公开场合

对同事的赞美一定得是真诚的、发自内心的，然后要理直气壮、大大方方地讲出来，最好是在公开场合。如果你表现过于拘谨，反倒会给人一种溜须拍马之嫌。

简明扼要地赞美同事

职场中，大家手头都有各自的工作要做，赞美同事时一定不能长篇大论，你只要抓住重要的点，简明扼要赞美几句即可。让对方知道，你欣赏他的所作所为就可以了。

对工作外的事进行赞美

除了在日常工作中赞美同事，我们还可以从工作以外的事情入手，对同事进行赞美。比如同事的兴趣爱好等，这些都是非常好的赞美话题。再简单点，同事捎带了你一程，你也可以顺嘴赞美一下对方车技了得。

赞美并不是要说出个一二三来，随口一赞，往往就能让彼此之间的沟通氛围变得和谐融洽。

你家孩子怎么学习就这么好？能不能让我取取经？
我从没管过他学习，都是孩子自觉的，下次你带孩子来我家，让孩子们处一处。

赞美前先了解对方，才能赞到心坎上

赞美别人要因人而异，对不同的人要说不同的赞美话。因为每个人性格不同，性别、年龄也有差别，所以赞美的话也要跟着对方的具体情况随时转换。

只有根据对方的具体情况说出来的赞美，才能让你的赞美发挥出最佳效果。如果不了解对方的真实情况，那么赞美很可能就会失去意义。

一位书生赶路，饿得饥肠辘辘。

正好看见路边有位卖瓜的大爷，书生上前就夸赞说：“大爷您的瓜真是好啊，我隔着老远就闻到了瓜的香甜。”

大爷看着书生良久，不知道他什么意思，最后憋出一句话：“那你倒是买呀？”

可惜书生囊中羞涩，见夸赞没用，只好灰溜溜转身就走。

过了一会儿，又来了一位书生，看到大爷，先不夸瓜，而是先说了句：“大爷您这长相，非富即贵啊！”

大爷立刻来了兴趣：“有何说法？”

“您马上就会走好运！”

“是吗？我一个卖瓜的，有什么好运呢？”

书生喘了几口粗气，一副口干舌燥的样子，大爷立刻递上一块瓜，书生接过瓜，边吃边和大爷聊起来……

赞美的目的是升级彼此的关系，让沟通更加融洽，所以，不同情况下需要采用不同的赞美方式，才能让赞美赞到对方心坎上。

想要赞美效果好，就不能偷懒，而是要在赞美之前好好动动脑筋，寻找到一个更适合对方的赞美方式，组织一些对方更喜欢听的赞美话语，这就叫“因人施赞”。

具体怎么做，可以参考以下几个因素。

根据听者的知识水平去赞美

知识文化水平决定一个人的素质，同样也影响一个人对语言的理解和接受程度。如果对方的知识水平较高，我们可以说一些寓意高雅的赞美之词，如果对方文化水平一般，我们就要使赞美的话尽量通俗易懂，让人一听就明白。如果不管不顾对方的知识水平，哪怕是赞美对方，可能也会让对方觉得你是在显摆自己。

根据所做事情的优点去赞美

短时间内可能很难了解一个人，所以可以另辟蹊径，去了解对方所做的事情。比如在生活中，有一种人仿佛拥有魔力，他能随时随地和各行各业的人搭上话，而且还聊得相当投机。归根结底，是因为他们懂得在与这些人沟通的时候，可以先从对方所做的事情上做文章。先搞清楚对方在做的事情是怎么一回事，然后再想办法在这件事上去赞美对方，从而在短时间内就可以让彼此的关系更为融洽。

根据听者的年龄去赞美

对方的年龄不同，喜欢听的赞美话也不同。我们赞美时一定要看对象，不能随便赞美，尽量不要触犯对方的禁忌。

如果对方是年长者，我们可以多赞美他们过去的成就，或者赞美他们的健康状态。

如果对方是年轻人，我们可以赞美他们现在的拼搏精神和创造性，这些都是非常稳妥的赞美点。

过分谦虚是虚伪，该自夸就自夸

虽然在沟通中不太提倡自夸自赞，但是该自夸的时候，我们还是不能太谦虚。

否则，你的才能和智慧可能就会被埋没。

适当地自夸自赞，是一个人表现自我的最佳方式，但是一定要注意方式和方法，不能脱离实际，更不能让自夸变成吹牛皮。

毛遂自荐的故事大家都知道，但是具体的过程，大家却不一定都清楚。

毛遂当时在平原君的手下做了三年门客，都没有什么动静。

直到秦国出兵攻打赵国，平原君为了救赵国，不得不和自己的门客们商议，挑选二十个门客去楚国求救。

挑到最后一位的时候，毛遂发现还没轮到自己，于是着急了，亲自去对平原君说，自己可以胜任。

平原君不太相信毛遂，就打了个比方，说真正有才能的人，就好像放在袋子里的锥子一样，很容易就会显露出锥尖。

意思是毛遂已经当了三年的门客了，也没显露出来，说明他没什么才干。

毛遂听完后反驳说，那是因为他从来没被放进过袋子里，否则早就显露出锥尖了。平原君一听，似乎也有道理，于是就让毛遂跟着去了。

后来的事情大家都知道了，毛遂在楚国逼着楚王签订协约，出兵救赵。

毛遂从此成为赵国的座上宾，成就了自我的功绩，又救下了赵国，同时也没有辜负平原君的信任。

通过这个故事，我们可以发现，该自夸的时候，一定不能谦虚。

在中国式沟通智慧中，自夸是非常难把握的一门艺术，它需要人们拥有过硬的本领，否则自夸就很容易落不到实处，最后反而会拖累自己。

同时也要认识到，在我们中国人的观念中，一直提倡的是说话要“谦虚”，如果不“谦虚”，会给人一种骄傲自大的感觉。所以大家普遍不会自夸，甚至会过度谦虚。

但是，如果过度谦虚，也会给人一种一无是处的印象。

所以，适度的谦虚没有问题，但一定要看具体场合，该自夸自赞的时候就不要太谦虚了。

适当自夸，反而可以让你脱颖而出，抓住机会，一飞冲天。

如何才能做到适度的自赞自夸呢?

自夸要实事求是

实事求是是我们自赞自夸的基本要求，太离谱的自夸就变成了吹牛说大话。如果你经常离谱地自夸，会给人留下吹牛大王的印象，你的可信度会越来越低。凡事过犹不及，脱离实际情况，是没有人会相信的。所以，实事求是的自夸才是好自夸，既能展现自己，又不失谦虚的态度。也就是说，自夸可以，但别吹牛。

自夸目的要明确

自夸一定要有明确的目的性。

王婆卖瓜，自卖自夸。其目的是卖瓜。

我们自夸也一定要有目的性，针对当时的需要，有针对性地自夸一下自己的优点。这样，对方可以很清楚地看到你的优点，自夸的目的就达到了。

借助成就增强说服力

自赞自夸一定要保证基本的可信度，有时候，我们可以列出一些大家都熟知的事例、奖项等，这样对方会更愿意相信你说的话。

好话有度，会赞美的人心里有把尺

凡事都需要尺度，赞美也是一样。

过度的赞美会给人一种奉承的感觉，即使你的话是无比真诚的，也会让被赞美者感到尴尬。

只有适度地赞美，才会让人身心愉快，坦然接受。

有个朋友开了家理发店，这位朋友说话好听，很多顾客都喜欢来他的店里理发。

不过，这位朋友也有话多失言的时候。

有一次，三个人来理发，他先给头发浓密的那个人理发，借机夸奖对方，“你的头发很浓密，真是不多见呢”。

对方很受用。

紧接着又给头发稀疏的人理发，他又换了一套说辞，“你的头发虽然不是很浓密，但是发质很好”。

对方也很受用。

轮到最后一位了，这位是个秃顶，只有两边有头发，理发师看了看，笑着说：“你这个头发最好打理。”

对方一听，这不就是说我是秃顶吗？于是冷哼一声，干脆闭上了眼睛。理发师自以为很幽默，结果却被对方嗤之以鼻，这就是夸赞的时候没有度，最后反而给自己挖了个坑。

多数时候，赞美本身是一件让对方高兴的好事，但如果掌握不好火候，就很容易变成一件坏事，让人厌烦。

所以，我们赞美别人时，一定要把握好尺度和分寸。

在中国式沟通智慧中，赞美的话一定要实事求是，不能过分夸张或吹捧，否则很容易使大家陷入尴尬的境地。

在赞美之前，请谨记以下几个“不能”。

赞美要顾及其他人

像那位理发师一样，赞美了前面两位顾客，等到第三位顾客了，却没办法再赞美下去了，反而因为赞美给自己造成了困扰。

我们在赞美他人时，也要注意到在场的其他人，一定不能用赞美给自己挖坑。

比如说，你赞美一个人长得帅，那其他人你该怎么赞美呢？

所以，如果有其他人在场，最好是别随便赞美某个人，如果一定要赞美，就要考虑到这个赞美也能辐射到其他人身上去，免得其他人求赞的时候，你却不知该从何赞起。

不熟悉的时候不要乱赞

有的人仅凭几面之缘就想着用赞美来加深彼此的关系，这就是沟通中想要偷懒的一种表现。

因为赞美很容易引起对方的好感，于是就胡乱猜测着赞美，最后反而会和事实大相径庭，反而让彼此都尴尬。

不能过分热情

热情是一件好事，但也不能过分热情，尤其是在赞美他人时，过度的热情会让人很不舒服，甚至会怀疑你的热情赞美是不是有什么目的性。赞美的时候，其实更需要不卑不亢。

善意的自嘲，别样的赞美

赞美别人的方法有很多，可以直接赞美对方，也可以间接背后赞美，还有一种就是通过合理的自嘲，从而让对方感觉到你润物细无声般的赞美。

清朝的时候，有这么一个故事。

一位大官陪着皇帝去寺庙里烧香。

结果这位皇帝看着弥勒佛久久不言，一开口就让周围的人都出了一身汗。

皇帝问身边的大臣："弥勒佛为什么朝着我笑呢？"

这个问题可不好回答，要知道，弥勒佛是开口笑天下可笑之人。

谁知这位大臣灵机一动，回答说："那是因为皇上您是菩萨转世，佛见了您，当然要笑了。"

皇帝很满意，但是也知道这是大臣溜须拍马，于是又故意问道："那他为什么见到你也笑呢？"

这位大臣随即又说道："佛见臣子笑，是因为笑臣子成不了佛。"

皇帝一听，顿时乐得哈哈大笑。

这位大臣先是通过抬高皇帝，渡过了第一道难关。紧接着又通过自嘲，渡过了第二道难关。

这就是自嘲的妙处。

有时候赞美并不是一定要把好听的话说到对方跟前，适当而又合理地自嘲，也能起到赞美他人的目的。

自嘲是一种幽默，也是一种人生态度，更是一种沟通智慧。运用好了自嘲，面对窘境，就能很好地脱身，面对他人，也能恰当地通过贬低自己来赞美对方。

自嘲的目的是赞美

自嘲是一种非常自信的幽默，是一种积极的正能量。拿自己的缺点或劣势来开玩笑，表面上看是自我批评，实际上是足够自信的行为。自嘲的时候，可以围绕沟通对象的优点进行自嘲，从而让沟通对象感觉到我们是在通过自嘲赞美他。

自嘲也要注意尺度

虽然是拿自己开玩笑，但也要注意尺度。过分的自嘲，会给人一种假大空的感觉。恰到好处的自嘲，可以起到稍稍抬高对方的效果。那么，什么才叫恰到好处的自嘲呢？

比如，同样是面对收入低。

过分的自嘲是贬低自己的人格，“我就是穷鬼命”。

恰当的自嘲则是机智幽默指出未来大有作为，“可能我的钱还没找到我”。

用心赞美，赞美就要赞出新意

生活中并不缺少赞美，那些普通的赞美大家已经听腻了。

有新意的赞美，才会给对方眼前一亮的感觉，让人觉得你与众不同。

王先生少年天才，免试进了世界一流大学，后来回国创业，很快做到行业第一。

记者小慧前去采访王先生，提前几天就做好了功课，把王先生的履历翻了个遍。

到了王先生楼下，小慧在心底里早已做好了打算，像这样的成功人士，一定要多夸夸对方的成就，以此打开对方的心房，然后再引导到情感上，通过情感引导，让采访的内容更上一个层次。

刚见面，小慧就夸赞说：“您可真是商业天才啊。”

对方听后，却只是淡淡一笑，示意小慧先坐。

小慧以为是自己夸赞还不够，于是又在商业天才这个方面进行了一番夸赞，谁知道对方不仅不买账，反而苦笑着说：“我时间比较紧张，你们有什么问题可以赶紧问，我等下还有个会。”

最后，小慧只好匆匆忙忙问了对方一些问题，对方便以开会为理由离开了。

回去后，主编听完小慧的描述，皱眉说道：“他一天不知道要听多少人夸他是商业天才，你这样夸他，他能理你才怪了。”

小慧一下子被点醒了。

可惜，采访不会有第二次。

赞美如果是随大流，那么很可能就会落入俗套，你能说出口的赞美，别人也许已经对着你的赞美对象说了无数次了。你的赞美对他来说，又有什么不同呢？

面对明显比我们高几个层次的赞美对象，赞美一定要有新意，才有概率得到对方的认同。庸俗普通的赞美之词每个人都会说，对方没必要回应你落俗的赞美。

那么，怎样才能让我们的赞美有创意呢？

不用公式化的套词俗语

公式化的套词太死板，毫无新意可言，甚至你说出了上句，人家已经知道了你下一句要说什么，所以，要想赞美有新意，不要使用公式化的套词俗语。比如，赞美上司就说对方上司有方，这种赞美就是没有新意，上司已经听过不知道多少遍了。

不重复别人讲过的赞美

别人说过的赞美的话，我们尽量不要再重复说一遍，这样会显得毫无新意。我们要从其他角度去用心发掘对方的优点，说一些跟别人不一样的，甚至是从来没有人说过的赞美话。比如别人赞美上司有能力，你可以赞美上司对下属好。别人赞美他皮肤好，你可以赞美他眼睛好看。

抓住对方的心理去赞美

要想赞美有新意，你一定要用心，这样才能说到对方的心里去。那种常见的赞美话，对方听了也不会有什么感觉。只有你了解到对方的心理需求，有针对性地赞美他，这样他才会感受到你的独特之处。

比如说，有的人刚干完一个大项目，大家都赞美他能力强。可他心里也许想的是全靠自己的口才好，才拿下这个大项目，那你的赞美就完全可以围绕口才去发散，赞上一句，"要不是你舌战群儒，说得对方公司三位上司心服口服，这个项目还不知道花落谁家呢"。

第4章

沟通想顺畅，幽默少不了

懂幽默的人更懂沟通。

幽默是人类语言中最丰满的部分，幽默可以让人在沟通的过程中游刃有余。幽默是消除人与人之间陌生感的灵丹妙药，让彼此之间的沟通更加愉快轻松。

想要沟通顺畅，幽默的话语少不了。

有幽默感，任何场合都是焦点

幽默是一种能力，具有幽默感的人，哪怕是遭遇了尴尬，也能通过幽默解围，把尴尬化为朗朗笑声。

具备幽默能力的人，不论是何种场合，都能逗乐全场，成为人群中的焦点。

小刘和小张是一对好朋友。

小张这个人直爽，又讲情义，是小刘最好的朋友。

可惜，人无完人，小张这个人有个毛病，那就是爱插话。

别人说什么，他都要插上一嘴。朋友们出去吃饭，别人正在聊自己的事情呢，他也要凑过来，硬生生插话进来。

谈恋爱的时候，女孩子和他在一起，都说不上话，他从头到尾叨叨个不停。

这倒也无可厚非，小刘知道小张就是爱插话，倒也不是不尊重别人，他就没这个意识。因为别人插他的话，他也无所谓。

后来，小刘和小张合伙做生意，想开一家饭店，但是他们资金不够，就去找一个长辈借钱。

结果到了人家家里，长辈正和几个战友说话，小张坐在一边听了一会儿，有点忍不住了。

小刘示意他别说话，可小张已经开口了，搞得人家的战友都插不上话。

趁着长辈去倒水，小刘赶紧笑着打圆场说："小张，看电影要买票吗？"

"买啊。"

"买票的时候前面有人在买票，怎么办？"

"排队啊。"

"所以啊，说话就跟买票一样，也需要排队。"小刘说完，长辈和几个战友顿时大笑起来。

小张虽然有点尴尬，但是小刘好歹把场面救了回来。

这就是幽默的力量，再尴尬的场面，只要幽默到位，一样可以拯救场面。

有幽默感的人可以轻松应对各种场合，让自己成为一个受欢迎的人，得到大家的认可和称赞。

身在职场，如果你幽默一点，同事关系一定会和谐友好；生意场上，如果你幽默一点，做起事来一定会得心应手；家庭生活中，如果你幽默一点，家庭关系会更加和谐幸福。

幽默就像一座桥梁，把大家的心连接在一起，让彼此之间的关系更加亲近。

幽默无处不在，只要你多观察生活，就能升华你的幽默感。

豁达的心态是幽默的源泉

想要有幽默感，首先得拥有豁达、乐观的心态。

幽默是一种让他人快乐的智慧，要想给别人带来快乐，我们自己一定要心态好。只有乐观向上、心胸豁达的人，才有可能成为一个幽默风趣的人。

良好的文化素养是幽默的前提。

幽默不是单纯的开玩笑，幽默是一种智慧的体现，它需要有良好的文化素养。有一定文化素养的人，视野更开阔，思想和观点更有深度，更善于发现生活中的幽默素材，这样的幽默才能给人带来更多的快乐。想要具有幽默感，平常就要多看书。用知识武装自己，才能幽默到位。

敏锐的观察力能帮助你更幽默

幽默的时机转瞬即逝，幽默并不是按部就班，而是需要在沟通的过程中，时刻注意抓取好玩的瞬间，然后把它及时描述出来，讲给对方听，获取对方的笑声。这就需要具有敏锐的观察力，敏锐的观察力来自哪里呢？

来自见多识广。

可以多看看搞笑电影、相声等喜剧节目，有意识地学习那些优秀的喜剧人身上的优点，看看他们是怎么观察生活的。

想要演讲成功，幽默必不可少

演讲需要幽默，幽默是演讲中的调味剂。风趣幽默的演讲，可以更好地吸引大家的注意力，让人们更专注于你的演讲。同时，还可以活跃现场的气氛，放松大家的心情。

一位作家有一次去某院校参加毕业典礼。

当时，这位作家还没有特别出名，再加上前面演讲者过多，演讲的内容又很长，一直从中午演讲到了太阳落山。听众早就不耐烦了，要不是老师们要求必须听完才能散场，学生大概早跑完了。

到了这位作家上场的时候，他发现台下已经有不少学生都睡着了。

于是这位作家慢悠悠地擦了擦汗，清了清嗓子，笑着说："我应该早点来，耽误大家睡觉了。"

台下的人发出一小片笑声，陆陆续续有人清醒了过来。

"没想到啊，一个小笑话就把你们骗醒了，那接下来可就是又臭又长的演讲了。"

"哈哈哈哈……"台下的笑声不绝于耳。

就这样，一场成功的演讲开始了。

演讲一定要有趣才能吸引人，幽默就是能让演讲更有趣的有效方法之一。

一次成功的演讲，不仅需要你有良好的心态，还要有一流的口才和随机应变的能力，同时还要再加上你的机智和幽默。

幽默在演讲中起着非常大的作用，运用好幽默，演讲就很容易成功，具体来说，有以下几点需要注意。

用幽默增加趣味性

我们经常会遇到长达一两个小时的演讲，这么长的演讲，如果能让听众一直专心致志地听下去是很不容易的。这时候，就需要发挥幽默的作用，在演讲中适当幽默一下，可以扫清听众的困意和疲惫感，让听众再次提起精神听下去。

用幽默增加说服力

幽默不但可以增加演讲的趣味性，还可以让演讲更加具有说服力。因为幽默可以让很多复杂难懂的观点更加形象化，使听众更容易理解和接受，这样大大增强了演讲的说服力。

用自身缺点来制造幽默

作为一个演讲者，你要站在台上，这很容易与听众产生一个心理上的距离。

这时候如果你能讲点无伤大雅的自身缺点，让大家开怀一笑，自然就缩短了你与听众之间的距离，他们就更愿意听你的演讲。比如说，你可以拿自己的发量开玩笑：“为了写好这个演讲稿，我都要秃了，结果讲到现在，你们好像也不是很感兴趣，我感觉自己白秃了。”

遇到难题幽默承认

在演讲的过程中，可能会涉及一些敏感或者禁忌话题，这时候就可以借助听众来转移视线，同时也能起到幽默的效果。

比如说，当有人起哄说你的演讲不够精彩时，你可以顺嘴承认：“这位观众，终于把我的心里话说出来了。”

拒绝上司，不妨幽默一点

工作中总会遇见一些不合理的要求。比如，不是你的本职工作，可是上司偏偏要你去做，再如，你已经很忙了，可是上司依然要给你摊派很多工作。这些都是不合理的，是需要拒绝的。可是拒绝又会得罪上司，怎么办呢？不妨幽默一点，用幽默来拒绝上司，在拒绝的同时，让上司发笑，冲淡拒绝的生硬感。

小伟的公司业务多，人员少，小伟已经连续加班很久了。

这一天，好不容易放个周末，小伟正准备收拾东西下班，结果老板过来说：“今天有个事情比较着急，你要是没事就多加会儿班。”

小伟为难地说：“老板，不是我不想加班啊，是我老婆今天给我下死命令了。”

老板笑着问：“什么命令呀？”

“今天她生日，我得陪她去吃个烛光晚餐，若是违抗了命令，怕是得给我来个斩立决呀。”

老板听完哈哈大笑起来，说道：“哈哈哈，行吧，你早点回去，好好陪陪老婆，那件事情等下周你来上班的时候再说。”

小伟于是背起电脑包，哼着小曲愉快地下班了。

幽默有时候就是把不好的事情重新解构一下，再排列组合，用夸张的、荒唐的方式重新演绎，让对方从你的幽默中听出你的言外之意。

如此，既避免了直接拒绝造成的尴尬，又能准确将你的意思传达给对方，两全其美。

在工作中如果遭遇了上司的不合理要求，切记不要急于拒绝，更不能直接拒绝，可以先缓一缓，用幽默的方式把你的拒绝表达出来，给上司一个台阶下，最好能逗乐他，让他理解你的难处。

那么，在工作中幽默地拒绝上司需要注意哪些点呢？

用假设法来表现幽默

像上面的故事中的小伟，就是运用的假设法，他幽默的点在于假设自己不去陪伴老婆，就可能发生一些不太好的事情，而这件不太好的事情又不是常人可以接受的。通过这个假设，让老板意识到自己的方式有些过火，从而允许小伟下班。

这就是假设法的精髓，假设一个不好的结果，放大这个结果，让对方在欢声笑语中明白你的意思，最终收回不合理的要求。

幽默的目的是指明其不合理

幽默拒绝，关键在拒绝，其次在幽默。幽默是为拒绝服务，所以采用幽默的方式时，一定要围绕拒绝这个点。同时，要在拒绝的点上发掘出不合理的地方，放大不合理的地方，让对方明白你的拒绝实属正常，对方的要求实在过分。

没有幽默感，不是好销售

想成为一个优秀的销售，一定要有点幽默感。每一个顾客都喜欢幽默的人，跟幽默的人在一起会让人没有陌生感，心理距离会更近一些。只有在这种轻松愉快的氛围里，交易才更容易达成。

在一次车展上，一对夫妇去看车，丈夫看上了一个品牌的轿车，妻子却看上了另外一个品牌，正当两个人争执不下的时候，妻子说：“这个品牌的轿车开起来不舒服。”

销售一听，立刻笑着对这位夫人说：“像您这么优雅的女士，肯定是有专职司机的。”

“我哪有专职司机。”女人皱眉说道。

销售指着旁边的丈夫说："我看这位先生和您特别有夫妻相，他可以给你当一辈子专职司机。"

一句话说完，这位夫人哈哈大笑起来，旁边的丈夫一听，这销售是站在自己这一边的，是帮着他劝说妻子买这个品牌的轿车的，心情自然也开心。

于是，一来二去，经过几天时间的看车、谈价，单子就这么谈成了。

一个幽默风趣的人走到哪里都会受到人们的欢迎，所以一个懂得幽默的销售人员更容易得到顾客的认可。

另外，幽默感也可以迅速消除掉你与顾客之间的陌生感。作为销售人员，与客户的交往都是从陌生到熟悉。当你第一次与客户见面的时候，大家都会有一定的陌生感，从而产生一定的戒备心理，如果你能适当地幽默一下，就会让整个氛围轻松下来。

让客户感受到你的幽默，他会更愿意接近你，愿意接近你，才能接受你的产品和服务，最终让交易顺利完成。

不过作为销售人员，在运用幽默时需要注意以下几点，以免幽默不到位，给客户造成困扰。

幽默的内容不能低俗

运用幽默的时候，要注意避开顾客不想谈的点，比如最明显的一点就是不要把客户的隐私作为幽默的素材，这会让客户很不高兴。

另外，幽默的话题一定要积极健康，不能有恶俗的话题，否则会影响客户对你的信任度。

分析客户性格

幽默一定要看对方的性格，我们在跟客户交流时要特别注意这一点。

如果对方性格开朗，我们可以幽默一下，如果对方是比较沉闷的性格，我们在幽默之前一定要慎重。要记住一点，有些人是缺乏幽默细胞的，他们对于幽默也比较排斥，这时候一定不能强行幽默。

幽默要围绕销售目标

你是卖车的，你的幽默最终要回到卖车这个点上；你是卖菜的，你的幽默就要回到你的菜品上；你是卖衣服的，你的幽默最好和穿搭有关。总之，幽默的目的是销售，切不可要起嘴皮子没头没尾，最后确实把顾客逗乐了，但是却不一定能成交。

幽默有度，把握分寸很重要

幽默一定要注意分寸和尺度，只有恰到好处的幽默才会产生良好的效果。那种不分场合、毫无分寸的幽默，不但没有产生幽默的效果，还会给对方留下一个坏印象，尤其是不要把恶作剧与骚扰他人当作幽默。另外，幽默最好是能把话往好的方向引导，如果幽默传达的能量是负面的，就会取得相反的结果。

小张在公司一直以幽默著称，同事们都喜欢和他相处，觉得他说话好听，又会哄人。

逐渐地，小张也觉得自己是一个幽默的人，平时总喜欢和大家开开玩笑。

有一天，一个同事生日，小张想着给他一个惊喜，就号召办公室的人一起出钱，给他买了个蛋糕。

下班的时候，大家聚在一起，给同事唱了生日祝福歌，就在大家想着蹭一块蛋糕的时候，小张却忽然把蛋糕拍在了同事的脸上。

虽然那位同事没说什么，但是大家也感觉到了那位同事有些不悦，毕竟，谁也不想顶着一身奶油坐地铁回家。

幽默是有尺度的，尤其是不能把恶作剧当作幽默，更不能不分场合，随意开别人的玩笑。说话要注意分寸和尺度，幽默也是一样。

在中国式沟通智慧中，适度运用幽默才能制造快乐，让人与人之间的沟通更加愉快顺畅。如果幽默过头了，甚至变成了恶作剧，就会令人心生不快。

因此，正确掌握幽默的使用方法尤为重要。

幽默要讲究场合

幽默一定要注意场合和时机，只有合时宜的幽默才能让人轻松愉快。

在一些比较隆重的场合，幽默的运用需要格外注意，比如红白喜事等比较严肃的场合。

幽默不是讥讽他人

幽默是一种高级智慧，绝对不是简单的嘲讽。

日常生活中，当你讥讽他人时也会让人发笑，但这并不是幽默，而是一种不礼貌的行为，会引起对方的反抗甚至攻击。

恶作剧不是幽默

一些简单轻松的恶作剧可能会有一些幽默效果，但过火的恶作剧非但没有幽默效果，反而还会很伤人，它让人觉得你是在捉弄人，是非常不友好的行为。

把握好幽默的投放量

幽默虽好，但也不能太多，过量的幽默会给人一种油嘴滑舌的印象，反而让他人对你的可靠程度产生疑问。

只有适量的幽默，才能为你们的沟通带来轻松的氛围，让大家的心情更加愉快。

谈判桌上，幽默更胜一筹

谈判是口才和心态的较量，在谈判桌上，双方都处于紧张状态中，如果适时幽默一下，不但可以缓解紧张的氛围，还可以让大家在心理上亲近许多，之后的谈判就会更加顺利。

业务员小王去见一位老总，结果堵在了路上，小王没办法，又不想耽误见面的时间，只好下车走路过去，谁知道走着走着，又下起了雨……

就这样，屋漏偏逢连夜雨，等小王到了约定的饭馆，已经被淋成了落汤鸡。

面对老总诧异的目光，小王笑着说：“我来见您那可真是不容易啊……”

小王把前因后果说了一遍，就在对方准备安慰小王的时候，小王又来了句："今天真是过五关斩六将啊！希望我们的合作也可以一路过五关斩六将！到时候咱们强强联合，威震华夏！"

对面老总一听，乐得合不拢嘴，说道："王总，就冲你这个'威震华夏'，咱们的事情就只能成功，不能失败，哈哈哈哈。"

小王赶紧趁机说："那我可得请您高抬贵手，看在我一路'受伤'的份上，给我个好价格。"

"那必须的。"老总大手一挥，说道。

随后，两个人你来我往，又讲了几轮价格，终于敲定了合同。

谈判桌上，大家都想战胜对方，让自己立于不败之地。但是，越是这种紧张激烈的时候，越需要幽默的智慧，谈判中有了幽默，会让你在轻松愉快的氛围中取得胜利。

那么，谈判中如何巧用幽默呢？

旁敲侧击式幽默

在谈判中，有时候我们可以用旁敲侧击式的幽默来应对谈判中的不愉快，这样会起到很好的提示和警告作用，用轻松的方式表明你的立场。

比如对方在谈判中毫不退步，你就可以说："看来您今天是只有前进挡，没有后退挡呀。"

以谬还谬式幽默

当对手提出的条件过于苛刻，以至于有些荒谬时，我们不必急于正面反驳对方，反而可以根据对方的谬论推理出一个更加荒谬的结论，让对方明白自己的言论是错误的。

比如当对方提出很离谱的条件时，我们可以说：“要是我们能给出这样的条件，恐怕这个行业都是我们的了。”

声东击西式幽默

声东击西法实际上是一种含蓄迂回的幽默技巧，表面上话在此，而实际上是意在彼。如果你在谈判中巧妙运用声东击西的幽默技巧，可以产生非常好的幽默效果，让谈判取得圆满成功。

比如说，谈判陷入僵局，你可以起身离席，并且说上一句：“要是这么谈下去，我只能三十六计走为上计了。”

对方这个时候肯定会拦你，你便可以幽默地说：“您放心，我就是上个厕所，回来咱们继续接着谈。”

如此一来，便能将陷入僵局的氛围打破，同时提醒对方，如果不让步的话，你就只能走人了。

苦肉计式幽默

如果谈判陷入僵局，你也可以用一用苦肉计，把自己的痛苦幽默地表达出来，让对方明白你的难处，促使对方让步。

爱人之间，来点幽默更和谐

夫妻是生活中最亲密的人，在日常生活中朝夕相处，如果一直非常严肃，就会缺少很多乐趣。

如果在夫妻间增加一点幽默感，可以让双方都心情愉快，也可以让爱情更加幸福甜蜜。

小力和老婆结婚多年，因为老婆脾气不好，所以在外面有了个“妻管严”的称号。

不知道谁把这个称号传到了小力老婆的耳朵中，小力的老婆非常不满，回家就对着小力喊：“我哪里管你了？他们凭什么这么说我们？”

“是啊！”小力大声回应。

“别人这么说就算了，你也这么认为？而且，我听说还有人说我是母老虎？岂有此理！”小力的老婆明显有些不开心。

“可是你在我心里真的是老虎呀。”

“你也来气我！”小力的老婆越发生气。

“老虎是国家保护动物，可以说是国宝啊，而你，是独属于我的国宝。”小力哈哈大笑着说。

老婆一听，拧了小力一把：“小样！还油嘴滑舌起来了。”

就这样，本来可能会吵起来的一对夫妻，因为幽默感，反而在矛盾来临时一笑而过。

夫妻间的幽默感就是有这么神奇的力量，如果硬着头皮解释，可能就避免不了一顿争吵，从另外一个角度幽默地诉说，却可以让彼此的心情变得轻松，把矛盾化解在欢声笑语中。

不过，很多夫妻表示，幽默真的挺难的，怎么也学不会。

其实，幽默都是后天培养的，没有谁一生下来就很幽默。

那么，夫妻之间怎样做才能培养出幽默感呢？

矛盾来了解构矛盾

轻松愉快的幽默是化解夫妻争吵的最佳方式。

夫妻之间总会有不愉快的事情发生，所以吵架是难免的。如果能在对方生气的时候，适当地幽默一下，就可以驱散紧张的气氛。

那么，怎么才能用幽默化解争吵呢？

其实很简单，当矛盾来临的时候，不妨换个角度思考，如果这个矛盾是发生在其他夫妻身上，而你是旁观者，你能从这对夫妻身上看到什么搞笑的地方吗？如果有，就不妨把它描述出来。

所谓当局者迷，旁观者清。幽默有时候也需要旁观，才能发现其中的好笑之处。

善意的取笑就是幽默

一对幸福的夫妻之间一定是非常信任和尊重对方的，如果偶尔互相取笑一下，会给生活增添很多乐趣。这种取笑绝对不是为了讽刺对方，而是带着爱意的玩笑。

学会为对方添乐子

夫妻生活需要一些乐趣，这样才会让彼此都轻松快乐起来。这就需要你能想办法为对方添乐子，让你们的生活更有意思。添乐子的方法有很多，比如一起参加户外运动、自驾游、一起看电影等。

在各种户外活动中，很容易就会遇到一些好玩的时刻，当这些时刻来临，便是在为彼此的情感添乐子。哪怕是回到家中，提起这些好玩的瞬间，彼此也能会心一笑。

与对方分享幽默感

幽默感是可以培养的，夫妻间是培养幽默感的最好搭档。夫妻双方可以一起看娱乐节目，或者一起看一部喜剧片，这些都是分享幽默感的时刻。

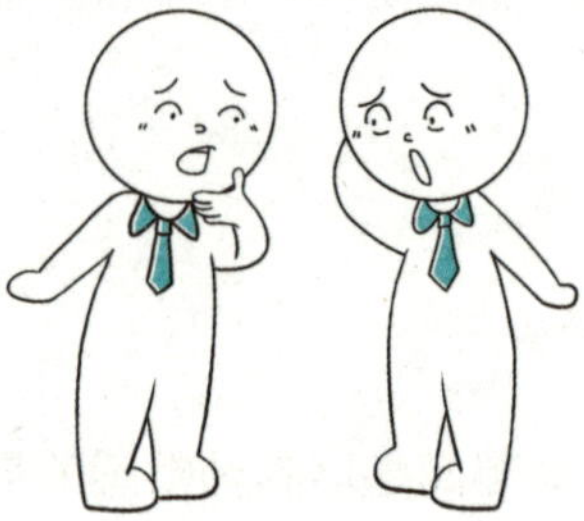

第5章

懂沟通的人，会说更会问

会说话的人，都是提问的高手。与人沟通时，不仅要把我们的所思所想传达给对方，同时也要全盘理解对方的所思所想。而提问，就是了解对方想法的一个关键方式。

善于提问的人，往往能更加迅速地了解对方的想法，从而让沟通的效率变得更高。

提高沟通效率，先要会问问题

有一位沟通高手曾经说过："你是否能获得你想要的答案，在大多数时候取决于你提问的方式。"你的问题，往往代表了你的沟通目的。会提问，能问到对方心里，往往能迅速提高沟通的效率，从而在询问之中，快速推进沟通的进度。另外，问问题一定要紧紧围绕你的沟通目的，不要顾左右而言他，问一些无关紧要的问题。否则，很容易会让对方产生误解，无端端地就会让沟通氛围紧张起来。

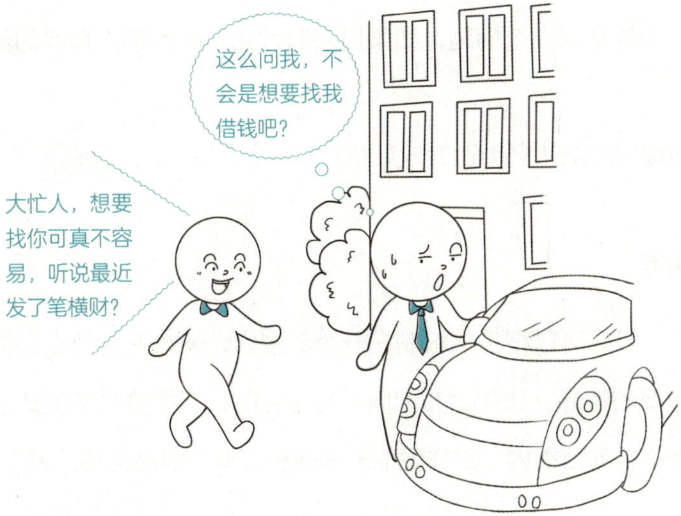

提问的方式有很多种。

你可以从正面发问，直接了解对方的想法，这是最高效的提问方式，但是有些问题不适合直接问。这时候就需要一些其他的提问方式，以此来提高沟通效率。

你可以反问对方，反问一般带有强制性质，会让对方不得不面对你的问题，不到万不得已，不要反问对方。

你还可以设问，用如果的方式来提问，在提问的同时，给对方一个选择。

比如说："如果不是我来找你谈话，你是不是就放弃了？"

一般设问要用正面的问题来引导对方做出正面的回答。

还可以追问，追问是促使对方赶紧与你达成共识的最高效的提问方式之一，一般用在事情已经有了些许进展，沟通已经达成了部分共识，利用追问可以乘胜追击，把沟通的目的尽快确定下来。

在中国式沟通智慧中，提问是沟通环节中的重要一环，会不会提问，如何提问，其中有着非常多的门道。掌握好了提问的方式，可以让你在沟通中效率更高，也可以让彼此的交谈更加言之有物。

不过，即使是同一个问题，如果提问的方式不同，那么最终的结果也是不一样的。

那如何提问才能达到沟通的效果呢？

限制式提问

提问时，最好可以把答案限制在一个范围内，无论对方怎么回答，你都能得到自己想要的信息。比如，在询问对方意见时，不要给过多的选项，最好框定在是或者不是的范围内。这样便能迅速得到答案，提高沟通的效率。

问题要问对人

上学的时候，你数学题不会，你不会去问语文课代表。你英语有问题，不会想着去问数学课代表。

同理，在日常生活中，你的问题也需要问对人。要么你问的人是这个问题的制造者，要么是这个问题的解决者，总之，问问题也要问对人，不能随便抓着一个人就问。否则，除了浪费口舌，不会有任何答案给到你。

巧用提问，调动内向者积极性

与内向的人沟通，往往会遭遇场面过冷、对方不愿意多说话的困境。这时候，提问就该上场了。通过提问，可以有效调动内向者的积极性。因为提问的对面就是回答，你一旦问出问题，对方哪怕再内向，也需要给出一个答案。如此一来，至少可以不断推进沟通的进度。

王总作为一家数据公司的老总，在招聘员工的时候，发现相当一部分程序员都比较内向，他们拥有技术，但是却不善言辞。

大家平常都坐在各自的办公室写程序，很少互相沟通。

因为公司是做数据的，需要经常开会探讨最前沿的数据技术，可是因为很多人比较内向，导致每次开会都是他一个人在那滔滔不绝，最后口干舌燥，一低头，发现大家都瞪着眼睛等他散会。

这样下去可不行，为了和这些内向的员工沟通，王总着实是下了一番功夫。

最终，王总总结出一套规律，那就是用提问的方式来完成沟通。

为此，他专门在公司设置了一个提问室。

每个人每周都需要去一次提问室，留下自己的问题，然后签名，同时回答墙壁上其他人留下的问题。

久而久之，王总在这个提问室发现了不少好的问题和答案，对于公司的未来发展方向帮助很大。

在王总看来，内向者不爱表达自己，所以很多想法一直在脑海酝酿，往往会积存很多不错的创意。他要做的就是把这些好的想法激发出来，引导出来，那么既然不爱说话，那用提问的方式，让大家把想法写下来其实也能达到同样的沟通效果，而且沟通效率也并不低。

就这样，王总用文字提问的方式，完成了公司内部的头脑风暴。

不过，在日常生活中，我们不可能写下字条递给对方，让对方同样写下答案。

所以，面对内向者，我们在与他们沟通的时候，能做的就是更加主动一些，尽量在问对方问题的时候，调动对方的积极性，从而逐渐打开对方的心房。

那么，具体该怎么提问才能让对方感兴趣呢？

提出对方感兴趣的问题

向内向者提问，需要把提出的问题和对方感兴趣的点相结合，至少要和对方所做的工作，所擅长的事务有关。内向者一般不太在乎自身之外的事情，所以你的提问一定要围绕他们自身的特点来提问。

问题不要太尖锐

内向者一般不想与人产生矛盾，他们行事低调，外表温和。所以，与内向者沟通，提出的问题一定要温和，不要上来就问很尖锐的问题。问题过于尖锐，往往会让他们产生回避的心理，到时候他们就会找个借口远离你。

提问不要过于频繁

太过频繁的提问，会让被问者手忙脚乱，尤其是当你面对的沟通对象还是一个内向的人时，提问更要放缓节奏。等对方回答完了一个问题，再等待机会问下一个问题，给对方一个思考的空间。

悬念式提问，让话题兴奋起来

有一位著名节目主持人说：“吸引别人继续听你说话，要像电视剧吸引观众继续看下去那样，得用一些充满悬念的招式。”

好奇心人人都有，提问的时候利用好悬念，吸引对方对你的问题保持热情，是沟通环节不可或缺的技巧。

小琦是一个汽车销售人员，每次接待客户，他都会巧妙地运用悬念式问题，来勾起客户和他沟通的欲望。

有一次，一位年轻的客户来店里看车，但是却不发一言，只是围绕着车看。

小琦知道，这一类客户的购买意愿非常强烈，只要能和对方搭上话，把天聊开，一般都能成交。

于是小琦就不紧不慢地说了句："你和我一个多年不见的同学长得很像啊，前些年听说他发了大财，难道说今日又相见了？"

对方一听，愣了一下，回头问："真有这么像？"

"像啊！不过，我听说他中了大奖，您不会也中了大奖吧？"

"什么大奖？"对方也感兴趣起来。

"有一次，他路过一家彩票店，忽然脑海里就跳出一串数字，他鬼使神差就进去买了一张彩票，结果竟然真的中了大奖！"

"这么神奇吗？"客户问道。

于是小琦就把同学的故事给这位客户讲了一遍，客户边看车，边听小琦讲故事，故事讲完了，车也看完了，小琦顺势问起对方对买车的要求……

一来二去，两个人迅速熟悉起来，客户很快交了定金，一单生意就这么谈成了。

悬念式提问，就是先把结果说出来，然后再慢慢揭开谜团，让对方在你的悬念中保持兴趣，始终想知道最终的答案。

于是，你就可以利用这种悬念式提问，把你想要说的话夹杂在其中，将沟通隐藏在悬念式提问中，不断推进。

如何用好这种沟通技巧呢？以下便是几个运用悬念式提问的小技巧。

先讲结局

先讲结局就是先把事情的结果告诉他人，然后再从头开始叙述事情的经过，这样可以激发对方的好奇心，使对方带着好奇心认真倾听你的讲述。

渲染气氛

用不同的语气或语调渲染一下沟通气氛，这样可以给听众造成一种神秘感，就像是说书先生一般，让你的提问充满故事感，让对方更愿意听你讲下去，因为他们已经被这种气氛吸引了。

要想让听众产生悬念，我们的用词要夸张一些，可以用惊悚离奇的词语去刺激对方，让他们对你的谈话内容产生一种特别想听下去的兴趣。

设置疑问

设置疑问可以激发对方去思考问题，我们可以先设置一些问题，然后再去详细讲事情的过程和细节，在讲述的过程中一点一点解开所有疑问。

知己知彼，才能问到实处

在谈判的过程中，要想做到知己知彼，提问就是一种获得对方信息的有效手段。要想与客户完美成交，我们就要了解客户的需求，而了解客户需求的最好方法就是提问。如果你经常对客户提问，你就会知道客户心里是怎么想的，他们想要什么产品或者什么样的服务。

想要问到实处，问到对方的心坎上，那么了解对方的需求就是必不可少的一个过程。

我们常常在消费的过程中，会听到销售问我们。

“您的家里有多大？”

“您想要一件什么样的衣服？”

“您对车的最大需求是什么？”

“您有没有看过我们家的产品呢？您是想要高档一点的，还是性价比高一点的呢？”

这些提问都是为了知己知彼。

同理，在日常的生活中，我们在与他人沟通的过程中，如果不够了解对方的需求，是很难让沟通顺利推进的。这时候就需要用提问的方式去了解对方的心里到底是怎么想的，只有了解了对方的想法，才能让沟通落到实处。

尤其是在谈判中，我们更要多进行一些有效提问，这样可以了解对方的心理状态和需求，从而进行有效应对。

另外，提问除了得到你想要的信息，还可以控制谈判的节奏，从而掌握谈判的主动权，提问之后，也能从对方的回答中找出一些破绽，让谈判的砝码逐渐倾向于你这边。

总之，提问在谈判中是非常重要的。

但是，谈判中的提问一定要注意方法和技巧，不能乱问一通。

先听然后问

提问前要先学会倾听。当对方正在讲话时，我们要认真倾听，即使有什么

问题，也要等对方讲完，千万不能中途打断对方的话进行提问。这样做既是不礼貌的行为，也暴露了你内心的真实想法，对方可能会产生防备心理，从而改变自己的谈话方向。

提问要有目的性

在谈判中提问时，我们的问题一定要有目的性和引导性，这样才能实现你的目的。当对方的谈话不是你想听到的内容时，我们可以提出一些引导性的问题，把他的谈话内容拉回到你们的正题上来，这样更容易实现谈判的目标。

问题要简短

在谈判过程中，提出的问题不能太长。如果问题太长，很容易让对方抓不到重点，自然也就得不到你想要的答案，所以，谈判中的提问尽量要简短一些。

引导式提问

很多客户不想把自己内心的真实想法和需求告诉你，只能靠你自己一点点提问，然后分析思考，再进行引导性的提问，最后才能获得你想要的信息。比方说，对方不愿意给你露底价，那你可以一点点地报价，同时观察对方的神色，判断是否在一步步接近对方心里的底价。

建议式提问

除了谈判，我们还会面临一些销售的场景，在这个过程中，你可以运用建议式提问。

所谓的建议式提问就是你把产品和服务的优点讲出来，然后提出一个二选一的方案，让对方来选择。这样无论对方选哪个，都在你的推销范围之内。

这一批产品包装是我们新设计的，你们渠道反馈怎么样？
不及预期那么好，可能你们还得再调整一下设计方案。

有的客户反馈产品回购率明显上升，顾总，你们这边回购率下滑，你们公司是不是和他们的销售模式有所不同？
是吗？你不说我都不知道，那我回头问问商家。

问题要具体，沟通才更有价值

一位擅长沟通的大师曾说：“问的问题越具体，回答的人就越省力；回答的人越省力，他就越有力气和你聊下去。”具体的问题往往能引出一个有价值的答案，有价值的答案往往能促成一次有价值的沟通。

王总监和李总监分别去下属公司视察。

王总监到了下属公司，视察了一番办公室，又去了工厂车间。看见生产线上的工人非常忙碌，王总监便问：“工人们多久上一次厕所？上厕所的话谁来替代呢？”

下面的人一听，也没想到王总监会问这样的问题，便解释说：“上厕所是有具体规定的，他上厕所的时候，这边流水线会根据人手的短缺减慢速度。”

王总监一听，很科学嘛。又问了几个不痛不痒的问题，于是回去交差去了。

轮到李总监下来视察了，同样是去了工厂，李总监一针见血地问道："为什么不上全自动的生产线呢？可以节省不少成本。"

工厂负责人于是讲解了一下全自动不匹配其他设备的困难。

李总监回去之后，就开始着手解决设备不兼容的问题，争取早日实现车间全自动化。

后来，没过多久，李总监因为解决了全自动的问题，很快就升职加薪了，而王总监则被下放到了车间历练。

原来，这本身就是公司高层安排的一次考察，希望从二人之间找到一个合适的人选升任副总经理。

李总监因为眼光独到，问题问得具体，从而产生了价值。

王总监因为问的问题似是而非，结果被下放。

这就是问题具体与否的区别。

一个具体的问题，往往其中蕴含的价值越高，越能让问题的本质迅速地浮现出来。

比如你为了督促孩子学习，孩子很难明白你让他学习的最终目的。但是你若是问孩子，不好好学习，以后靠什么养活自己这样的问题，孩子就会开始想象以后靠什么生活，自然也会理解你让他好好学习的目的。尽管孩子可能会回答一些其他的养活自己的方式，甚至不符合家长的预期答案，但是至少孩子明白了学习的目的。

那么，如何才能问出有价值的问题呢？

紧扣目的去提问

想要问出有价值的问题，让沟通变得有价值，那么就需要在问问题之前，先问问自己，自己想要达到的目的是什么。

总之，想要问出口的问题可以得到一个有价值的答案，那就需要抓住自己想要达到的目的去提问。

提炼问题的时候可以先演练几遍

在问出问题之前，可以先在脑海中演练几遍，先问一问自己，看看自己怎么回答。

你的问题有价值，你的回答就会很困难。

如果你能轻松回答你的问题，那么说明你的问题并没有问到真正的点上，需要你重新组织逻辑，围绕着问题的本质，重新换个方式提出问题。

直接把问题原封不动反馈给对方

不要提大而泛的问题，这种问题针对性不强，让人摸不着头脑，所以很难做出准确的回答。

比如你在工作上面临一个不容易解决的问题，恰好有个同事很擅长解决这方面的问题，那么最简单的方式就是把问题描述给对方，让对方来帮你判断如何解决，而不是站在更高层面笼统地问对方问题。

打个简单的比方，你遇到了报销账目数目对不上的问题，那就把这个问题描述给对方，而不是问对方会不会做账。一旦问的问题比较宽泛，对方很可能第一时间并不能理解你想做什么，从而就会选择直接拒绝你的求助。

有些问题，能不问就不问

并不是什么问题都适合问出口，有些问题能不问，就尽量免开尊口。比如女士的年龄，不要问。男士的收入问题，不要问。同一个公司，同事的收入也不要去问，以免给对方造成困扰。

提问是一种沟通，沟通是为了升级彼此的关系，而不是为了让彼此的关系产生裂痕。

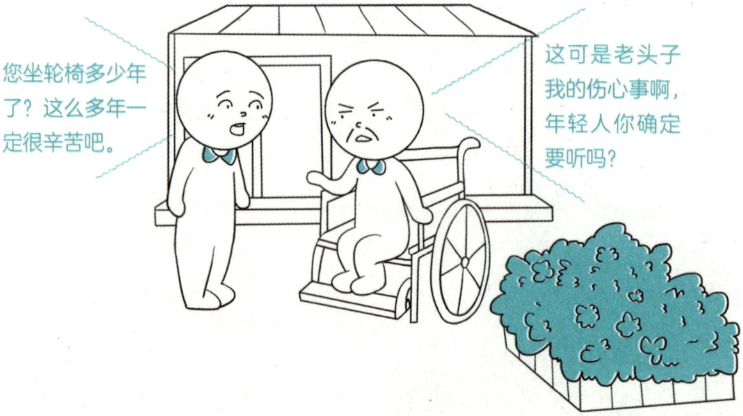

小钱大学毕业后一直在创业，创了两年，把学校给的资金也花费得差不多了。于是，小钱到处筹钱，他坚信自己的项目只要再坚持两年，就一定能成功。

一位天使投资人给了小钱一个阐述自己项目的机会，意思是只要小钱能说服他，他就投资。

小钱带着一堆资料前去见这位天使投资人，经过一番交谈，对方对他的项目还算是感兴趣，似乎也有投资的意愿。

小钱很是开心，于是就说出了自己想要拉的投资数目。

天使投资人脑海里盘算着这个数目到底划算不划算。

结果，就在这个关键时刻，小钱因为着急，就随口问了句：“您觉得我们这个项目值不值这个数？”

天使投资人一愣，立刻明白了小钱的意思，这是在说他犹犹豫豫，小看了他的项目呢。

于是这位天使投资人微微一笑，表示还需要再考虑考虑。

小钱很郁闷，他只是见对方犹豫，所以就随口问了一句，他的意思就是字面意思，可是对方却多想了。

回去后，他给介绍天使投资人的朋友打电话诉苦，朋友两三句话点醒了他：“这位投资人很要面子，你这样一问，等于是打了他的脸。”

小钱很后悔，可惜世界上没有后悔药。

在这个社会上，每个人的性格不同，听到问题后的想法也不同。有的人比较要面子，你的问题如果让他觉得没有面子，那么他就会与你疏远。所以有些问题，能不问就尽量别开口。

另外，有的问题违反公序良俗，最好也别开口去问。

沟通的前提是尊重，不论沟通什么问题，都要以这个原则为前提，一旦失去了这个前提，不论是沟通什么问题，都不会有好结果。

那到底哪些话是不能轻易开口问的呢？

对方的苦衷不要问

如果你的问题明显戳中了对方的苦衷，那就不要问出口。

对方没有房子，你偏偏问对方什么时候买房，对方如果有钱，肯定买了，还轮得到我们去问吗？这就是哪壶不开提哪壶，越问关系就会越有裂痕。

涉及隐私不要问

如果问题涉及对方的隐私，尽量不要去问。比如年龄、收入等，很多问题乍一看似乎没有什么，其实都是对方的私人生活。涉及这一块的问题，问之前要慎重考虑是否会触碰到对方的逆鳞。

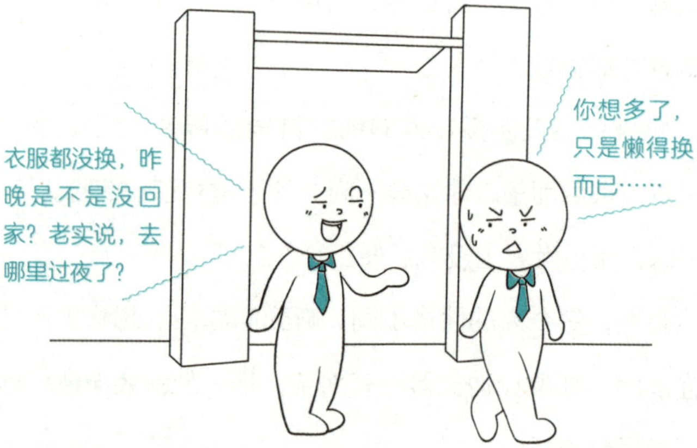

对方的缺点是提问的禁区

每个人都有缺点，涉及对方缺点的问题，要慎重发问。

比如人家的孩子成绩不好，这是明摆的事情，就不要多此一嘴问为什么学习不好。

再如对方与你聚会的时候迟到了，你若非要多问一句为什么迟到，那肯定也是会得罪人的。

提问不是审问，要懂得适可而止

社交活动中，有的人喜欢凡事都以自我为中心，只顾顺着自己的好奇心喋喋不休地向对方提问，完全不顾对方到底想不想回答你的问题。这是极其自私的行为。毕竟，对方不是犯人，不可以把提问变成审问。

小龙是北京某图书出版公司的一名编辑，是一个习惯于什么问题都要打破砂锅问到底的人。基于对他的了解，年轻没耐心的同事只要一听到他开始询问，就会找个借口转身离开。

有一天午休时分，小龙好奇地问公司的老员工毛主编："毛主编，您当初是怎么顺利通过实习的呢？"

毛主编微笑着回道说："其实很简单，我当时只是做好自己分内之事与该做的事情，仅此而已。”

“那您当时的工作任务繁重吗？”

“不重，就与你现在做的工作差不多。”毛主编继续笑着回答道。

毛主编以为问题会到此为止，没想到接下来小龙又持续提了一连串问题：

“您实习期间都学到了什么呢？”

“您当时在公司会经常参加聚会吗？”

“您现在这个职位是怎样得来的呢？”

……

毛主编原本心情还不错，但是听了这一连串问题后，感觉兴趣全无，便用简单的“啊”“嗯”“哦”之词来敷衍了事。

可以说，这种喋喋不休的审问式提问简直比唠叨的唐僧还要让人讨厌，结果只会让人敬而远之。中国式沟通智慧向来讲究一个“度”字，向人提问时，一定要恰到好处、适可而止。

适当提问，效果更佳

在社交活动中，有时候适当地提问，反而会产生很好的效果。

某天，小学老师唐敏在学校门口看到一位蹲在墙角的女学生，脸上愁云密布。

唐敏微笑着走上前去，亲切地说：“小朋友，我能和你说几句话吗？”小女孩没有理睬，别过头去。

唐敏继续温柔地说：“你应该是遇到伤心的事情了吧，能跟我说说吗？”

看到唐敏真挚的表情，小女孩放下了戒备之心，接下来，把内心的烦恼一五一十地倾诉了出来。

在这里，唐老师只用了一两句提问，便打开了小女孩的内心。如果她一开始采用的是喋喋不休的提问，只会把小姑娘激怒，根本就不可能有接下来的顺畅沟通了。

邀请式提问，效果更好

想要问对方什么问题，想要获得一些信息，不如试着邀请对方来回答你，比如说，我有个问题，不知道该不该问你。一般只要对方不是个奇葩，都会满足你，让你问出你想要的问题。

旁敲侧击式反问，更易达到目的

在日常沟通中，当你直接提出问题时，如果对方拒绝回答，那会让大家非常尴尬。为了避免出现这种尴尬的场面，我们可以换一种提问方式，比如用旁敲侧击的方式反问就是一个很好的方法。

《三国演义》中，曹操和刘备有一段经典的对话。

曹操数次问刘备谁是真正的英雄。

刘备故意旁敲侧击式地问，是不是刘表？是不是袁绍？是不是那谁谁？总之，就是不说是自己。

曹操冷笑数声，说天下英雄就是你我啊！

刘备吓得筷子都掉在了地上，恰巧这时候一声惊雷响起，刘备赶紧用惊雷掩盖了自己的失态。

因为刘备采用了旁敲侧击式的反问，这才把充满杀机的询问给搪塞了过去。

其实，刘备当然知道曹操为什么要这么问他，但他肯定不能说出心里所想，所以他巧妙地运用旁敲侧击的方式，不断反问曹操，反而让曹操自己说出了他与刘备对话的真实目的。

在日常的沟通交流中，有很多话不便于直接说出口，有时候甚至还要想方设法套出对方话里的意思，这时候旁敲侧击式的反问就是一个很好的问话技巧。

旁敲侧击的精髓就在于把自己的真实意图隐藏在问题里，这就是我们常说的言外之意。

言外之意往往可以给人一种间接性的暗示，对方若是聪明人，就能听出你话里的意思，同时也能避免直言问题所带来的沟通风险，这就是“旁敲侧击”的优点。那么，在使用旁敲侧击的提问方法时要注意哪些问题呢？

反问时可以借助外部因素

旁敲侧击的关键是要含蓄一点，不能太露骨，太直接的提问有时候会伤害到对方的面子。所谓含蓄，就是把自己想要说的真话隐藏在旁敲侧击的提问中，用问题来表达自己的真实意愿。

举个例子，如何才能运用抛砖引玉式提问呢？

比如你想知道公司什么时候放假，如果直接问人事部门的员工，人家可能会觉得你工作不积极，只想着放假。

但是你可以抛砖引玉，先抛出一个问题，让对方来回答。

“听说了吗？隔壁公司竟然提前十天放假。”

换个方式提问，没有那么直接，对方心情若是不错，也许就会告诉你公司的放假安排。

反问前要考虑对方感受

在采用旁敲侧击提问法之前，一定要了解对方，知道对方是什么性格，喜欢什么类型的语言等。只有提前了解了对方，我们在旁敲侧击提问时，才不会触犯了对方的忌讳，这样我们的提问才能达到预期效果。正如刘备回答曹操的问题时，不直接回答，而是旁敲侧击地又问回去。这就是考虑到对方的感受，生怕忤逆，或者说错了话，给自己惹下祸端。

我们在日常生活中不必这么小心翼翼，但是刘备的旁敲侧击式反问，无疑是一次非常生动的演绎。

遇上话痨，用提问的方式巧妙插话

沟通无非就是说与听，只顾自己说不去倾听别人，或只顾倾听而不说都是不恰当的方式。但是有的人比较话痨，说起话来跟机关枪似的，如果对方一直说个不停，作为倾听的一方，也是很痛苦的。这时候，适时地用提问的方式插话，以此来打断对方，是非常有必要的。

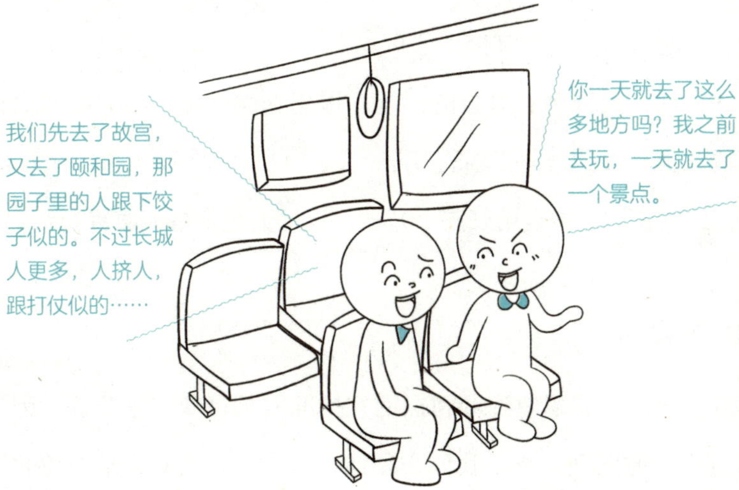

著名投资人李先生每天要接见不少创业者，为此，他的时间总是安排得满满当当。

创业者大都能说会道，这是他们的优势，也是李先生的苦恼。

用他的话来说就是："他们能说会道，是一件好事，我了解他们的项目，大多也是通过他们的言语。不过，有的人实在是太能说了，而且没完没了，那是真的挺难招架的。”

李先生性格比较温和，一般情况下不忍心打断激情四射的创业者们。但是有时候，他也不得不打断他们，让谈话终止。

为此，李先生总结出一套提问式插话法，以此来打断对方，让沟通的主动权重新回到自己的手上。

当对方喋喋不休时，李先生便会用问问题的方式打断对方：“那这个项目万一失败了呢？有没有后续补救措施？”

通过提问式插话，李先生总能在与创业者们相处的时候，掌握主动权，既不会特别生硬地打断对方，又能让自己免于遭遇没完没了的创业陈述。

在沟通中忽然打断对方是非常没有礼貌的，但是提问式打断，则可以润物细无声地打断对方，重新掌控话语权。

提问式插话，是围绕着对方的话题，提出新的问题，看似是在讨论对方所说的事情，实际上是一种变相的打断。

那么，如何在沟通中运用好这个方式，让插话也能毫无痕迹呢？

找准插话的契机

在对方讲话时，要想做到顺利插话，找准时机是非常重要的。因为我们不能直接打断对方的话，所以我们必须找一个空当，当对方稍有停顿时，或者对方喝水时，这些时刻都是提问式插话的好时机。提问的方式最好是围绕对方上一秒的话题，再产生一个新的问题，如此便能毫无痕迹地打断对方的节奏，让话语权再度回到我们这一边。

“重复”插话法

在实在没有插话的机会时，“重复”插话法也是一个不错的选择。我们抓住对方一个重要的观点或者一句话，然后进行“重复”，以此来引出我们的话题，这样不会引起对方的反感。重复插话时，可以复述对方最后一句话的意思，把这句话的意思通过提问的方式再次反问给对方，以此来打断对方的节奏。

通过这个重复的提问，话语权便会瞬间回到你的手里。

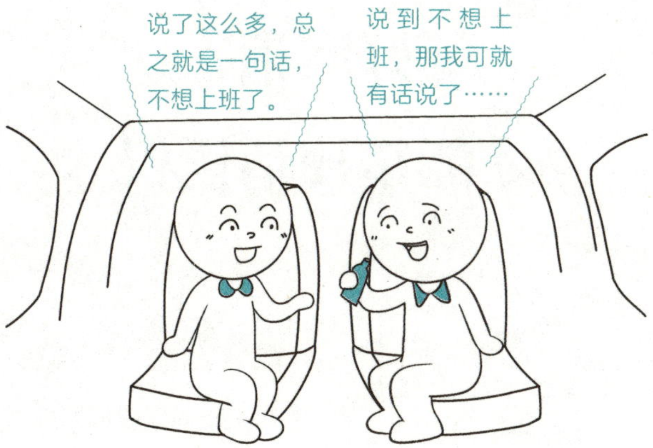

第6章

好好回话，才能掌控话语权

回话是一门艺术，是你在中国式沟通智慧中掌握话语权的基本技能。

一个会回话的人，可以轻松应对各种语言环境，不论别人说什么、问什么，你都能通过得体的回话做到游刃有余。

用“对不起”化解矛盾

在日常生活中，每个人都难免会说错话或者办错事。出现错误不要紧，只要能及时承认并改正就好。我们可以真诚地跟对方说句“对不起”，以此期望得到对方的谅解。切忌出现了错误一直狡辩，有时候一句“对不起”，胜过千言万语的狡辩。

一位大学教授在教授物理课时，不小心讲错了一个公式，被学生当堂指了出来。

这位教授重新计算了一遍公式后，发现果然是自己算错了。

于是，他在课堂上正式跟同学们鞠躬道歉，表示下次一定更加认真备课。

后来，有人跟他说：“你一个大教授，错了改正就行了，为什么非要降低身份给学生道歉呢？”

这位教授笑着说：“错了就是错了，不因身份而有所区别，我如果不能及时道歉，还怎么给学生们以身作则呢？”

这位教授的人品可见一斑。

及时道歉的好处是什么呢？学生们都知道教授是位负责任的老师，所以上他的课也都格外认真。因为道歉，师生之间形成了正向反馈。试想，如果这位教授只是擦掉错误的答案，写上正确的答案，那也许就会有学生打心底看不起他，觉得他的学识也不过如此，最后反而可能会发生一些矛盾。

及时道歉，面对自己所犯的错误说上一句对不起，是人品的体现，更是化解矛盾的有效手段。

当你与同事因为意见不同而产生矛盾时，当你因为工作太忙而忘了家人的生日时，当你赴约因为堵车而迟到时，这些时候都需要你及时道歉，真心向对方承认错误。

承认错误只是道歉的一部分，道歉的真正目的是用我们的真诚来弥补给对方造成的伤害，最终得到对方的谅解。但是，道歉也有很多讲究，除了直接说出一句对不起，还有很多细节需要注意。

及时道歉

道歉一定要及时，这样才能尽快得到对方的谅解。否则，如果一直拖着不道歉，自己的内心受到煎熬，对方也可能因为矛盾积压太久而产生怨恨心理。

道歉的方式有多种

道歉是需要勇气的，如果你实在不知道怎么开口跟对方道歉时，可以想一些其他办法，比如找个中间人就是个不错的办法，或者假装遇到了什么麻烦借故找对方帮忙等。

语气要诚恳，态度要自然

道歉一定要诚恳，这样对方才可能原谅你。如果你没有诚意，对方不但不会谅解你，反而会使矛盾更加激化。所以，道歉时一定要态度自然，语气诚恳，切不可为了道歉而道歉。

主动承担责任

真诚地向对方道歉，首先要敢于承担责任。主动承担责任，不找任何借口，让对方看到你承担了责任，弥补了损失，谅解你的概率就会更大。

面对刁难，机智回应

大多数人都是温良恭俭让，但是架不住有些人的道德水准可能没那么高，或者说因为彼此之间有过矛盾，心结没有解开，从而让刁难发生在了彼此之间。面对刁难，道歉可能就没有那么大的用处。此时就需要一点机智的回应来及时制止对方的刁难。

小王最近被评上了学校的优秀教师，惹得办公室的老刘很是嫉妒。

快到放学的时候，小王正在收拾笔记，准备回家，老刘忽然端着茶杯走过来说：“评了优秀教师，可以啊小王。”

“您谦虚了，前几次不都是您吗？”小王笑道。

老刘一听这话脸色有些挂不住，便道：“我听说这个优秀教师除了看成绩，还要看怎么做人啊，我这情商和智商都不太高，你教教我，是情商重要呢？还是智商重要？好让我下次再评个优秀教师。”

小王一听，这不是刁难自己吗？随即微微一笑，说道：“这还不简单，您去书店看看，看是关于情商的书卖得快，还是智商的书卖得快，不就有答案了吗？”

说完，小王一溜烟跑出办公室，留下老刘呆立在原地，不知所措。

很多人都有被刁难的经历，面对刁难，讲道理是没有用的。最好的回应就是用自己的机智来制止对方继续刁难下去。

千万不能发作，你越是发作，火气看上去很大的样子，对方越是得意。他们刁难你，就是为了看你笑话，看你生气的。所以，回应的时候越是要和颜悦色，让对方不能得逞。

如此，他们会落个刁难他人的坏名声，我们却能收获机智聪明的好印象，何乐而不为呢？

不过，机智回应刁难可不简单，如果能学习好以下几个小技巧，那就不再是一件难事。

面对刁难，机智替人解围

沟通的目的是做人做事，有时候，面对刁难，哪怕被刁难的对象不是我们，如果能伸以援手，我们也要及时替他人解围。

当你替他人解围了刁难，那么你与他的沟通就不再是问题。很多人被刁难的时候都会因为情绪不稳定而一时半会儿想不出反驳的话语。作为旁观者的我们反而清醒，正好可以帮助对方解除刁难。

将错就错，利用错误来回应

如果我们不小心说错了话，或者做错了什么事情，对方利用我们的错误刁难我们。这时候我们应该转换思路，在错误的事情或者话语上找到一个合理的点，利用这个点来机智回应对方。

走为上计，避免发生无谓的冲突

大多数时候，我们所遇见的人都是温良恭俭让的良善之辈，偶尔可能会遇上一两个不讲理的人，这个时候能避开就尽量避开，不要和他们一般见识。不要觉得避开是一种软弱的表现，恰恰相反，故意刁难我们的人，大多数时候和我们的生活并没有过多的交集。所以，避开无谓的刁难，不把时间浪费在与这一类人的纠缠上，是一种智慧。

回话的“切入点”，需要找准

与人沟通，回话时最重要的环节就是找准切入点。找准了切入点，你的回话就正中对方心中所想，对方的话匣子就很容易被打开。如果切入点不对，对方会觉得和你不是一路人，你们的沟通就会进入艰难推进的状态，甚至可能会直接中断。

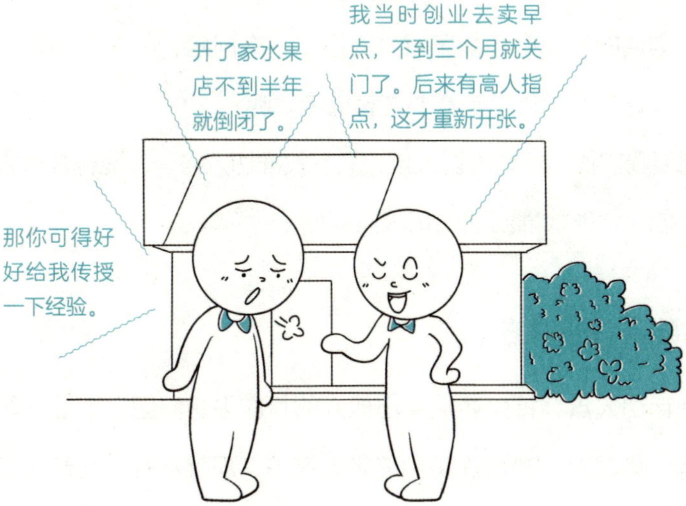

小克在一家公司做职员，有一次，老总的司机有事没来，老总又喝了酒，正好小克在场陪酒，就让小克送自己回家。

路上，老总说起自己的家事：“我老婆最近和我闹离婚，太烦了。”

小克一听，顿时傻眼了，这可怎么回话呢？

思来想去，觉得回话应该站在老总的角度想问题，于是就回了一句：“那您是怎么想的呢？”

老总一听，继续说道：“我的想法肯定是不离婚啊，都这么多年夫妻了，其实我也没做什么错事，就是太忙了，夫人觉得这样的日子实在不是她想要的。”

小克一听，顿时了然于胸，随即回话说：“她跟您闹离婚，其实正好说明不是想和您离婚，她是在用这个方式提醒您，您在她的心里有多重要。”

老总一听，顿时豁然开朗：“对哦，这也是一个看事情的角度嘛。”随即喜上眉梢，让小克开车去商场，他要给老婆买一个包包带回去……

后来，老总的家事解决了，小克竟然也被老总特意提拔为贴身秘书，成了他的左膀右臂。

可见，会回话，关键时刻能拯救自己的前程啊。

在与人沟通的过程中，如果对方提出了一个问题，你怎么回答才能回到对方的心坎上，让对方觉得你是真心在替他考虑呢？

这就需要我们找准回话的切入点，只有找准切入点，才能打开对方的心房。

那么，怎样才能找准回话的切入点呢？

回话的基础是关心对方

寻找回话切入点，首先要从关心他人的角度去想问题，不要从解决问题的角度去切入。如果对方的困扰和他的亲人有关，那就从对方的亲人身上寻找切入点，从关心的角度去回话，大多数时候都不会做错。不过，关心对方的亲人时，也需要注意，如果对方对自己的亲人已经彻底失望，那么就需要从关心对方入手，否则对方会觉得你并未理解他的处境。

回话前，与对方建立亲情意识

要想与对方深入交谈，就一定要在心理上亲近他，哪怕你和对方的关系没那么深厚，也要尝试着把他当作你的挚友、亲人去看待，这样你会在心理上拉近与对方的距离，更加容易站在对方的立场上考虑问题，从而在回话时找到更加准确的切入点。

回话前，找准对方的情绪点

人心里的真实想法会通过各种方式表露出来，比如直接说出口的言语，或者比较隐蔽的面部表情、行为举止等。

一个人的面部表情和行为动作会反映他的内心活动，我们要在复杂的表情和动作中抓住决定性的瞬间，准确获取对方的心理，然后进行巧妙的回话。因此，回话前先认真观察对方的言行举止，根据对方此刻的心理进行回话，如此才能把话回到点子上。

这种决定性的瞬间是随时可能出现的，这就要求我们在回话前，一定要认真对待回话的对象，与人沟通的时候要打起十二分的精神，不可以怠慢沟通对象。

这几年的钱真是难挣，自己又“奔四”了，生活压力真是越来越大。
咱们这关系，我就不说别的了，有啥困难记得开口。
看来是想借钱呀。

进行不下去的话题，不如转移

有些时候，面对他人的话语，我们很难回话，这时候双方之间的沟通就很难继续推进。面对这样的沟通困境，不必强行回话，不妨进行话题的转移。

转移话题是一种避实就虚的回话技巧，可以让我们再次掌握沟通的主动权，避免尴尬局面继续下去。

一位主持人去采访一位喜剧大师。

这位主持人因为一向以问问题犀利著称，所以访谈没开始多久，她就问道：“你现在取得这么大的成就，有没有半夜偷偷笑醒过？”

喜剧大师一听，腼腆一笑，说道：“半夜笑醒也太可怕了吧。”

这位主持人微微一笑，但是她不甘心，又问道：“那你面对自己的成就，有没有膨胀过呢？我想听实话。”

喜剧大师又是腼腆一笑："膨胀？膨胀肯定膨胀过。"

主持人一听，顿时乐了，以为对方终于中了自己的圈套。

结果对方又说："你看我的肚子，算不算膨胀？我年轻的时候有腹肌的，现在年纪大了，身体膨胀得我都不认识了。"

主持人的笑容僵在脸上，明白这一次是遇见回话高手了。

就这样，直到采访完毕，这位喜剧大师都没有说出什么出格的话来。

当对方正在谈论一个话题时，我们却谈起了另一个不相关的话题。当对方问了一个非常刁钻的问题时，我们却给出了一个毫无意义的回答，这就是用转移话题的方式来化解危机。

有些话题无法继续，甚至它本身就是个陷阱，我们如果回应了对方，就跌入了这个陷阱，那么转移话题，就变得必不可少。这是一种明哲保身式的回话技巧，对方明知道你不想回话，但也没办法说你什么，这就是转移话题的妙处。

不过，转移话题也是需要一定技巧的，转移不好很可能弄巧成拙。

那么，在日常沟通中，当尴尬发生时，如何合理而自然地转移话题呢？

顺水推舟

顺水推舟就是顺着对方原来的话题继续往下说，然后巧妙地引到另一个话题上来。这种方式非常隐蔽，会让对方在毫无察觉的情况下跟着你的话题走。

先声夺人

当对方没有完全进入自己的话题前，你就直接提出另一个话题，然后不断征求对方意见，让他不知不觉融入你的话题中来。这样，在对方的话题没有深入之前，你就成功转移了话题。比如对方问你最近收入如何，你可以马马虎虎告诉对方也就那样，然后迅速连续追问对方在哪上班，收入如何，有没有升职加薪，未来职业发展前景怎么样？一连串的问题，就足以问得对方找不着之前的话题。

另起炉灶

另起炉灶是非常直接的转移话题方式，就是直接提出一个新话题，换掉对方的旧话题。这种方式比较直接，容易伤害到对方，所以开启的新话题最好是和对方息息相关，且能体现你对对方的关心。用关心为新话题打掩护，解决自己的尴尬，也能让沟通对象心里舒畅，一举两得。

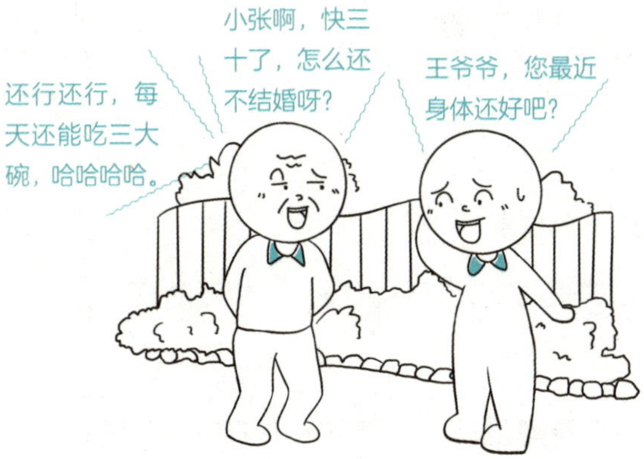

顺着他人思路回话，看准时机提观点

在与对方沟通时，如果你们的想法或观点不一致，一定不要直接表示反对，可以先顺着对方的思路回话，对方就会从心理上亲近你，当你们聊得非常开心的时候，再将你不认同对方的那些观点提出来。如此一来，既表达了你的观点，又可以让对方在心情大好的时候更易接受你提出的观点。

《史记》里有这么一个故事。

楚王爱马，给自己的爱马吃最好的蜜饯，住华丽的屋子，结果马吃太饱，竟然早早死掉了。

楚王很是伤心，就要厚葬爱马，打算以大夫的规格下葬爱马，但他又担心臣子反对，就说：“谁要是反对，我就处死谁！”

一位臣子听说后，号啕大哭，楚王不解，问他为何哭得如此伤心？

这位臣子于是趁机说道：“这匹马是大王的爱马，怎么能用大夫规格下葬呢？依我看，应该国葬！让各国都派出使者，前来送葬，必须倾楚国之力，厚葬他，还要让其他国家的使者给他举招魂幡。最好再建造一座祠堂，永远供奉爱马的牌位，赐给爱马的亡魂俸禄！让天下人都知道，我们大王是如何爱这匹马的！”

楚王一听，顿时醒悟，这不是在变着花样讽刺自己吗？不过幸好这位臣子及时讽刺，让他险些犯下大错，于是立即打消了用大夫的规格葬马的念头。

如果对别人轻易说“不”，很容易招致对方的逆反心理。

不如回话的时候先顺着对方的话头继续往下说，这样，他会觉得你们在同一立场上，从而打消对你的戒备心理，让你们的沟通继续下去。

之后，再在沟通的过程中旁敲侧击，让对方慢慢理解他在沟通过程中说的话有哪些地方不合理，让他自己意识到错误，自己改正错误。

在中国式沟通智慧中，这种回话方式就是所谓的明面认同，实则反对。

不断观察，不断调整回话

顺着对方的话头往下说，当你进行到反对的部分时，就要格外注意对方的情绪，如果对方的情绪不佳，立刻把话题再拉回来，等对方情绪有所缓和，可以再次慢慢融入自己的观点。如此反复拉扯，不断观察对方，将自己的观点一点一点融入你们的沟通之中。

这种回话方式的关键在于日拱一卒，一步一步慢慢往前拱，最终在对方能接受的情况下，把你自己的意思完整表达给对方。

先肯定对方，再提出意见

不管对方说什么，你都需要先站在对方的立场回话，顺着他的意思继续讲下去。讲着讲着，话锋一转，慢慢把你的观点融入话语之中。总之，这个办法的精髓就是先同意，后提意见。

话题不断的秘诀，回话抓住关键词

想要话题不断，可以学学关键词聊天法，这是一种可以让话题不断的回话技巧。所谓关键词聊天术，就是在与对方的聊天过程中，不断从对方的话语中抓取一两个关键词，然后根据关键性词语去和对方沟通。

与人聊天的时候，聊着聊着，忽然大家就沉默了。这是话题聊完了，只能重新找个新话题。

在这个空当里，尴尬总会如影随形。

于是主动的那一方只好赶紧寻找下一个话题，结果好不容易找到了新话题，刚聊了几句，话题又终结了。

如果是这样一个话题一个话题地去找，就会疲于寻找话题。

但是有的人与人聊天，话题却仿佛永远不会枯竭，只要开启了一个话头，就能滔滔不绝地聊下去。这就是聊天高手们常说的关键词聊天术。

所谓关键词聊天术就是不必绞尽脑汁时时刻刻去寻找话题，而是在旧有的话题上不断发掘出新话题。

比如，对方说最近看了一本书，那这本书就是你们接下来沟通的关键，聊完了书，可以聊在哪买的，和谁去的，聊完了这些，可以聊那家书店布局如何，环境好不好，甚至可以发出邀约，下次一起去。

总之，不断延伸话题，把一个话题变成无数个话题，你们之间的氛围就不会冷场。那么，抓取关键词的方法有哪些呢？

重复句尾关键词

在日常沟通中，一般每句话的末尾都是比较关键性的词语，我们可以故意重复一下句尾的关键词，然后再根据这个关键词继续接话，让你们的聊天能够继续下去。

抓住核心关键词

双方对话时，经常会有很多关键性的词语，我们要抓住一个比较重要的、比较核心的关键词来展开话题。因为核心关键词最能代表这句话的整体含义，也最能代表对方要表达的意思。

比如说，对方和你说“最近上班很累”。“累”就是这句话里的最核心的关键词，你可以根据这个核心关键词来进行回话。

寻找关联的事物

对方说加班累，当你们聊完加班累的话题后，可以顺势转移到加班费这个关联事物上去。等聊完加班费，又可以关联到公司的假期上。等聊完了假期，又可以关联到公司组织的活动上。

总之，只要用关联的方式寻找话题，话题就会像是泉水般不断冒出来。

第7章

批评的话，要巧说更要慎说

批评是生活中无法避免的一种沟通方式，如果批评的话说得好，对方不但不会反感，反而会欣然接受；如果批评得不好，对方则会心生厌恶，导致沟通不顺。

一般情况下，批评的话要巧说，更要慎说，态度要诚恳，语言表达要得体，对方的颜面一定要记得保全，不能因为批评而不给对方面子，否则，批评就很难起到作用。

批评夹杂幽默，沟通效果奇佳

在平时的沟通交流中，批评在所难免。批评的话语往往偏负面，常常让人难以接受。如果我们能用一些方法和技巧，比方说在批评中夹杂幽默，就能让批评的话语变得稍稍悦耳一些，从而让彼此的沟通变得更顺畅。

有一次坐电梯，碰上一个大爷在电梯里抽烟。同行的两个女孩子捂着鼻子，显然是闻不了烟味。其中一个女孩子忽然笑着说："大爷，您身体真棒！"

"呵呵呵，还行吧。"大爷乐呵呵地回了一句。

"我好多朋友抽烟，年纪轻轻就抽得面黄肌瘦的，倒是您，白发苍苍了，可依然面色红润。”

大爷一听，这话似乎有点不对劲啊，不过脸上依然挂着笑容：“小姑娘你可真会说话。”

“那我就多说两句？”

大爷不置可否。

“大爷您看啊，您身体好，不惧怕尼古丁的侵袭，我们不行啊，我们天天上班，都是亚健康，身体还不如您呢，希望您高抬贵手。”

大爷一听，顿时明白了，赶紧把烟给熄灭了，虽然神情有些不悦，最后倒也没说什么。

不得不说，这个女孩子真是个懂得用幽默装点批评的人，制止别人抽烟能被她说得这么天花乱坠。

在日常的沟通中，当我们发现了对方的错误或令我们不满意的地方，如果能像这个女孩子一样用幽默的方式批评对方，那么就能避免直接指责带来的矛盾。

当然，批评夹杂幽默也是需要一些技巧的，在使用这个技巧的过程中要注意以下几点。

关联式批评能达到幽默的效果

批评对方的时候，不妨在对方的错误上先发散一下。比如说，对方迟到，你可以不批评迟到这件事，而是关联到其他和迟到相关的事情上去，比方说，你可以笑着跟对方讲：“油价是越来越贵，质量却越来越差，车子速度都提不上来是吧？”

这么一说，既能达到批评的效果，也能避免和对方产生直接的冲突，而且还夹杂了幽默，让对方更加乐于接受你的批评。关联式批评的精髓就在于，用幽默的语言，把批评的话语关联到其他事情上去。

幽默的批评可以正话反说

有些批评的话直接说出来会让人无法接受，如果用正话反说的方式表达出来效果就会好很多，对方在轻松幽默的语言中就会明白你的批评之意。

比如说，如果想要批评对方某个缺点，可以反其道而行之，反而去夸奖他的缺点。这样对方也能理解你的批评。打个比方，对方经常迟到，你可以夸奖他不论见谁都是不拘小节。

批评不独行，赞赏随其后

批评不能独行，需要与赞赏一起出发。

在批评他人的时候，他人心里难免会有怨言，如果你批评的同时能给对方一点赞赏，就能很好地中和批评带来的怨气，让批评更加温和，让被批评者心里更加好受一些。

一位作家在读者见面会上分享过把小说写得好看的秘诀。

他说：“很多人问我，怎么样才能把小说写得好看，其实很简单，精彩的小说情节来自不断地拉扯，要在情节的设置上，先给读者一个巴掌，等读者觉得痛了，再马上递上一颗甜枣，等读者觉得甜了，又马上打过去一个巴掌。在情节上不断拉扯，就能高度调动读者的情绪，最终，一部好看的小说就诞生了。”

台下的读者边听他讲，边发出阵阵哄笑声，直到有位读者起身问：“那怎么样写作才算是打一个巴掌，再给一颗甜枣呢？”

作家笑道：“如果你写一篇小说，从头到尾都是打巴掌，这个人如何如何惨，那读者看着看着就会厌倦，具体来说就是你得先塑造一段他的悲惨，然后再塞一颗枣子，然后再塑造一段悲惨，然后再塞一颗枣子。在这个过程中，不断升级你塑造的惨，同时不断升级你给的枣子。这个小说就会像过山车一样，始终牢牢抓住读者的心。”

作家说完，台下的读者顿时了然。

其实，在沟通中也是一样的道理，比如很多老师都深谙此理。他们批评学生的时候，会适当地讲一些学生的优点，这就是打一巴掌，又给一颗甜枣。

在中国式沟通智慧中，我们经常会遇到不得不“打一巴掌”的情况，但绝对不能一“打”了之，一定要记得给一颗“甜枣”。

谁被“打一巴掌”之后心里都会很不舒服，如果能及时给一颗“甜枣”，就能马上缓解对方心里的痛苦。

这说明批评很重要，批评之后的善后工作也同样重要。

那么，具体应该怎么做呢？

从对方的错误中找“甜枣”

批评的目的不是伤害对方，而是帮助对方改正错误，从而让我们的沟通能够继续进行下去。那么，怎样才能在批评的同时又准确地赞赏对方，让对方能够更乐意接受批评呢？答案很简单，就是在对方的错误中找出可以赞赏的点。

很多人会问，错误里也有优点吗？

有些错误里的确有优点。打个比方，最常见的借钱不还，你想要批评对方不还钱这个行为，这是可以的，但是同时，你也能从对方这个行为中找到优点，比如说对方拿钱去做了什么，是孝敬父母呢，还是补贴给了家庭？从这两点，很容易就能找到赞赏的点，这就是所谓的在错误里找“甜枣”。

私下批评，公开表扬

在私下的场合对他进行批评，充分照顾到对方的自尊心，但是可以在批评完之后，在公开的场合表扬他另外一些做得好的地方，让对方明白你的批评和赞赏都是为了让他变得更好，对方改正错误的积极性也会更高一些。

总之，不论是什么形式的批评，目的都是改正错误，同时照顾到对方的情绪，让对方不至于起逆反心理，从而让错误越变越大。

人无完人，指出缺点和错误别太直接

金无足赤，人无完人，每个人都有缺点，也都会犯错。当你必须指出对方的缺点或者错误时，一定不要太直接，正确的做法是含蓄一点。批评前自己要有同理心，先想一想如果是别人批评自己的缺点，自己能否接受对方的批评。最好的批评是对方当场感觉不到，事后却能想起你指出过他的缺点与错误。

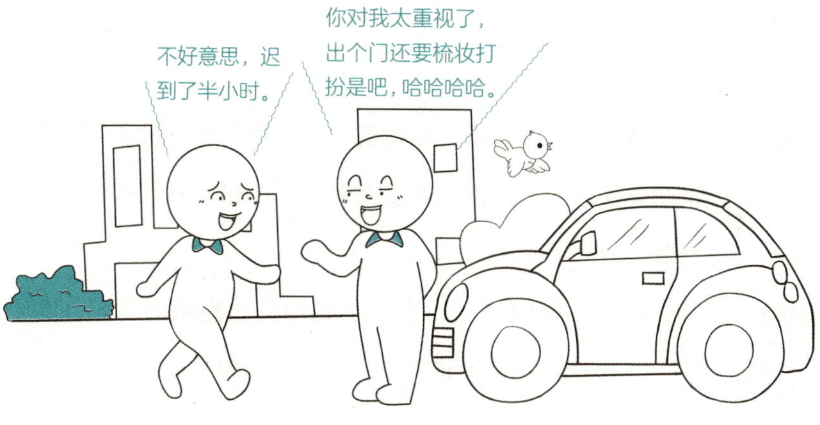

小刘有一次和朋友结伴出去玩，打了一辆车去机场。

半路上两个人都有些困，小刘昏昏欲睡的时候，忽然闻到一股烟味。

小刘定睛一看，司机竟然抽起了烟。

怎么能边开车边抽烟呢？先不说二手烟的问题，最起码的安全也保障不了啊。

正当小刘准备指出司机所作所为不对的时候，忽然听见闭目养神的朋友说：“老刘，你怎么能在人家车上抽烟呢？这可是出租车，你得尊重人家司机。”

小刘刚想说不是我抽的，结果他还没开口，司机却赶紧道歉说：“真不好意思，我这毛病又犯了。”说完赶紧摁灭了香烟，还透过后视镜看了一眼后排的二人，露出一个不好意思的微笑。

小刘顿时就懂了，忍不住在心里感慨，还是他这个朋友会说话。

说话直接一点并不是什么坏事，但批评的时候却不能直来直去，这样很容易伤害到对方。当你要指出别人的缺点和错误时，一定要含蓄委婉一点，这样对方更容易接受。

如果想让他人发自内心地接受你的批评，就要讲窍门，把批评的话语用委婉的方式讲出来，一般更容易让对方接受你的批评。

沉默式批评

当对方做错了事情，而这件事又影响到了你，你不得不批评对方但又不好意思开口时，这时候面对对方，你只需要沉默便可。用沉默代替语言，来让对方意识到自己所做事情的不妥之处。

当然，沉默式批评不可以滥用，它的目的也是让犯错者意识到自己的错误，如果滥用了，就变成了相互之间的“冷战”，到时候反而会因此影响彼此之间的沟通效率。

模糊式批评

指出对方的缺点和错误时，不用特别详细，更不用针对到人，可以模糊一点，甚至是概括性地指出问题。这样的含糊式批评，可以给双方留下回旋的余地。比方说，公司某个人的办公桌太脏乱，影响到了其他人，作为负责人，不必指责到具体的人和事，完全可以在会议期间提一句：“大家以后要注意办公桌卫生，过两天有上司视察。”

简简单单的一句话，既提醒了他人注意卫生，又避免了直接批评可能带来的对抗情绪。

自尊心是批评的“禁区”

俗话说，人活一张脸，树活一张皮。生活中，绝大多数人有着强烈的自尊心。不管怎么批评别人，都要记得一点，人的自尊心是绝对不能伤害的。

批评他人的时候，不仅不能伤害对方的自尊心，还要想方设法在批评的时候保住别人的自尊心。保住了他人的自尊心，你的批评才有可能让他人接受。不顾他人自尊肆意地批评，最终会让批评变成发泄，很难起到批评的作用。

小刚是一个快递小哥，平常特别忙，连抽根烟的时间都很难抽出来，只有送完一车快递，才能在快递点和其他同事一起忙里偷闲来一根。

可是快递点的快递堆积如山，仓库里到处都贴着禁止抽烟的标识，这要是着火了，那可不是闹着玩的。

主管之前见他们几个聚在一起抽烟，批评过好几次，甚至还罚过款，可是大家就是屡教不改。

今天，主管又看见几个小伙子聚在一起抽烟，不过这一次他没发火，而是加入了抽烟的行列。

他给每个人散了一根烟，然后和颜悦色地说："大家平时送快递都太辛苦了，连这点时间都抽不出来。我很理解大家为什么在这个时间点抽烟，毕竟还能聊聊天，放松一下嘛。不过你们看看咱这仓库，这里要是着火了，那可不是咱们这点工资能赔得起的。我这还有几包烟，兄弟们拿去抽。不过，我有个小小的请求，下次抽的时候，咱们在仓库外面抽。你们看这样行不行？"

几个小伙子见主管态度这么好，立刻都有些不好意思，赶紧熄灭了烟。

从那以后，就很少有人在仓库里抽烟了。

常言道，良药苦口利于病，忠言逆耳利于行。其中的道理大多数人都明白，但能真正接受批评的人却不多。因为批评的话一定会让人觉得没面子。因此，只有在批评的时候巧妙地守住别人的自尊心，始终不突破伤害他人自尊这道底线，别人才有可能听得进去你的批评，你们之间的沟通才算是有效沟通。

那么，如何批评别人才能不伤他人自尊呢？

保持温和的态度

在批评对方的时候，如果你是一副高高在上的蛮横态度，对方不但不会接受你的批评，反而会产生抵触情绪。

因此，批评对方时，要保持温和的态度，友好诚恳地指出对方的错误，让对方明白你不是在针对他，只是在针对这件不对的事情，这样就能避免伤害到对方的自尊心，让批评达到最佳效果。

先赞美后批评

直接批评对方会让人很难接受，所以在批评之前，可以先肯定对方的优点。先赞美对方，会让对方产生一种友好情绪，然后再批评，让批评在友好的情绪中发生，就能有效避免伤害到他人的自尊心。

与打一巴掌给一颗甜枣不同的是，这里的方式是先赞美，后批评。两者所对应的批评场景有着本质上的不同。

先批评再表扬，应对的是那些比较严重的错误，必须先让对方意识到错误，然后再用表扬挽回对方的情绪。

先赞美再批评，应对的是一些比较小的错误，所以可以先让对方心情愉悦，然后再指出错误。

体谅对方的情绪

凡事要学会换位思考，批评别人时更要注意这一点，当你批评对方时，一定要充分体谅对方的情绪，如果对方情绪不佳，就停止批评，可以缓和一下，先说点似是而非的其他的事情，等对方适应了批评的氛围，再慢慢拉回到要批评的那件事上。

把批评包裹成“糖衣炮弹”

真正有意义的批评，是让对方明白自己所犯的错误，接受你的意见。所以批评不是简单地挑毛病，而是要把批评的意见送到对方心里。

如何才能做到这一点呢？行之有效的办法是把批评的话包裹成“糖衣炮弹”，在尖锐的批评外面包裹一层糖衣，让批评的话语不知不觉中渗透进对方的心田。

老王仗着自己资历老，在单位里经常迟到早退。

人事部门的负责人找他谈过几次话，老王却趾高气扬地说：“我迟到了是我的问题，你们按规章制度该扣钱扣钱，不用找我谈话。”

可是人事部门那边把他的钱扣了，老王又不开心，又去找人事部门麻烦：“我迟到也不是故意的，有时候路上太堵，有时候是因为其他原因，你们也得讲点道理吧。”

人事部门的负责人哭笑不得，到底是谁不讲道理呢？

负责人没办法，只好把这事情告诉了周经理。周经理一想，这个问题确实需要解决。如果不解决，长此以往，不但影响单位规章制度的执行，甚至还会影响到新进来的人员。因为有的新员工一看老王早上迟到，自己也跟着一起迟到。老王收拾东西下班，他们也跟着收拾东西走人。

周经理于是专门抽了一个时间，和老王进行了一次沟通。

“咱俩住的方向一致，我比你还远一点，我一个人开车上班也挺无聊的，不如以后我载你，你准时在楼下等我，我接你，咱们再一起到单位。”周经理笑着说，完全没有批评的意思，倒像是和老朋友在聊天。

老王一听，自然明白周经理话里的意思。再一看周经理，人家正笑着给他倒茶，倒是让老王一下子有些羞愧。

“周经理，这太麻烦您了，您别接我。”

“见外了吧？”

“真没见外，您的意思我懂了。我以后肯定按照规章制度来。”

周经理听老王这么一说，也心领神会了。

从那以后，周经理发现老王基本上能保持按时上下班，迟到早退的问题迎刃而解。一次愉悦的沟通，竟然轻易解决了批评都没有办法解决的问题。

周经理没有直接批评老王，而是用关心对方的方式，给批评包裹了一层糖衣，轻而易举就打进了对方的心里。

批评的话语几乎都是硬生生的，会让人有逆反心理，如果把批评换成商量，甚至包装成为对方好，那么批评就变成了糖衣炮弹。包裹了糖衣的批评，就会变得悦耳动听，总能轻易地打动对方，最终让对方在沟通的过程中主动承认自己的错误，使得批评更加有效。

批评是一味治病的“良药”，但大家都不太喜欢这味“良药”，很多人把它当成一剂“苦药”，糖衣就是消除苦味的最好方式。

那么，怎样才能让批评变成甜蜜的糖衣炮弹呢？

从关心对方的角度批评

正如那位周经理所做的那般，他没有直接批评下属，而是从关心对方的角度出发，把批评变成了关心，但是这关心里，又夹杂着批评。

如果对方做了什么事情让你觉得不得不批评，不妨先冷静思考一下，是不是能从关心对方的角度出发，把你的批评变成糖衣炮弹，让对方理解你是真心为他好才用这种隐晦的方式批评他。

不能光批评不给出主意

批评的目的不是指责对方，而是解决问题，光批评不出主意，会让人产生你站着说话不腰疼的感觉。

想要把批评包装成糖衣炮弹，除了关心对方，把话说得好听一些，还可以从真心为对方好这个角度来包装。

比如说在指出对方错误的同时，给出可行的解决问题的办法，这样才能让对方明白，你批评他的目的，是真心想让他变得更好。

不同的人，用不同的批评方式

批评要灵活一点，不能对任何人都用同一种批评方式。因为不同的人性格不同、职业不同，所以批评的方式不能是一成不变的。必须根据批评对象的性格，以及当时的情绪，及时做出调整，使得批评更加有效。

一件同样的错误，却要用不同的方式去批评，这是因为，每个人性格不同，能力不同，所以对于他们所犯的错误，也要因人而异转变批评的方式。

就像中医看病的时候，同样的病症，却用不同的方子，也是同样的道理。因为每个人体质不同，病的程度不同，所以看似是同样的病，想要治好对方，却需要不同的方子。

我们经常能看到一些上司在批评员工的时候，会采用不同的方式。

比如下面这个案例。

一个广告公司的两个员工犯了同样的错。

结果总监批评其中一个人的时候，和颜悦色，耐心有加。

批评另外一个人却非常严肃。

这个人不服，说同样的错误，为什么区别对待。

总监却说："他是新人，什么也不懂。你是老手，是公司骨干，能力又强，对你严格一点，是为了让你更快成长。"

这位不服气的员工一听，确实是这个道理。再加上总监解释的时候有意无意说他能力强，他也很受用，心里憋的一股气瞬间散了。

这就是同样的错误，面对不同的人，需要用不同的方式去批评的内在原因。

不同的人有不同的脾性、不同的人生经历，以及不同的文化素养，所以他们对批评的理解和接受程度也不同。

因此，我们在批评别人的时候，要根据不同的人采用不同的批评方法。

职业不同，批评的方式也不同

不同的人有不同的职业和级别，所以我们采用的批评方式也应该不同。对于一些社会地位比较受人尊重的职位，批评的时候要尽量委婉，比如面对老师的错误，尽量私下里单独和老师讲，且要态度和蔼。再如，医生等专业性较强的职业，需要在批评之前充分了解一下错误的发生是否和对方有关，看看是不是因为自己的专业性不够，误会了对方。

年龄不同，批评的方式要选对

在批评对方之前，首先要确定对方属于哪个年龄段。因为年龄段不同，对批评的话语接受程度也不同。如果对方的年龄略大一些，我们需要尽量采用含蓄委婉的方式批评。因为年龄大的社会经验丰富，对于批评的接受度相对较低，可能越是雷霆般的批评，他们越会排斥，越是和颜悦色的批评，他们越能理解你的难处；如果对方年龄较小，我们可以用简单直接一些的方式进行批评。因为很多年轻人都不喜欢绕弯子，更喜欢你直截了当告诉他哪里出了错，该怎么改正。

不过，年龄并不是绝对的评判标准，还需根据对方的性格来辅助判断。

文化水平不同，批评的逻辑不同

每个人受到的教育不同，所以知识结构和文化素养是有差别的，那么我们批评时使用的语言就要不同。

对于文化层次较高的人，我们尽量多讲道理少批评，只要我们稍加点拨对方就会明白。

如果是文化水平较低的人，我们就要多摆事实少讲道理，让对方明白事情的前后关联，以及其中的利害关系，这样才能更好地改正问题。

批评要掌握“火候”，见好就收

批评是为了帮助对方改正错误，而不是为了追着对方发泄你的怒火，所以批评一定要掌握“火候”，见好就收。批评要适度，千万别泛滥。不要让批评变成一场宣泄个人不满的马拉松，准确地把你的批评和意见传达给对方就足够了，不要想着让对方心服口服接受你的批评。很多批评之所以没有掌握好“火候”，就是因为批评者总想让对方在接受批评时既心服又口服。

批评一定要掌握火候，否则就是火上浇油。

小赵出差的时候不小心把公司的电脑给丢了，而那台电脑里又有很多公司的重要资料。

小赵非常着急，联系了很多部门帮忙，结果效果都不是很好。

其实小赵已经认识到了错误，然而刚一到公司，就被老板劈头盖脸埋怨道："这么重要的东西，怎么能丢了呢？"

小赵一时语塞。

本来想道歉的小赵，听到老板这么说，一下子也没有了道歉的心思，直接沉默了。老板一看小赵不说话，以为他是不服气，又来了一句："出差前就千叮咛万嘱咐，一定要小心行事，敢情我说的话都是耳旁风是吧？"

小赵自然懂得老板这么生气的原因，因为那台电脑里的资料丢失了，公司将会损失很大一部分数据，这些数据有的在其他电脑上有备份，有的则没有，更重要的是，这次小赵出去谈的客户的资料也在这台电脑里，总不能找客户再要一次资料吧。

"客户的资料丢了，对方会怎么想呢？会觉得我们公司太不专业了。"老板继续发火道。

小赵一下子没忍住反驳了一句："我也不是故意的。"

"不是故意的就没错了是吧？"

"我也没说我没错啊。"小赵也来了脾气。

紧接着，两个人开始唇枪舌剑，最后小赵一气之下选择了离职……

问题出现了，解决问题就好了，偏偏因为没完没了的批评，最终让事情越来越糟糕。

批评的话没人愿意多听，其实只需要指出问题即可，如果喋喋不休地反复说道，就会让对方十分厌烦，最终批评就会失去它本该有的作用。

那么，我们该怎样把握好批评的尺度，将批评的火候控制在一个可控的范围内呢？

批评只说两句话

无论是多么善意的指责和批评都是不受欢迎的，对方一定会在内心产生抵触情绪。所以，批评应该点到为止，让对方明白你的意思即可。如果控制不了自己批评的度，那么就给自己立下一个规矩，不管别人犯了什么错误，只允许自己批评对方两句话。第一句话指出问题，第二句话给出解决方式。

当然，如果觉得两句不够，也可以是三句话。总之，要遵循三个原则，一是简单明了，二是迅速批评，三是解决问题。

批评要实事求是

批评一定要实事求是，不要过分夸大问题，因为一点小问题就否定对方的一切，一棍子打死人的批评方式是不可取的。比如说，对方因为马虎而犯了一个小错，结果你却把这个小错放大到整个方案的失败都是因为这一个小错误，继而证明这个人也是有问题的，这样的批评就很容易过火。

带有绝对性质的话不要说

批评别人时，一定要用词恰当，绝对性质的词汇一定不能乱说，因为这样会让对方非常难以接受，对你的批评产生抵触情绪，使你的批评失去应有的效果。

比如说，不要说“这件事情你是不是就做不好”“这你都不知道”。

这些带有绝对性质的话尽量不要说，除非对方一而再再而三地犯同一个错，这时候就需要灵活变通，一定要用绝对性质的话语来批评对方，点醒对方。

这种低级
错误不能
再犯了！
我才第一次犯这
个错误啊，怎么
就“再”了？

批评是批评，不是揭人短

俗话说，打人不打脸，揭人不揭短。

批评别人时一定要注意场合和方式，批评是批评，注意区分它不是揭别人的短处。真正的批评是为了帮助人，而揭短则是为了挖苦对方。你挖苦了对方，那么你们之间的沟通基本就告一段落了。

陈胜、吴广起义抗击暴秦，何等意气风发。

然而，陈胜做了王之后，做的事情却有些变味了。

当时，听说陈胜发达了，他从前的老乡都去找陈胜，陈胜碍于情面，就把这些人都留下了。

久而久之，这些老乡就开始怠慢陈胜，兴许是因为陈胜对待他们的方式没有让他们满意，兴许只是想跟陈胜套近乎，总之，这些老乡开始放肆起来，经常在席间直呼陈胜小名，说出一些陈胜以前的糗事。

陈胜自然是脸色不太好看，但是并未发作。

后来实在是忍无可忍，就把这些老乡都砍了。

纵然陈胜小肚鸡肠不对，但是这些老乡未免也有些看不清形势。他们不知道，每揭一次陈胜的短，他们就距离危险的境地更近一步。

不管是陈胜，还是其他人，每个人都有短处。在批评的时候，很容易就陷入揭短的陷阱中，把对方身上的短处一一审视，闹得双方都不愉快。

所以，批评他人时，一定要记住一点，那就是批评不是揭短。

像刘邦在这方面就做得很好，有一次他看见一个儒生，儒生给刘邦讲了很多治国理政的道理，结果刘邦却傲慢地表示天下是打下来的，不是你们这些儒生说来的。

儒生却笑着说，能马上打天下，能马上治理天下吗？

这位儒生的批评就非常到位，他不揭人短，不说刘邦没文化，而是针对具体的问题，提出具体的批评。如此一来，刘邦一下子就明白过来，立刻给这位儒生赔礼道歉。

那么，怎样才能做到在批评时不揭人短呢？

批评时对事不对人

很多人都知道批评不能揭人短，但是批评着批评着就会开始揭人短。这是因为批评对人不对事造成的。只要批评的时候紧紧围绕事情来批评，就很难会把批评的矛头转向对方自身的缺点。比如对方的事情没做好，你就围绕着这件事情去批评，不要随意发散到其他方向去。

批评时不要夹带嘲讽

批评如果夹杂着嘲讽，就很容易演变成揭人短。所以在批评之前，要尽可能地先把自己的情绪稳住，不要用对抗的心态去面对被批评者，而是要抱持着一颗帮助对方改正错误的心态去和对方沟通。只要心态正确，就能避免让批评变成嘲讽。

批评时不要一直翻旧账

批评别人时一定要就事论事，只针对当前的人或事指出问题，不要把以前的陈芝麻烂谷子都搬出来，这对此时此刻的批评不仅没有任何好处，反而会妨碍对方改正当下的错误。

批评完毕，记得给人台阶下

我们在迫不得已批评别人时，一定要注意，批评完毕，要做好批评的善后工作。比如，一定要给人台阶下，这样才不会把对方晾在那里，也能及时把对方从批评的负面情绪中拉出来，使其重新进入正向的情绪中，更有力地去改正你所批评的那些错误。

一次，一位外商来中国参加某个大会，结果到了会场吃饭的时候，这位外商似乎是看上了饭店的陶瓷碗筷，于是吃完饭就把碗筷放进了自己的包里。

这一幕刚好被旁边的服务人员看到了，这些碗筷都是特别定制的，价格确实不菲，她一边想着这位外商的眼光真不错，一边想着怎么解决这件事。

想了半天，眼看着外商就要离席，她赶紧走过去，微笑着说："您好，我发现您在用餐的时候，似乎特别喜欢我们饭店的碗筷，我们的碗筷都是特别定制的，缺少了会非常麻烦。”

外商听完，脸色有些尴尬，说：“我看账单里都是有餐具费的，以为这些是付过钱可以带走的。”

这位服务人员急忙笑道：“这个可能是您误解了，不过，您的眼光真是好，他们都没注意到的美，您却注意到了，因此我们打算送您一份精致的陶瓷小礼品，麻烦您跟我去领取。”

外商一听，脸色变得和缓了很多，他有些不好意思地拿出碗筷，放在了桌子上，随着服务人员往酒店大堂走去。

就这样，既照顾到了顾客的情绪，又解决了问题，一举两得，这就是批评完之后给人找个台阶下的魅力。

任何人都不想被别人批评，当自己的错误被当众批评时，内心一定是非常难堪的。

因此，批评时一定要注意方式和方法，不要让对方当众丢面子，下不来台。批评完了，一定记得给对方找个台阶下，不要把对方晾在那里。

那么，批评完后，怎么做才算给对方台阶下呢？

批评完可以送点小礼物

想要给对方一个台阶，语言上给台阶是一个方式，行动上也可以给对方台阶。

比如像上面那个服务人员，她选择的方式是送给对方一个小礼物。

我们在批评完别人后，想要让他接受你的批评，更加死心塌地听从你的意愿行事，可以顺势送给他一包烟，或者一瓶酒，或者一个其他的小物件，这些小礼品可以在瞬间给难堪的对方搭好台阶，让对方明白你对他的重视，他也会在心底明白你的批评是为了他好。

批评完后发出正向的邀约

批评完了对方后，如果觉得对方情绪比较低落，或者他似乎逆反心理比较大，这时候你还可以向他发出邀请，请他吃一顿饭，或者仅仅是邀请他等会一起散个步，这些都是表示你很重视对方的心情，你在积极缓和你们之间的关系，更是给对方一个台阶下。

批评完后淡化错误

你可以在批评完之后，淡化对方所犯的错误，让之前的批评显得好像没有那么严重的样子。

比如说，对方不小心做错了某件事，你批评完之后，可以立刻找补一句，"其实这件事也没什么大不了的。"

既批评了对方，又通过淡化错误，给了对方一个台阶下。

张弛有度，批评也要抓大放小

生活中，如果对方所犯的错误违反了我们的原则，或者可能会给我们的生活与工作造成困扰，自然要批评。但是如果对方所犯的错误只是一些无足轻重的小错误，甚至根本就不是错误，那就不要去批评。

如果稍有不满就批评他人，不仅会浪费彼此的时间，也会让沟通变得困难重重。所以，在运用批评这个沟通方式时，一定要抓大放小，把批评用在刀刃上。

刘总监和王总监是公司里的两大销售，他们的业绩常年不分伯仲。可是最近刘总监因为谈成了一单大生意，瞬间将王总监甩在了身后。

王总监那个着急呀，天天饭也吃不香，觉也睡不好。因为马上就要年底了，如果业绩不能反超对方，那会损失很大一笔年终奖。

人一着急，就容易情绪不稳定。

王总监对手下的那些员工自然也是越看越不顺眼。

以前大家没觉得有什么，可是最近一段时间，哪怕是大家不小心发出了一些声响，王总监也会在工作群里要求大家注意安静……

最终，惹得众人纷纷避而远之。

再反观刘总监那边，人逢喜事精神爽，和下属打成一片。

王总监越想越气，于是心眼子越发小了，看见下属闲聊，他要批评；下属去买杯咖啡，他也批评别人开小差；甚至下属不想加班，他还要打电话批评别人……

就这样，到了年底，业绩也没超过刘总监，年终奖更不要提了。最可怕的是，来年到了公司，发现下属走了一半。

王总监看着空荡荡的办公室，瞬间傻眼了。

试想，谁能忍受得了一个事事批评他人的上司呢？

延伸到生活中，也是同样的道理。如果事事都批评，每件事都过不去，那沟通就会举步维艰。

对于那些不太大的错误，或者说可以接受的错误，我们可以放手不去管，也不要去说。抓大放小，才能把精力用在更需要沟通的事情上，才能让沟通的效率真正发挥出来。

那么，具体来说，什么样的事情可以睁一只眼闭一只眼？什么样的事情则一定要批评呢？

日常习惯和个人性格不要批评

有的人会把别人的习惯当作批评的理由。比如有的人就是喜欢吃大蒜，那你批评别人吃了口气不好闻就没必要。再如，有的人性格慢，做事也慢，这时候你批评别人做事效率不高，也是非常没有必要的。正确的做法是不要把着急的事情拜托给对方。

可能对未来造成影响的小事要批评

有的人做的事情也许现在不会有坏的结果，但是未来却可能酿成大祸，那就必须批评。比如说孩子拿了别人的文具回来，看似没有什么影响，但是却会给孩子一个十分不好的开端，如果不及时批评纠正，未来很可能会酿成大祸。

所以，也不是所有的小事都能睁一只眼闭一只眼，有的小事情当下看无足轻重，却可能在未来刮起飓风，所以批评前一定要甄别。

天生的弱势之处不要批评

有的人有一些天生的弱势之处，比如唱歌难听、走路外八字、天生秃顶，等等，这些都不能成为被批评的点。别人可以拿自身的弱势之处自嘲，但是我们不能附和，更不能拿这些点去批评对方。

批评要当面，方法得找对

一些批评的话不好说出口，那就把批评烂在肚子里，切莫因为无法正面提出批评，生怕当面批评让他人下不来台，就选择在背后批评他人。

背后批评他人，哪怕你的本意是好的，一旦传到对方耳朵里，也会变了味，更像是你在背后说人坏话。

小京有个发小，自从大学毕业后就没有去求职，一连几年都待在家里没有怎么出过门。

小京担心他这样下去以后生存会是个困难，就想着给点建议。

后来小京又觉得当面批评他不太好，犹豫着到底要不要把这些话告诉对方。

后来，有一次同学聚会，发小没来参加，小京就在聚会的时候与另外一名同学谈起发小整天不上班的事情。

“现在年纪轻轻不努力，以后老了可怎么办？”小京不无担忧地说。

这位同学当场表示小京的看法是对的。

谁知道没过几天，小京再联系发小，对方连电话都不接了。

小京多方了解后才得知，原来自己在聚会上说的话被别人转告给了发小。

发小这是生气了。

小京不懂自己到底哪里做错了，虽然他背后批评别人不太好，可他的本意是好的，为什么发小就是不能理解呢？

周爸听后说：“你的本意是好的，你就当面跟他说。哪有背后批评人的，你就算本意再好，对方也会觉得你当面一套，背后一套。”

是啊，如果你的出发点是好的，只是碍于情面不知道该怎么提出来，那就再好好想想怎么跟对方说，对方会更容易接受你的批评，但绝对不能背后批评他人。

批评就要当面说，到了背后，哪怕再想批评他人，理由再正当，也不能说出口。

那么，有没有什么好的办法，既可以让我们当面对他人提出批评，又能避免对方下不来台呢？

当面批评，描绘改正后的美好未来

很多人无法接受批评的原因在于他并非不知道自己做的是错事，而是现实逼迫他不得不做出这样的选择。你所需要做的就是向他们描绘改正后的美好未来，把改正后他能得到什么好处一一告诉对方，对方会在你的描绘中深刻地感觉到你的批评是为了让他变得更好。

如此一来，不论你当面提出什么样的批评，他都会欣然接受，你们之间的沟通就会畅通无阻。

当面批评，及时指出

批评不像酒，越放越有味。尤其是当面批评，最好的方式就是在发现对方错误的当下及时指出，这样一来可以让对方立刻意识到你的批评是有根据的，二来是对方因为及时改正错误，也避免了后续的麻烦，心里反而会感激你的及时指出，你的批评甚至会变成对方眼里的帮助。

当面批评，代入自己

批评他人不一定就要以他人为主，你可以先批评自己。

比如说你觉得发小不上班这件事不对，那你可以举例说自己，“我以前也不想上班，但是后来发现这种懒惰的心理必须得克服，一旦克服了自己的懒惰心理，后面不管是上班还是做别的事情，就都水到渠成了”。

高情商社交术

漫画中国式宴请艺术

吴学刚◎主编　小黑◎绘图

湘潭大学出版社
XIANGTAN UNIVERSITY PRESS

版权所有 侵权必究

图书在版编目（CIP）数据

高情商社交术 / 吴学刚主编 ； 小黑绘图 . -- 湘潭 ：
湘潭大学出版社，2024.6
ISBN 978-7-5687-1429-7

Ⅰ . ①高… Ⅱ . ①吴… ②小… Ⅲ . ①情商－通俗读
物②人际关系学－通俗读物 Ⅳ . ① B842.6-49
② C912.11-49

中国国家版本馆 CIP 数据核字（2024）第 086526 号

高情商社交术
GAOQINGSHANG SHEJIAOSHU
吴学刚 主编 小黑 绘图

责任编辑：张宝香 钟夏萍 肖 雀 唐姝莹
封面设计：尚书堂
出版发行：湘潭大学出版社
社 址：湖南省湘潭大学工程训练大楼
电 话：0731-58298960 0731-58298966（传真）
邮 编：411105
网 址：http://press.xtu.edu.cn/
印 刷：大厂回族自治县德诚印务有限公司
经 销：湖南省新华书店
开 本：710 mm×1000 mm 1/16
印 张：51
字 数：715 千字
版 次：2024 年 6 月第 1 版
印 次：2024 年 6 月第 1 次印刷
书 号：ISBN 978-7-5687-1429-7
定 价：198.00 元

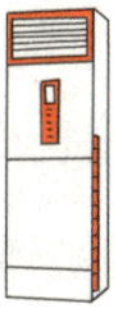

前言

民以食为天。

中国的饮食文化源远流长，宴请宾客在史书中更是随处可见。对于国人来说，无论是联络感情，还是办事交际，都离不了宴请。

中国的宴请种类繁多，有婚宴、百日宴、寿宴、谢师宴、送行宴、洗尘宴、搬家宴，等等，名目众多，事事有宴。

宴请看似只是主人请客吃饭，众人欢聚一堂，但其中的规矩却非常多，而且有些规矩并不成文，需要参与宴请的人耐心揣摩。比如说，座位如何排，点菜谁来点，酒要如何敬，话该怎么说，每一项里面都有隐藏的学问，不可不知，不可不学。只有学会了宴请中的礼仪与规矩，才能在饭局上得体做人，成为人人交口称赞的饭局高手。

那么，究竟什么是中国式宴请艺术呢？

中国式宴请艺术就是宴请前准备周全，让宴请有个完美的开端。地点如何选，菜单如何确定，时间的安排是否能符合大多数人的心意，等等，都是需要考虑在内的因素。一个完美的宴请，必然考虑周全，从一开始就要准备好每一处细节。

中国式宴请艺术就是用合理的理由，把想请的人顺利邀请到场。每个人都有自己的日常安排，如何让他人欣然赴宴，是每个宴请组局者的必修课。好的邀请理由，能让对方怀着愉悦的心情赴宴，坏的邀请理由则可能会遭到对方的拒绝。如何把握其中的精髓，把每一次邀请都处理得恰到好处，是宴请艺术的关键一环。

中国式宴请艺术是点好菜，落好座，招待好每一位宾客。菜品的选择需要考虑到就餐人员的口味、忌讳，甚至是健康。能不能点好菜，把菜点到被邀请人的心坎上，是宴请组局者必须下功夫去做的功课。点好了菜，宾客吃得开心，宴请才算成功。另外，如何安排就餐人员的座位也是有学问的，主座该谁坐，陪座该谁坐，都需要根据现场的情况来判定，切不可瞎坐，乱坐。

中国式宴请艺术就是敬好酒，陪好客，说好宴会上的场面话，通过宴请升级彼此的关系，加深彼此的情感，结交更多的人脉。请客吃饭，吃饭是其次，重要的是如何在饭局上将彼此的关系进一步加深，才是宴请的终极目的。毕竟，每一次的宴请，其实都或多或少会有一个目的，要始终记得，宴请是为目的而服务，并非简简单单吃一顿饭。所以，敬酒的话你得会说，拒酒的招数你也要学几个，陪好客人的话术更不能少。只有做好了这一切，才是真正懂得了宴请的艺术。

中国式宴请艺术就是把好最后一关，买好单，别让完美的宴请坏在最后一环。买单要主动，要舍得投资人情，才能在日后收获更多的回报。如何买单，怎么体面结束宴请，都是有学问的。每一处细节都需要做到位，如此才叫作会买单。

中国式宴请艺术吃的是饭，讲究的是背后的为人处世之道。关于宴请的艺术，学会了，能让你如鱼得水，得体处世，结交更多的人脉，成就更美好的人生。

为了让读者在饭局上能够体面应对诸多场面，本书从九个方面为读者全面剖析了饭局上的各种情况，通过生动的故事案例，搭配活泼有趣的漫画配图，结合现学现用的方式方法，全面解析饭局规则，让读者深刻理解饭局上那些不成文的规矩里的精髓。

最后，愿每一位读者都能成为宴请的艺术家，饭局上的佼佼者。

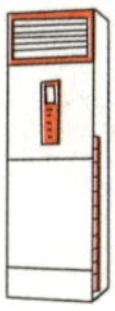

目录

第 1 章　完美的宴请，从完美的准备开始

第 2 章　宴请的艺术，从邀请人开始

第 3 章　点菜有学问，会点菜才是宴请高手

第 4 章　宴会形象值百万，饭局主角你来做

第 5 章　宴请礼仪，饭局上的大学问

第 6 章　酒来酒往，有喝有拒真英雄

第 7 章　说好饭局场面话，有分寸的人更受欢迎

第 8 章 扩展圈子，学会在饭局上结交他人

第 9 章 宴会成功的关键，做好买单人

第1章

完美的宴请，从完美的准备开始

在中国，一场宴请往往牵涉较多，如果前期的准备不足，可能就会导致宾客无法尽兴。

对邀请者来说，一场宴请往往不容有失。一些平时不易想到的小细节，很可能会影响整个过程。所以邀请者在宴请之前，就需要全面考虑，认真准备，对于一些宴请的细节，尤需注意。

宴请之前，提前做好准备工作

一场让所有参与者都满意的宴会，应该从什么时候算起？有人认为，应该从递出请柬算起，也有人说，应该从主人或宾客入场算起。其实，成功的宴会往往需要提前做好准备。

小陈在集团公司的行政部门工作好几年了，今年集团的业绩又创新高，老板吩咐行政部门筹备庆功宴，上司将具体的策划和执行交给小陈，嘱咐他一定不能出什么岔子。

凭借着这些年学到的经验，小陈很快策划出方案，对接了合适的酒店。他还注意到，因为夏季用电高峰，城区偶尔有停电的状况，必须纳入考虑范围。

在酒店的庆功宴上，让他担心的事情发生了，正当集团领导要发表讲话时，城区突然停电，礼堂的光线瞬间暗下来。

不过小陈早就做好了预案。他站起来，让大家打开座位下面的袋子，那里有早就准备好的节庆数字蜡烛。当大家选好标志着在公司工作年份的蜡烛一起点燃时，老板和员工都为眼前这一幕所凝聚，等酒店的预备电源接通时，随着光亮的再度降临，宴会的气氛达到了最高潮，小陈也收获了老板投来的嘉许目光。

一场宴会的主办人往往需要提前做好准备工作，在重要的宴会中，更需要避免因为准备不足引起的突发状况。

提前做好替代方案

小宋是总经理的秘书。有一次宴会时，嘉宾表示不能喝白酒，但公司领导并没有提前准备。

然而这时，小宋却“变”出了两瓶高级年份的红酒。原来，小宋有个习惯，会事先将准备好的红酒或白酒放在宴会的酒店后台，以备不时之需。一时间宾主尽欢，小宋自然得到了领导的肯定。

提前做好信息沟通

很多时候，一次失败的宴请并不是出在吃饭的环节，而是出在沟通上。地址是否清晰，场所着装有无特别要求，都应该提前考虑好并告知宾客。

提前准备好迎宾

亲自相迎能给宾客留下热情周到重视对方的好印象，在重要的饭局中尤其应该这样做。

各地饮食有异，没有万能公式

中国地大物博。东西南北千姿百态的饮食文化，再加上风姿各异的风俗民情，奠定了中华大地丰富多彩的饮食文化。

在宴请他人的时候，应该注意和尊重对方的饮食文化。做到这一点就能增进感情，增加信任。

小庄在替公司宴请一位企业家时，注意到他来自西北某自治区。在了解了之后，小庄改变了公司的惯常安排，将宴请场所定在本市一家中东投资的特色酒店。

在见到这位企业家后，小庄更明确了判断。原本公司的标准接待中，有许多对方无法接受的食物，酒水也不符合这位企业家的民族风俗。而这家中东特色酒店提供的食物和饮料，就非常符合这位企业家的要求。

在等待就餐时，小庄聊起了前些年旅游时在中东地区的见闻，一下子引起了对方的共鸣，两人在当地经济与涉外投资的话题上聊了许多。

等到菜品送上餐桌时，小庄干脆放下餐具，以西北地区手抓饭的方式享用美味。看到他的样子，企业家也不再端着，两人愉快地分享了美味，彼此间的距离拉近了许多。

事后，这位企业家出差时总是点名让小庄接待。两人不光合作了许多项目，还成了关系不错的朋友。

小庄的安排，甚至有些“出格”的举动，是在充分了解宾客的身份和民俗以后做出的。如果没有提前知晓，很可能会在宴请上开罪对方。

了解与尊重民俗，才能宾至如归

不同民族，在餐饮上也有不同的禁忌。

西北有的民族，不吃猪肉与相关制品，不饮酒。招待他们可以用以清真牛羊肉为主的餐饮和不包含酒精的饮料。

西南地区的壮族不吃蛙类，藏族不吃狗肉，蒙古族与满族也有类似的习俗。某些西北的民族不吃海产品，在宴请时需要特别注意。

口味有别，不戴有色眼镜看人

有人从自身角度出发，对所在地区的饭菜有莫名的优越感，认为其他地区的饮食文化不够档次，这是十分错误的想法。

对食物的误解往往会不经意间流露出来，在敏感的宾客眼中，不情不愿绝对是扣分项。宴请他人时，一定要放下成见，照顾宾客的感受。

中外不同，注意其中区别

中国和外国，在饮食上存在很大差异，同样要引起重视。

某公司与外企长期合作，然而在外企的代表团访问时，主办方安排了一道用鱼翅做成的菜肴。

这道国内的名菜引起了外企人员的反感，主办方不得不临时撤销。在不同国家之间的宴请时，提前了解对方的饮食习惯才能避免误会。

厘清目的，调整宴会形式

在宴请不同的宾客时，我们往往怀着不同的目的。正是因为目的不同，宴会的菜品、场所、形式都有可能发生变化。不必拘泥于宴会的标准样板，有时我们也需要灵活变通。

许老师是高中毕业班班主任，也是位不苟言笑的名师。

高考过后，有很多家长想宴请答谢许老师，同时咨询孩子的志愿问题，但都被许老师一一谢绝。

只有一位家长另辟蹊径，成功地请许老师吃了饭，还从他那里得到了对孩子学业最有用的建议。

这位家长压根不提谢师宴的事情，只对许老师说：许老师，感谢您这三年来对我孩子的照顾，我没别的东西可以谢谢您，但知道附近有一个很棒的钓鱼俱乐部，老板和我很熟。现在您也到了假期休息的时候了，有没有时间一起去钓鱼？如果您不方便开车，我这边有现成的越野车，经常用的渔具和露营设备都在车子后备箱里……

许老师思考了一会后答应下来，随后这位家长就开车接上许老师，去了郊外的钓鱼俱乐部。

这钓上来的鱼，越新鲜味道越好。恰好俱乐部老板有一手好厨艺，刚出水的大鱼，加上天然山泉水，只需要放一点点调料，稍微加工一下就是一锅鲜掉舌头的美味。看着面前雪白的鱼汤，定力再强的人也忍不住动筷子……

其他家长请都请不来的许老师，在俱乐部待了两天，时间足够让两个人规划好孩子未来的学业。

事后，许老师说，如果是那种变了味道的谢师宴，他绝不会出席。但这位家长，却以想不到的形式完成了宴请。

正式宴会也有许多分类

在通行的认知中，正式宴会可以分为正宴、便宴和家宴等。

正式宴会往往对客人的着装、礼仪等有严格要求。

便宴也称非正式宴会，相对简便亲切。

家宴由家庭成员参与，在西方人眼中是非常重要的聚会。

活用各种招待会

招待会多在大型活动中出现，用来同时招待较多的宾客。招待会可以出现在各种商贸场合，或者公司的社交场合，形式较为灵活。

如果你是公司活动的组织者，可以安排冷餐会、鸡尾酒会或者茶会等，提供一个轻松惬意的社交场所。

宴会，不局限于吃饭的地方

有时，酒吧、舞厅和茶室也能代替宴会的场所，成为临时聚会的地方。但切切注意，这只适用于与熟悉的人碰面。如果对对方有所求，切不可如此安排，一定要在正式的场所进行宴请。

考虑每个细节，避免因小失大

越是关系重大的宴请，越是要考虑周全。许多时候，一次本应该完美收场的宴会，会因为各种小事不欢而散。细节不够而耽误了好不容易争取来的邀约，实在得不偿失，注重细节就显得更为必要。

几年前，小林进入了一家公司，工作业绩不错，直属上司王总也非常看好他。为了感谢上司的照顾，小林邀请王总赴宴。

在得到了王总的点头回复后，小林精心策划了一场晚宴。宴会选在本市一家颇有口碑与档次的豪华酒店，届时小林的父母也会一同出席宴会，向王总表示感谢。王总的饮食习惯，小林事先打听过，菜品都是根据他的口味准备的。

这家酒店需要邀请函才能入内，小林委托酒店提前给王总派送了邀请函，自认为做得万无一失。

可宴会当天，意外还是发生了。原来，这家酒店并不是很好停车，王总花了些时间寻找停车位。考虑到不想让主人久等，王总让妻子先行一步去酒店包厢。可就在他停好车赴宴时，却被酒店工作人员拦在门外。

酒店只认邀请函，但王总的邀请函和手机都在妻子的包里，他记不清是哪间包厢，酒店的工作人员也恪守职责，寸步不让。等小林意识到不对，与王太太一同出来寻找时，王总与保安争执得面红耳赤，风度尽失……

在这场宴会之后，小林没能得到重用。如果小林事先考虑到酒店凭函入内，事先给王总夫妻各发一张邀请函，或是在迎接王太太之后再去前台迎接王总，不但不会出现意外，还会给上司留下行事周密的好印象。

一场好宴，应该考虑每一个细节，而不只是饭桌上吃什么。

多多注意宴请环境

宴会的环境往往决定了宾客的直接感受，必须多加留意。

某次小孙宴请一位业内的老前辈，选的酒店高档豪华。但老前辈看了一眼环境，连饭也没吃就匆匆离开，自然也没有下文。

小孙父亲看到现场照片后，直呼小孙做错了。原来场所虽然高档，却都是白色风格，而这位老前辈年事已高，看到这一幕联想到的是身后事的场景，全然感受不到吉祥喜庆，一场好端端的宴会就因为这种细节而结束了。

多多注意宾客口味

有的人能吃辣，有的人爱吃甜，还有的人对一些菜品过敏，这些都是需要注意到的细节。要在平时就格外去关注身边人的饮食喜好，才能在请客的关口不至于一无所知。

宾客回家，宴会才算结束

什么是一场宴会的结束？不在吃完饭的时候，而在宾客安全返家时。

有经验的人，往往不会在宾客走后马上走开。有时，宾客会不慎遗失物品；有时，需要帮助宾客安排车辆；还要关心宾客在途中的状况，等宾客告诉你已经平安抵达后，才能放下心来。

宴请地点选择，有学问

对于吃饭的地点，很多人首先比较看重的就是时间上是否方便。如果吃饭的地点过于偏僻，被邀请的人难免会打退堂鼓。如果选在闹市中，又要考虑开车堵车等通勤问题。所以宴请地点的选择，就变得尤为重要。地点选好了，宴请的准备工作基本上就成功了一半。

公司上司让小李中午选个餐厅，招待一下客户。

小李满口答应下来，结果到了中午，大家饥肠辘辘准备去吃饭，却一个多小时都没赶到餐厅。

后来上司问起原委，小李说公司楼下没有正经餐厅，正好他知道自己家附近有一个餐厅环境不错，菜品不错，最重要的是还有折扣，于是就选了那家餐厅。

当然，也有坏处，坏就坏在太远了。

上司听完，感觉小李的出发点是好的，就是没考虑客户的感受，叮嘱其下次不能再这么选宴请的地点了，最好是比较靠近公司。花钱都是小事，主要是让客户方便吃饭。

小李一听，急忙道歉，他本来也想的是给客户方便的，只是那天不知道为什么忽然高架桥堵车了，出现了意外。

不过小李也意识到，意外无法避免，所以宴请的地点就更要符合方便客户的要求。

其实在日常的生活中，吃饭宴请，最重要的准备工作就是地点的选择。

怎么选地点，才能让大部分参加宴会的人都满意呢？

选一个中间点

有的人住得远，有的人住得近，那么选择宴请的地点，不能想着方便其中一位，委屈另外一位，最好的选择就是选一个中间点。大家都不近，也都不远。在选择地点之前，一定要提前讲明白为什么选这个地点。那一定是，每个人去这里都是最优解。

地点不要太偏僻

太偏僻的地点，容易给人一种不安全的感觉。有的人请个客，还要选个郊区的农家乐，完全没有必要。偏僻的地方不仅让人心理上不舒服，距离和交通上也会给没有车的人造成困扰，来回的安全也是个问题。

地点要随级别定

请重要的人，地点建议选在繁华地，有档次的地方；请朋友，地点建议选一个私密性好的地方，方便叙旧；请同事、客户，要选方便快捷的地方，人人都有自己的事情，不要把别人的时间浪费在你的饭局里。

地点要随客人转

如果是远道而来的客人，那么宴请的地点就要围绕着客人的居住范围来定，不要让对方远道而来，为了吃口饭还要再次奔波。

地点要随口味走

如果宴请的对象对吃饭的口味有要求，这个时候就不能拘泥于远近距离，而是要以口味为重点，考虑选择用餐地点。

宴请时间选择，要周全

很少有人会在早上宴请他人，因为谁都知道，一大早刚起床，根本吃不下什么东西。但是一旦到了中午和晚上，似乎宴请的时间就很随意了。其实越是随意的时间，越需要下功夫。宴请时间没选好，宴请就很难进行下去。

阿力最近升职加薪，为了庆祝一下，决定邀请同事们一起吃个饭，也想要在饭局上为以后的工作走走人情。

结果他定了个时间，邀请了七八位同事，有一半都表示不方便，来不了。

阿力正郁闷呢，旁边的同事老张给他出主意说：“你这个时间选得就不对。哪有晚上吃饭，中午邀请的？”

“那应该什么时候邀请？”

“你今天想要请人吃饭，起码需要提前两天来发出邀请，让大家有个时间的调整余地。再说了，你选的那个晚上八点的时间也不对，咱们五点就下班了，你八点才请客，别人是回去还是不回去？在公司等到你八点的饭局吗？”

“我这不是怕有人加班嘛。”

“这你就想多了，吃个饭而已，吃完饭一样可以回来加班。但总不能为了吃你这顿饭去加个班吧。”

阿力顿时恍然，按照老张的办法，隔了几天，又邀请了一次。结果这次很成功，同事们都表示得好好喝一杯，给他庆祝一下。

中国式宴请艺术里，饭局的时间安排需要考虑所有的受邀人是否方便。如何安排调整好受邀人的时间，就是一门学问。如何才能把饭局的时间安排好呢？一般需要这么做。

邀约的时间提前一天

临时被喊去吃饭是每个人都不希望的，所以邀请他人吃饭，就要体现出你的重视，最好能提前一天去邀请。如果能提前两到三天，那就再好不过，充分给足他人时间上的调整空间，不要让你的饭局成为他人手忙脚乱的烦恼。

当天要提醒时间

邀约完之后，饭局当天，要提前半天提醒对方赴宴，以免有人忘记吃饭这件事。提醒的时候要同时再次提醒对方在哪里吃饭，都有谁，大家准备吃什么，都要一一叮嘱到位。给予赴宴者最大的心理提示，让其做好赴宴的充分准备。

进餐时间要控制好

进餐的过程中，时间也要控制好，有的人吃完饭还有其他事情，有的人能吃到地老天荒。宴请的艺术就是给足各种选择：想要早点回家的人，吃完饭就赶紧送人走，不要让对方难办；想要继续把聚会进行下去的，也要安排后续的活动，让他们能尽兴而归。

排队要提前

有的吃饭的地方生意火爆，如果去了还需要排队，那就尴尬了。所以一定要提前打好电话，和餐厅约好宴请的时间，不要出现客人到了地方，结果还要排队的状况。

第2章

宴请的艺术，从邀请人开始

在中国，吃饭不只是填饱肚子这么简单。

有许多事情，是在觥筹交错中完成的，乃至诞生了“鸿门宴”这样影响历史进程的重要宴席。

中国式的宴请，是以人为核心展开的。

邀请什么人，如何邀请人，是一门充满智慧的艺术。

请客不白请，请对人才能吃出价值

中国人常常在宴席上解决大事。应该拉什么样的人上宴席，才能办成大事呢？答案是拉上你的贵客。

什么样的人能够称作贵客？能帮助你开拓视野，解决问题，拓展人脉的，往往是你命中的贵人。同时，也要注意请的客人需要素质相差不多。如果大家素质参差不齐，很可能会给他人造成困扰。

小李初入职场，在一家网络技术开发公司任职。他向工作多年的同事请教经验，同事告诉他：你应该分别请三个人吃饭。

哪三个人呢？

第一个人，是提携你的人。

这个人，要么是将你招进公司的，要么是你的直属上司。请上司吃饭，有几点好处：传达你的态度，让上司知道你是知恩图报的人，未来有好的项目才会放心交给你；表现你的诚意，是想真正做好这份工作，在公司长期立足，这样的下属往往能让上司放心。哪怕上司没有答应，也能知晓你的态度和意图。

第二个人，是关键部门的负责人。

每个公司都有最为紧要的部门，这个部门说起来可能名头不显，但却是公司运营的核心所在。有的公司，主要盈利来自销售部门；有的公司，主要产品来自开发部门。与这些部门的负责人搞好关系，很可能会让工作得到很好的拓展。即便没有，混个脸熟也没有坏处。

第三个人，是解决问题的人。

每个公司都有具体的问题需要解决，而解决问题的人，一般都是公司技术或者人际关系的骨干。这种人平常可能不显山露水，但公司离开他就很可能无法顺利运作。他们往往技能过硬。无论是从他们身上学习工作方法，还是学会为人处世，对将来的事业都裨益良多。

请你的潜在贵人吃饭

人在职场，有几位贵人的帮助，走起来就会顺畅许多。

什么样的人是贵人呢？能为你拓展人脉的人，能为你打开视野的人，能为你解决难题的人，都是贵人。

不是一路人，不坐一桌前

同样是请人吃饭，小林就犯了大错。他请的两个人，是技术和市场的两位负责人。

一开始饭局的气氛还不错，但三杯下肚，市场部的人就开了口：公司的业绩，主要还是靠我们说了算。技术部的人不乐意了：没有我们开发，你们卖空气？两人越说越上头，拉上小林评理。无论是赞同哪一方，一定会得罪另一方，要是不选边站，两边都要开罪……

在没有绝对的说服力时，绝不要让两拨不同立场的人同时在场，否则容易弄巧成拙。

请人作陪要小心，远离“宴会炸弹”

在宴请不熟悉的宾客时，往往需要找人出面作陪。这时候，选择什么样的人作陪就显得尤为重要。

有的陪客情商高，口才好，有的则口无遮拦，容易在宴会上得罪人，连带东道主一同受到牵连。在宴会的出席者不止两方时，需要着重了解陪客的人品与风格，才不会把事情办坏。

请客吃饭邀请人，要瞅准时机

想要事成，必须天时地利人和。邀请人也不例外，比如邀请一些重要人士一起吃饭，光有由头还不够，还得找准时机。重要人士一般是指职场中的上司，或者大家庭里地位较高的老者，以及工作中的合作方。他们通常很忙，什么时候吃饭很有讲究。如果时机不对，也会遭到对方的拒绝。应该如何把握请客的“天时”呢？

首先，需要了解重要人士的生活规律。

每个人都有自己的生活规律，有的习惯加班，有的按时完成工作。长期观察下来，一定都能找到其中的规律。找到了规律，就知道这些重要人士什么时候可能有闲暇时间。在闲暇时发出邀约，才能提高成功率。

其次，不要与他们的安排“撞车”。

在邀请之前，多方打听一下对方近期的时间安排，避开与他们行程中的其他宴请相撞。除了已知的应酬，尽量不要在节假日的时候提出。节假日他们往往有其他的饭局，或者休息与陪伴家人。比较合适的时间是周五或者假期前一日的下班时间，这样不会打乱他们的假期安排，接受的可能性更高。例如：周五晚上耽误您一点下班时间，请您考虑考虑……

最后，最好在他们心情较好，或者自身做出一定成绩的时候邀请。

在兴头上的邀约，对方拒绝的可能性往往更低。而自身有所收获时，不光重要人士的兴致更高，还更容易找到理由作为邀约的切入点。例如：这次部门超额完成任务，离不开您的帮助，我作为新人受益良多，请您给我个机会表达感谢……

紧跟喜事，增加成功概率

恰逢喜事时，往往心情都会比较好，例如职位高升、乔迁新居、儿女金榜题名等。这时候提出邀约，不仅是个不错的理由，也可以表示当前除了职场之外还有你的关心。对方在分享喜事的时候，更容易接受邀请。

受人恩惠，及时回报

有的时候，重要人士在工作或者生活中帮了你一把，或者对你表达了善意，那么你就应该抓住时机递出邀请。

这种及时的正向反馈，是对他们表达你内心此刻的想法：我是个知恩图报的人，不会辜负您的期望。同时也能让对方感受到你对他的尊重。

了解对方的喜好，掌控宴请局面

一场宴请，往往在还没开席之前，其结果就已经显现了。真正的宴请是浮现于表面的呈现，而决定它是好是坏的，是藏在水面之下的细节。

在策划宴会前，就应该了解对方的喜好，从而安排好自己在宴会中要打的牌。

小文在某家企业担任行政工作。一次，公司上司要求她安排一场公司内部的宴会。

出席这场宴会的，除了新近上任的上司，还有公司的元老技术骨干。

像以往一样，小文将上司安排在上座，老骨干作为二把手，安排在次座。

她觉得这样的安排，不会出现什么岔子，非常稳妥。

然而，她的直属主管高姐在看到座次安排后，作了一些修改，将老骨干放在了上座，而将新上司排到了次座。

对高姐的安排，小文非常不解：上司应该坐主位，为什么高姐要反过来呢？

高姐却说："你来公司的时间不长，对这里面的情况不太了解。新上司在上任之前，是老骨干一手带出来的。老骨干相当于他的师傅，你将他排在老骨干之前，新上司是不会同意的。再者，上司新官上任，一定会将老骨干客气请上主座，以表达对技术部门人员的尊重。有了这个态度，以后才能得到他们的充分支持。"

小文不禁感叹，原来其中有这么多门道。如果不是高姐提醒，凭借自己的经验，恐怕要办错事情。下次再作类似的安排时，一定要多问问，只有挖得够深，才能看得明白。

入席之前，做好功课

《孙子兵法》说：知己知彼，百战不殆。

请人吃饭前，一定要做好准备，千万不能到了宴席上，还是两眼一抹黑的状态。

需要宴请的对象是哪里人？性格是直爽还是深沉？做过什么杰出的成绩？家庭成员都有谁？逆鳞和软肋在哪里？这些东西，了解得越多，越能掌控饭局。

了解越深，越不冷场

冷场是应酬的大忌。试想一下，要是与对方相对无言，只能低头喝闷酒，那将是一种怎样的尴尬。下次再想邀约，对方还会给机会吗？

而早一些搞清楚对方的喜好和个人信息，就能提前准备一些谈资。谈起家乡时，你说起名胜古迹，可以缩小距离感。谈到兴趣爱好时，如果观点类似，彼此间的认同感就会增加。即便上司看出了你事先有所准备，也表现了你对这次宴请的重视，多数情况下会增加一些印象分。

工作要谈，关系也要拉近

事业和关系，往往是相辅相成的。光是搞事业，容易陷入偏执。只是做人情，容易圆滑过头。在宴会上，工作与人情的话题可以交替进行。

比如从工作，慢慢引申到生活上，从生活再引申到更深入的话题上……这样一番铺垫下来，双方的关系往往能更进一步。

邀人的技巧，换个说法多点诚意

在职场，第一顿饭最好留给自己所在公司的直属主管。但这样的人往往不是想请就能请的，中间有许多诀窍。有时候，需要多邀约几次，更换不同的说法，才能请得动他。同时，也要有足够的诚意，用诚意去打动对方。

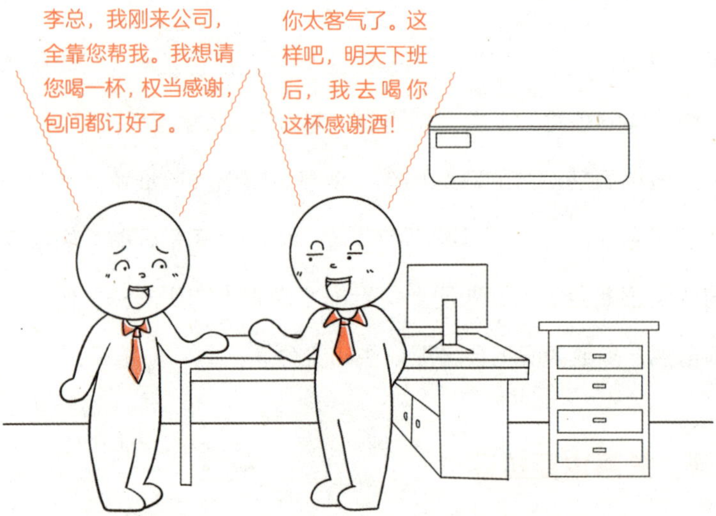

孔子说过：名不正，则言不顺；言不顺，则事不成。

请人吃饭也一样，邀请比自己身份地位高的人，往往需要一个漂亮的理由，也就是所谓的“名”。

师出有名，提议才不容易被拒绝。

来看看一次成功的宴请是怎么开头的。

第一步：拉近距离

在主管位置的人的年纪，通常已经结婚生子。平时偶尔可以与对方聊聊家长里短，或者从他的社交媒体上知道他关注的事情。

比如说公司里的小林知道部门上司有个正在上学的孩子，喜欢科普书籍。小林平时关注过不少博物学相关的账号，给上司推荐了几本相关的书籍，因此很容易就拉近了彼此的距离。

第二步：作好铺垫

平时只在工作上有交集、身份地位有差别，同时没有什么人情来往的两个人，想邀对方赴宴，需要找一个冠冕堂皇的由头。

小林平时工作努力，这点上司是看得到的。在与他私下的交流中，小林首先表达了谢意："感谢您的栽培，您在工作中给出的宝贵意见，尤其是关于新增用户激励的内容，让我受益匪浅，希望能表达一下对您的谢意。"

第三步：打消顾虑

一般而言，下属对上司提出的请求大部分带有目的性，站在对方的位置上，心里难免有警惕与顾忌。

所以在沟通中，应该避免功利性和目的性的话语，才容易邀请得动对方。

小林说："我对工作有一点不太成熟的思考，还有许多需要提高的地方，想找个机会请您指教。最近临海路新开了两家新餐馆，一家是云南菜，一家是川菜里面的盐帮菜，里面有些菜品可能比较符合您的口味，不知道您更中意哪种口味？"

小林事先做过功课，知道对方喜欢西南口味，还在邀请里埋了一个小细节：一个选项容易让人选择同意或者拒绝，两个选项则更容易让人选择其中一个，而不是拒绝。

通过自己的智慧，小林顺利邀请到了对方。

请不动大佛，请找中间人

邀请说不上话的人，可以找一位中间人帮忙牵线搭桥。

一般而言，在公司里待的时间比较长的老前辈们，与公司的主管们大多较为熟稔。与他们搞好关系，可以借助他们的面子，邀请对方赴宴。

被拒也别灰心，自我提升很重要

吃饭是一种社交，社交的本质在于你能否为对方提供价值。对双方来说，一次成功的宴请除了吃饭本身之外，还应该提供工作价值或情绪价值。

如果表示婉拒，就说明你目前所做事情的价值还没有获得对方的认可。最好的做法是提升自身价值，其他就静观其变吧。

请重要人士赴宴，宴请档次由他定

请重要人士赴宴，千万不要认为对方接受赴宴邀约就万事大吉。在宴请中，还有一系列需要注意的地方。

请客的场所，往往对宴饮的结果有重大影响。作为请客吃饭的人，一定要将对方的意见放在首位，而不是自作主张。

小梁在公司工作四年，取得了一些成绩。为了感谢部门主管的帮助，小梁邀请部门主管一起吃个饭，对方也答应了。于是，小梁卖力地寻觅着吃饭的地方，争取给对方留下一个好印象。他问过身边的朋友，又问了对方的秘书。

秘书给出的意见是：就在附近找一家说得过去的馆子，不用大费周章。

然而小梁觉得，附近都是中档餐馆，拿不上台面，请主管去这种地方吃饭，太过屈尊。

小梁寻觅了一圈高级酒店，最后在本市排得上号的酒店定下了一桌豪华宴席。

小梁将地址发给对方后，对方一看这地方这么高级，立刻表示了不妥，同时也表示最近工作繁忙，要不下次再吃饭。

小梁忙活了半天，就这样白白浪费了一次邀约的机会。

后来，小梁才从他人那里得知，对方一看他选择了这么高级的地方，还以为他有什么目的呢。为了避嫌，当然是选择不去赴宴了。

情商高手，懂得让出决定权

在请重要人士吃饭时，一定要记住：东道主并不是决定者。

高情商的宴请人，会事先打探对方的意思，让对方决定什么时候吃，吃什么食物，去什么档次的地方。

因为在宴请中，重要的人，往往是被人相求的一方。他们拥有更多的主动权，而他们的意思往往包含着某些深意。请客的人未必都需要将背后的意思揣摩清楚，但不应该自作主张，主动违背。

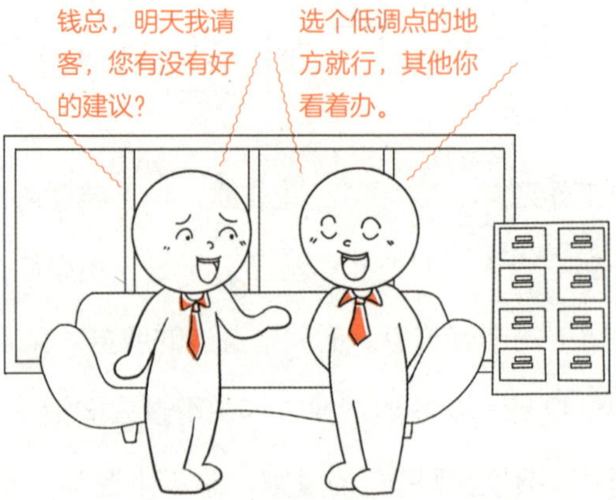

礼貌提议，留下转圜余地

在对方决定宴会的档次时，你可以礼貌询问："您确定吗？我总觉得这家餐厅配不上这次聚餐的档次啊。"

如此一说，既能表达你对这次宴请的重视，同时也把决定权交给了对方。对方会觉得，你在为他着想。而对方接下来仍然表达坚持，你就不要勉强，按他的意思办吧！

宴请同事，邀请时讲点技巧

同事是日常宴请中非常重要的一环，和同事搞好关系，请客吃饭少不了。不过同事不同于朋友，邀请起来没有那么顺其自然。有时候你邀请同事，甚至还会引起误解，让人觉得你是不是有什么请求。所以，邀请同事，需要一些技巧。润物细无声地邀请同事，才是最好的邀请。

小年刚到公司，为了和同事搞好关系，数次提出请大家吃个饭，结果每次都被大家委婉拒绝了。

小年回去吃饭的时候提起这个事情，他爸说他这样哪能请到同事吃饭，请同事不能对着所有同事说，他得各个击破。

紧接着小年爸爸给他传授了怎么邀请同事。

"你看公司谁和你目前关系最近，你就邀请他，先打开一个突破口。搞关系嘛，在精不在多。"小年爸爸说道。

小年一听，似乎有些道理。次日，他去公司找自己关系最亲近的同事一邀请，果然对方答应了下来。

在中国式宴请里，请同事需要避嫌。很多时候你发出邀请，对方首先想到的不是这顿饭局，而是你的目的。

因为同事关系天然的有合作又有对抗，所以邀请同事尤其要找好理由，最好能给对方一个不能拒绝的理由。

用好事来邀请

邀请的理由可以是自己所遇到的好事，比如：今天发工资，我必须请你吃个饭；前几天做的项目拿到了提成，必须请你吃个饭；家里孩子考试考得不错，心情好，给个面子，请你吃个饭。

总之，好事都能拿来当作理由。重点不在于别人信不信，重点在于用好事邀请，别人一般不会拒绝。

用帮忙的借口来邀请

上次你帮忙，这次我请客。

同事之间难免会有一些互相帮忙的时候，巧妙利用这些帮忙作为理由，能把邀请饭局的请求变得更加自然，打消别人担心你可能要用饭局求他办什么事的疑虑。

平时带个小零食打消疑虑

邀请同事吃饭，容易引起对方的警惕，不知道你的饭局到底有什么目的。不如在邀请前，先自带一些小零食请同事吃，提前预热一下。预热几次再发出邀约，成功的概率会变大很多。

请亲宴朋，尽情欢宴

宴请亲朋好友，不一定要自己去定饭局的时间、地点、菜品。亲朋好友都是关系比较亲密的人，宴请以舒适为主，可以让大家尽情发表对于饭局的建议，尽量让所有人能达成共识。如果是自己全权决定，就会显得没有人情味，好像亲朋好友就是为了吃你这顿饭似的。

老郑每次请亲友吃饭，别人都不怎么愿意来。

老郑还纳闷呢，每次都是他组局，他付钱，他安排一切，怎么大家刚开始还兴致盎然，后来就越来越不愿意来了呢？

有个老哥提醒老郑说："你这每次请客都安排在同一个地方。我要是没记错，我都跟着你在那吃了十几次饭了。你不厌，我都厌了。你那些亲朋好友能不厌吗？”

老郑一听，好像是这么个道理，于是在家族群里发了个信息，说晚上请大家吃饭，地方大家选。

结果沉寂的家族群一下子活跃起来。

请亲戚朋友吃饭，就不要总是自己做决定。大家都随意一点，可以把决定权交给亲友，看看他们想吃什么，让他们自己去达成一个结果，然后你请客就行了。

这样既能避免大家吃得不开心，又能避免你安排的时候遗漏很多细节。毕竟是大家选的，吃饭的时候有什么不妥，大家也更能接受。

不过宴请亲朋，也有一些小套路。掌控这些小套路，能让宴请变得更加顺畅，能让亲朋更加尽兴。

吃之前先拉个群

吃什么，对于亲朋好友来说，很重要。宴请他人，可能是为了办事；宴请亲朋，那就是为了联络感情。既然联络感情，吃饭吃什么就非常重要。吃好喝好，感情才能聊到位。所以吃什么，不要自己去作决定，交给亲朋好友，让他们去尽情讨论。饭前讨论吃什么，本身就是一次加深大家感情的过程。

另外，也可以选择一些平常不会选择的菜式，或者尝试一下特色餐厅，和亲朋好友一起欢聚探店。尤其是有很多孩子在的饭局，记得搞点新花样，对搞好宴会氛围特别有效。

时间不要定太死

亲朋好友吃饭，时间可以宽松一些，定一个时间段是最好的，比如下午五点到晚上八点之间，都可以来。有的人要接孩子，有的人要上班，有的人可能住得远，把时间留宽松一些，让亲朋好友可以悠哉赴宴，就是最好的宴请体验。

亲人聚餐买单要主动

亲朋好友一般不会跟你客气，既然是你请客，那就一定是你付钱。该自己付钱，老老实实主动把单买了。不要想着亲朋好友都跟你来争一下买单。亲朋好友之间，没必要如此。要把握好亲朋好友的心态，是你请客，就是你买单。

动筷子要让长者先动

亲朋好友里，讲究一个尊老爱幼，要管好孩子，让家里的长辈动第一筷子，要给小孩子做好示范。餐桌也可以是教育的好基地，让小孩学会尊重老人，让家族里的长辈欢心。

第3章

点菜有学问，会点菜才是宴请高手

不会点菜的人，上桌一通乱点，还以为自己大方又大气，实际上很可能没照顾到其他人的感受。有的人不吃这个，有的人对某个食物过敏，甚至有的人对一些菜还有忌讳。点菜并非拿着菜单胡乱戳一戳，而是一门学问。学会点菜，能让你在饭局中得到他人的青睐，收获更多的好人缘。

点菜之前，先搞清对方喜欢吃什么

请到了要吃饭的人，来到了吃饭的地方，摆在面前的就是点菜的问题了。

点菜是一门学问。点得好，宾主尽欢，诸事皆宜。点得不好，则人人面有愠色，哪怕是吃完这顿饭，也不一定有什么好结果。

和一个人吃饭不一样，一桌人里，可能因为民族、信仰、习惯、年龄、口味等种种不同，产生很大的分歧。东道主必须照顾到所有人，这样才能达成一场畅快的宴会。

阿璃在后勤部门工作，考虑问题细致谨慎。每次点餐之前，她都会不厌其烦地问宾客：您喜欢什么口味？有没有什么忌口？……

除了常规的询问，对老人，阿璃会问："老人家，您牙口怎么样？要不要吩咐厨房炖烂一点？"

对女士，阿璃会问："您最近有什么不方便吃的？需不需要来点热饮？来点温性的菜品怎么样？"

对孩子，阿璃会说："可乐之类的饮料不太健康，我们点果汁好不好？"

在了解了对方的需求后，阿璃会在菜单上精心挑选合适的菜肴。

相处久了，所有人都喜欢与阿璃一起吃饭，连有业务合作的公司，聚餐时也喜欢拉上阿璃。慢慢地，阿璃成了餐桌上的"总参谋长"，连总经理宴请宾客，也会考虑她的意见。

一个会点菜的人，很容易在餐桌上交到朋友。

直接问对方，了解其口味

可以在点菜之前大大方方地问对方喜欢吃什么，有什么忌口的，然后先让对方点菜，等对方点完了，我们再根据其他人的口味补充菜品。

如果对方不好意思说，你可以拿着菜单说出具体的菜名，问对方是否喜欢这个口味。

根据地域大致判断对方的喜好

大部分宴席上，宾客们会说：客随主便。但作为东道主，应该照顾到每个客人的口味。

每个区域的菜系，都有各自的风味，请客的人起码得有个大致的了解，做到心里有数。

东南省份的口味，往往比较清淡，注重食物的原味，宜点时下流行的鲜品。

西南省份的口味，重盐重油，喜辣喜酸，口味热烈，不适合寡淡的菜品。

西北省份注重面食，不宜点少而精致的菜品，适合大碗喝酒大块吃肉。

东北省份注意荤素搭配，粗犷鲜香的大锅炖菜可以烘托餐桌的气氛。

这些地方菜系的特色，请客的人都应该记住。如果点错了口味，反倒会坏事。

先思后行，点菜中的宜与忌

吃饭一是为了填饱肚子，二是为了交际。那么，作为交际场合，就会有一些宜与忌，有的是个人禁忌，有的是场合禁忌，点菜的时候，最好避免这些可能会让人产生不好的情绪的禁忌，多点一些让宾客尽欢的菜品。

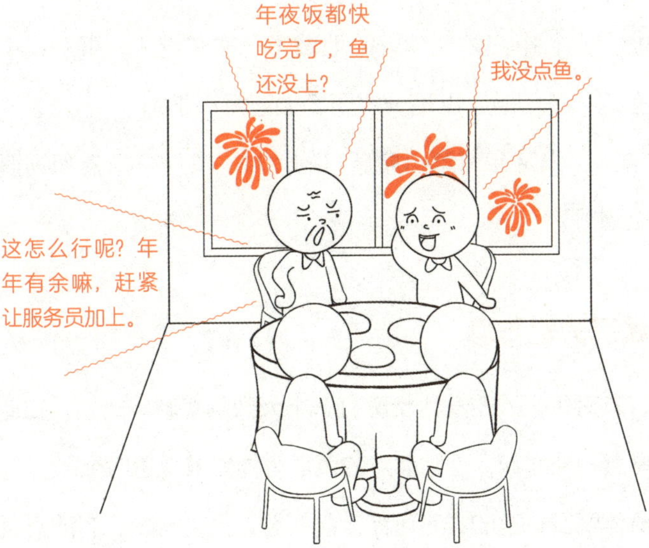

小文的上司来自北方某个沿海省份，素来有“礼仪之乡”的称号。在宴请上司之前，小文做了不少礼仪方面的功课，还请了一位和上司同省的前辈做陪客，没想到还是差点在点菜环节出了岔子。

在上司还没来时，小文点了七个菜。这次加上他，一共有四人赴宴，小文寻思这七道菜应该够吃了，没想到做陪客的前辈一看点菜单，立刻皱起了眉头。他对小文说：“古人说：好事成双。你要么加一个菜，要么减一个菜，单数不成样子。”

听到前辈的提点，小文立马叫来服务员，凑成了双数。

前辈又说：“现在已经到年尾了，怎么宴席上没有鱼？”小文猛然想起，虽然上司是北方人，但也是沿海省份，鱼是必不可少的，于是又叫服务员将鱼也列入菜单。

前辈又指着餐桌上的果盘：“再说这果盘里的柿子，虽然是北方的时令水果，但我们今天要喝酒，柿子和酒搭配，容易刺激肠胃，趁上司还没来，赶紧撤了吧！”

经前辈一番提点后，小文才有惊无险地做了一次东道主。事后，小文感叹道：原来点菜里有这么多门道，以后一定要多加注意和学习。

一个会点菜的人，一定会留意出席嘉宾的地域、文化、风俗和习惯，这样才能将一桌菜点全点好。

弄清客人身体状况的宜与忌

在点菜之前，宜对每个人的身体状况有一个大致的了解。比如，知道客人对海鲜过敏，就不能点一堆海鲜，否则你点的菜很可能变成“逐客令”。

关心宾客的身体情况：有的宾客可能大病初愈，需要进补；有的宾客在特殊时期，不能吃某类食品。对宾客的特别关心，往往能让对方感觉到关切与温暖，为以后的社交打下好基础。

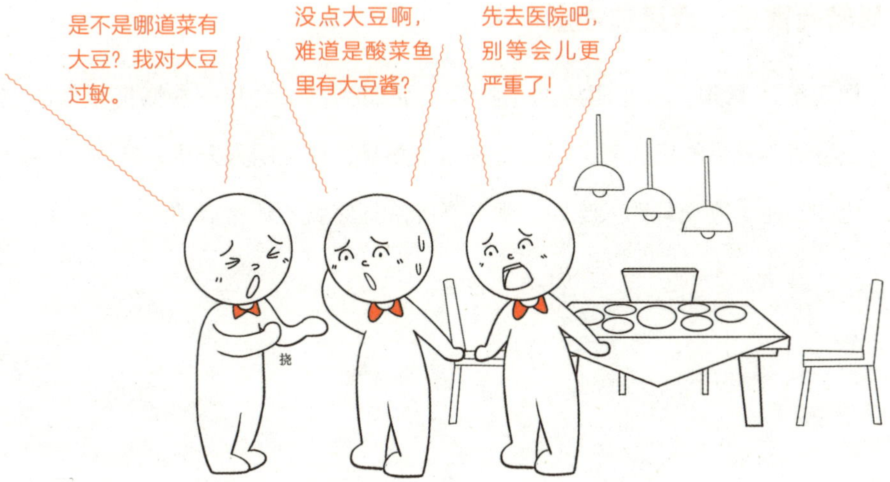

宜多不宜少，尽量别“空盘”

一群人吃饭的话，如果食物一下子吃完了，就容易陷入尴尬的场景，只要不过于铺张浪费，多留一些余量总是好的。在看到菜品快见底时，也应该临机应变，用类似“这饭店有个菜挺有特色的，我点一个诸位尝尝”之类的动作及时救场。

菜品若有寓意，点菜需注意

你可能注意到，有些酒店为了打开菜品的销路，会起一些惊世骇俗的名字。在宴请不熟悉的贵宾时，最好避开这些菜品，以免引人无端联想。

比如，邀请刚离异的人吃饭，那夫妻肺片显然就不适合点。

慷慨大方，别做宴请小气鬼

小气往往是请客做东的大忌，一旦被打上小气的标签，在社交场合就会非常被动。一个小气的人，请客反而暴露了自己的不足。一旦请客，就一定要学会适当地打肿脸充胖子。

年终前，小方宴请了几位同部门的前辈吃饭。

在点酒水时，小方说：“等一下！”说完去车上拿来了两个塑料袋，袋子里都是饮料和酒水。

看到这一幕，前辈面色微变，酒店服务生也说：“先生，您在这里开酒的话，是要收启瓶费的。”

小方不甘示弱，就着启瓶费的问题与服务生争执不下，还叫来了值班经理，最后以酒店的妥协告终。小方面露得意之色，说这费用就不该收。

其间前辈需要纸巾之类杂物时，小方就和机器猫一样，在“百宝袋”里翻找。从这次之后，小方再想请前辈吃饭，都被他们一一推脱。

小方的做法，虽然省了一点钱，但在几位前辈看来抠门到了极点，连带着他们，都觉得面子上挂不住。

节约不是坏事，但偶尔一次请客还要当着客人如此计较，那就太煞风景了。

偏僻的选址，尽显小家子气

第一次请客吃饭，最好不要去偏僻的地方，或者牌面不显的店铺。宴饮的场所，是你的另一张“门脸”，偏僻或者看不清招牌，往往给人一种为了省钱而刻意选择的联想。正大光明，气派堂皇的场所，则会给人一种敞亮和开朗的感觉，避免留下小气的误解。

在一个片区里，餐饮也同样分三六九等。最适合的是档次偏高但又不是顶尖的餐厅，既兼顾了档次又不会显得过分张扬。

贵贱搭配好，不要只点便宜的菜品

请客吃饭的时候不能只点便宜的，也要点一些招牌特色菜，做到荤素搭配，让客人可以吃好喝好。如果是请远道而来的客户，那么请客的时候则要偏丰盛一些。也可以根据客人的数量，多点一个菜，比如来了四个人，那么可以点五个菜，这样是比较取巧且一般来说不会出错的方式。如果在座的客人有饭量较大的，那就需要多点一些菜品。

看菜单别问价，点菜爽快不计较

在我们平常吃饭时，价格往往是需要考虑的因素。但在请客时，却应该避开价格不谈。就像送人礼物会剪掉价格标签一样，请客时最好不要让客人看到你关注价格，否则很容易带来不良影响。

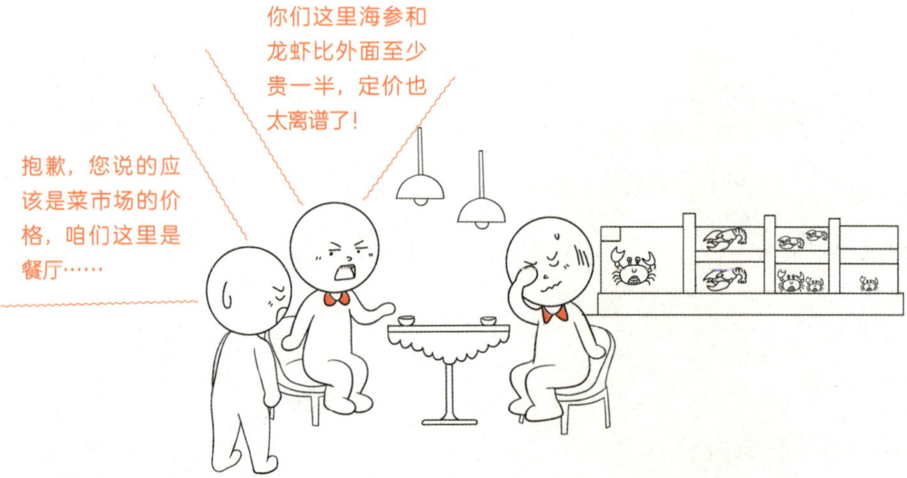

赵本山和小沈阳表演的小品《不差钱》里，喜欢询价又想点便宜菜的东道主，成为无数观众眼里的笑柄。

为什么这对师徒的小品会变成经典？那是因为，它高度概括了我们身边一类人的形象。

他们没有什么坏心眼，只是又爱面子，又比较吝啬；喜欢夸海口，却又不喜欢拿出真金白银，诚挚待人。

其实现实中喜欢占便宜的人是少数，多交往几次就能分辨出来。大多数人，仍然是注重礼尚往来的，有人情必定找个机会归还。所以，这类喜欢在点餐时计较价格的人，就显得格外刺眼。

结果往往是，钱一分没有少掏，却给宾客留下了负面的印象。既不愿意请客，还邀我们来做什么？好不容易争取来的机会，就因为这种小问题而败坏，实在是得不偿失。

既然已经做好了做东的准备，那就应该做到底。我们一年到头，请人吃饭的时候也不过几回、十几回，实在无须在饭桌上计较价格。

询价是对宾客的衡量

真诚地请人吃饭，不要太在意成本，尤其是目前的付出。在日常的宴请中，大多就坏在算账这种小细节上。甚至有些人会在询问价格后带着客人起身离开……节省并没有错，但是要分什么时候，对待客人，应该在吃饭这件事上尽量满足对方，而不是挑挑拣拣，只是为了选一家便宜的餐馆。

停止唠叨，抱怨价格很小气

有时人们在点菜时会不自觉地低声念叨：好贵啊，怎么又涨价了，真不值这个价……

不要当着客人的面问服务员价格，因为客人可能比你更会算账。你在用吃饭衡量他人价值，他人也会如此对待你，所以该糊涂时不妨糊涂。

毕竟，在宾客眼里，一直唠叨抱怨价格太贵是失礼又失分的举动。他会衡量你平时的消费习惯和经济能力，决定该不该与你继续来往。大多数时候，请人吃饭都是有求于人，如果因此影响在对方心目中的形象，那才是后悔莫及。

一盘炒青菜
38？菜市场
买才 3 块！
先生，做饭也
有成本呀。
看来我还不值
这一盘青菜啊。

宴请有术，聪明人不花冤枉钱

在这个生活越来越昂贵的年代，请人吃一顿饭，有时候也成了不菲的消费。不过，有些消费实属冤枉。有时我们不用花费很多的钱，好好计划，也可以一同享受一顿美妙大餐。

阿文的女儿即将去另一个城市上学，好在阿文的妹妹珍珍也在那个城市。于是，阿文邀请珍珍带着她的女儿来她所住的城市玩一圈，开学的时候正好带着自己的女儿一起过去。

见到久别的姐妹，阿文十分高兴。她带着珍珍去了早就计划好的海鲜酒店，因为珍珍在内陆安家，不像沿海城市的阿文，经常能吃到各色海鲜。

珍珍的女儿在鱼缸面前停留，阿文的女儿为她介绍各种海产。阿文打开手机，记下了她们停留的时间。

看完了大海鲜区，女儿又带着表妹去看小海鲜……一圈过后，阿文已经知道要点什么了。

她打开电子菜单，先是点了一份澳洲龙虾。珍珍看着价目表，犹豫道："姐，不用那么浪费……"

阿文说："你们好不容易来一趟，花多少钱我都愿意，怎么能叫浪费呢？两个小家伙在澳洲龙虾面前停留得最久，都看馋了。"两个小女孩开心地笑起来。

很快，阿文点的菜上来了。第一道是开胃的三文鱼塔塔，吃在嘴里酸酸甜甜，很是开胃。然后是海藻沙拉，微苦的味道留在舌尖，再在什锦小海鲜的刺激下重新开启。

接下来是例汤，淡淡的奶油味让味蕾充分舒展。随后是两个小女孩最为期待的澳龙大餐，两条澳洲龙虾分别做成了咸焗芝士和蒜蓉浇汁口味，吃得她俩笑声连连。

最后是一人一份海盐巧克力冰激凌，两个小女孩脸上都写满了幸福，珍珍觉得，这顿饭无可挑剔。

阿文成功的诀窍在于，她通过观察，点了两个小女孩最期待的龙虾作为"菜眼"，起到画龙点睛的作用，而其他菜都作为它的陪衬。这一桌看似花费不少，其实除澳龙之外的菜品并不昂贵，价格算下来居然和阿文平时宴请同事时差不多。

心中要有一份“红黑榜”

在一个城市待得久了，吃得多了，一定要总结出一份“红黑榜”。

知道哪些餐厅值得一去，哪些餐厅华而不实。还应该具体到菜品，每个餐厅总有几个招牌菜，未必为外人所知。将每次的就食视为冒险，将美好的“景点”记下来，下次有亲人朋友来到你的城市，就可以带她们去大快朵颐，接受他们的赞赏。

善于用餐厅营造氛围

吃饭，很多时候不只是吃饭，而是享受一种氛围。

有的时候我们心如死水，只想找一处人来人往的苍蝇馆子，来为自己注入一些活力。有的时候我们离群避世，企望在安静的角落寻找片刻安宁。知道这些地方，就知道不宁的情绪如何消解，就像寄居蟹随时可以缩进自己舒适的外壳之中。

学习从“左邻右舍”中寻求答案

在进入一家新餐厅，完全不知道如何点菜时，可以看看邻桌的人都在吃什么。

尤其是穿着随意，说着本地语言的市民，他们往往是城市里嗅觉最敏锐的老饕，跟随着他们“复制”一份菜单准没错。

叫来服务员，悄悄问他：“旁边那桌上的什么菜，给我也来一份吧！”

服务员多半会告诉你：“您说我们的招牌菜？好的，这就给您准备！”

这海鲜也不知道新鲜不新鲜啊，卖这么贵！
宝贝，别急，我去旁边桌打探下消息，等会儿照着他们点的菜下单。

温暖彼此，佳肴抚慰人心

现在的人压力普遍大，有时候吃东西反而是发泄压力的一个闸口。尤其是当一个人处于情绪低迷期，如果能请上他吃顿心满意足的饭，他多半会把你的好深深记在心里。

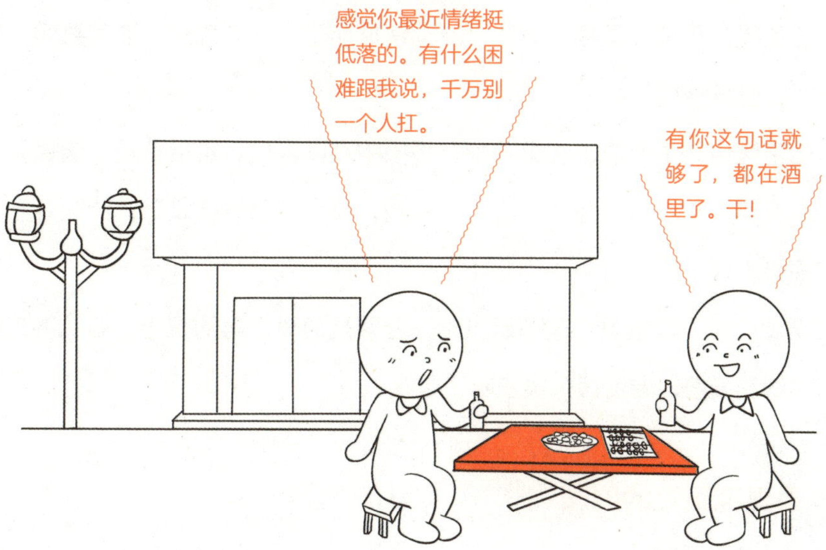

老董最近有些泄气，他住了十多天医院，出院时，医生吩咐：你这样的“三高”人群，一定得管住嘴。

老董喜欢大口喝酒，大口吃肉。医生叮嘱他这也不能吃，那也不能碰，他顿时感觉没滋没味。

还没出医院门口，小刘就来接他了：“老大，整个办公室都等您出院呢。

大家在酒店置办了一桌，就差您一位了。”

老董一路上心不在焉，到了包厢，努力提起兴致，和大伙打了招呼。何姐说：“老大到了，叫他们上菜吧！”

先上的是四个凉菜，都是老董从前喜欢吃的菜。但看着面前的花花绿绿，老董挪不动筷子。

很快，一道主菜上来，老董不禁吸吸鼻子，可抬头一看，连连摆手：“这狮子头我吃不了，你们吃吧。”

何姐笑道：“这是素狮子头，里边是豆腐、马蹄、萝卜，和肉馅的口味差不多！”

老董提起筷子，又是一道菜：粉蒸南瓜茄子。小刘说：“这道菜叫‘蒸蒸日上’，您尝尝！”

老董皱眉夹了两块，发觉并没有想象中难以入口。紧接着是一道道菜：清炒春笋，菜名“节节高升”；白菜包素肉，菜名“百财福袋”；什锦春卷，菜名“福禄寿喜”……

老董心头一阵温暖，这哪是点菜，分明是道道下属的祝愿。心头的抗拒，一下子烟消云散，老董摆开筷子吃了起来。

食物是灵魂深处的慰藉

一个人不论离家多远，对于家乡的美食都不会忘记。在宴请他人吃饭的时候，可以选择对方家乡的口味菜，如此，便能让对方欢心，让宴会的目的更加容易达成。

一顿饭往往能温暖失落的心灵

小成对老孙的工作安排有些意见，心里有了辞职的打算。

他想了一晚，把辞呈交给了老孙。老孙捏着辞呈没看，过了好一会儿才叹口气：“行，那咱们师徒再吃最后一顿吧。”

两人走到一个小面馆前。老孙点了两碗面，给小成的那碗多加了一份牛肉浇头。老孙说："我第一次请你吃东西也是在这里。吃吧，吃完了去你想去的地方。"

小成慢吞吞吃完了面条，呼啦啦喝掉面汤，一擦嘴巴："师傅，走。"

老孙诧异："去哪儿？"

小成拎起挂在椅背上的工作服："上班啊。不过，有些工作安排，得改改。"

"小子，长大了。"老孙放下面钱，跟上了小成的脚步。

好吃和健康，两者可以兼得

随着经济发展，人们吃得越来越好，各种“富贵病”也因此而来。在宴席上，更多人开始注重养生。

点餐的时候，考虑到被宴请者的身体状况，为对方量身定制点餐，更易博得对方的好感。

阿杰所在办公室的人事有了一点变动，来了一位新主任。阿杰决定找个机会请他吃顿饭。但听说新主任比较注重饮食健康，于是向做健身教练的朋友请教。

对阿杰列出来的菜单，教练嗤之以鼻：“你拿着这份菜单去请客，不出问题才怪！”

教练指着菜单说：“炒腊肉重油重盐，不如换成蒸肉吧！”

教练又指着下一道菜：“红烧肉好吃没错，但太多油了，不如换成石斑鱼。鱼里的卵磷脂和蛋白质，对你们坐办公室的脑力劳动者最好，还兼顾了档次。”

阿杰问：“那我这份西兰花和四季豆总没有点错吧？”

教练笑道：“菜是没错，可方法不对。西兰花不应该做成干锅，锅底是油盐富集的地方，又容易烧焦，产生致癌物。四季豆也是一样，不要选干煸做法，水煮后翻炒几下就好。”

阿杰连连点头：“还有什么建议？”

教练说：“想要保证健康又吃出鲜味，蘑菇是很好的选择，点个浇汁牛肝菌吧！汤菜嘌呤太高，要喝汤的话就一人一小盅尝尝口味。再加两道凉拌菜，这顿就算是齐了！”

阿杰感叹道：点一桌不对身体造成负担的菜，真不容易。教练道：“平时注意，总比吃出问题划算。”

不过想要吃得健康，其实也没那么容易，需要在平时就多注意一些关于食物的健康知识。

上桌的东西，腿越少越好

想要吃得健康，有一个口诀：四条腿不如两条腿，两条腿不如一条腿，一条腿不如没有腿。

猪、牛、羊等家畜是四条腿的，属于红肉，高蛋白高脂肪，容易诱发心血管疾病和关节炎等免疫症状，应该减少摄入。

鸡、鸭、鹅等家禽是两条腿的，属于白肉，高蛋白低脂肪，适合适当摄入。

蘑菇和蔬菜是一条腿的，属于菌类和植物食材，富含纤维素和维生素，可以促进肠道蠕动，应该多多摄入。

鱼虾等水产是没有腿的，钙质、蛋白质、卵磷脂等含量高，适合用脑人群摄入。但不少人对其过敏，也会增加痛风风险，需要衡量体质再摄入。

食材固然好，烹饪更重要

烤肉易致癌，烧烤要少吃。烤肉的美拉德反应能让人垂涎三尺，但烤肉过程中产生的二噁英、苯并芘等产物对人体有害，不适合多吃。

干锅重油盐，哪怕是素菜，经过这样的烹饪也不利于健康。

炒菜分情况。烹饪时间久的炒菜，维生素含量会大幅下降，油盐含量也不低。但快速清炒的小菜，油分可以控制，而且还能保留许多维生素。

蒸菜与煮菜较健康，但对维生素的破坏比较大，适合用来烹饪肉类。

煎、烧、焖、烩等方式难以控制油盐分量，不建议长期食用。

短时水煮或者生食凉拌对营养破坏少，但需要注意饮食卫生。

杂粮好控糖，多吃多健康

除了菜品，在主食的摄入上也需要多多注意。

主粮是淀粉的主要来源，但淀粉容易引起血糖升高。采用杂粮代替精细主粮，能使血糖相对平稳。杂粮富含麸质和纤维素，有利于保护消化系统。

好菜配好酒，宴请更尽欢

宴会上往往少不了酒水的身影。点好了酒水，可以升华整个宴会的档次。而点错了酒水，可能会造成“灾难”。每个人对酒的品牌认可度不同，对口味要求也不同。所以，饭局点酒，尽量多方打听，维持一个众人都能大致接受的局面是最好的。

小丁平时喜欢品尝美食，也喜欢收集品尝各种不同的酒类。后来他发现，在宴会上，这些积累很是派得上用场。

在一次款待上司一家的重要宴席时，小丁拿出一瓶年代久远的高档白酒，对上司说：“感谢您这么多年来对我的提携和照顾，请允许我敬您一杯。”

上司以酒品价值不菲推脱，小丁诚恳地说：“这酒是我爸爸的战友送的，放在家里也是摆设，请您务必赏脸。”

给上司敬完了酒，小丁又转向上司的太太：“我和您见面不多，但咱们部门能做起来，都是因为您在背后默默支持。我不知道怎么表达，都说这红酒有美容的功效，我冒昧请您喝一杯，请您别介意！”说完，开了一支高档红酒。

随后，小丁对上司的父亲说：“咱们今天点的饭菜，可能不太合您老人家的口味。我老师吃饭的时候，总是搭配一杯暖胃养生的黄酒，我今天也为您准备了一支，请您不要见外。”

最后，小丁对上司的儿子说：“总是听陈总提起你。不过你最近要考试，今天就用饮料代替吧。等你高中状元，一定会为你提前备好庆功酒！”

小丁以一套滴水不漏的酒水搭配，给上司留下了非常深刻的印象。

点酒有诀窍，千万别乱套

酒水的分类方式很多，但在宴饮上，可以分为烈酒、红酒和饮料酒三类。

像中国的传统白酒，还有白兰地、威士忌、伏特加，都可以归为烈酒一类，适合搭配“大菜”“硬菜”。在一桌豪华的宴席上，必定少不了高档白酒的身影。而西式的烈酒，除了在酒吧等地方出现，也可以搭配大块的西式烤肉。

红酒多出现在西餐场合。不过随着现在中西菜系的融合，在综合酒店的宴席上出现，也不显得突兀。如果在座有女士的话，点一支红酒能尽显东道主的贴心。

饮料酒主要是度数不高的啤酒、果酒、粮食酒。黄酒口感柔和，适合肠胃不好的老年人。果酒和啤酒更适合群集的社交场合，起到活跃气氛的作用。

点酒选品牌，名牌不会错

如果平时不喝酒，对酒也算不上了解，那么不妨点主流品牌，品质都不会差。

如果真的不懂其中的细微区别，完全可以请上司选择，在上司的选择标准上继续提高一档。如此不求有功，至少也不会有什么大错。

了解地方酒，有时有妙用

中国许多地区都有地方的名酒。例如山西的汾酒、陕西的西凤酒、湖北的白云边等，可以说是各有特色。

有很多人，尤其是上了一定年纪的，品尝多了各种高档酒水，反而喜欢喝家乡那一口。

有的时候，让贵宾产生熟悉感，从而转化成对东道主的好感，可能真就是一瓶家乡好酒的功劳。

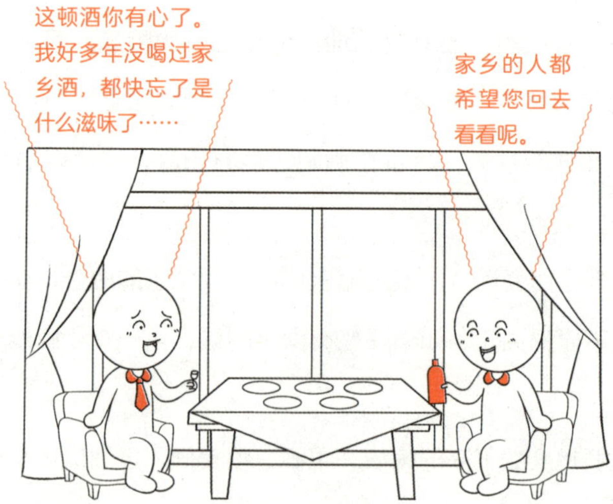

第4章

宴会形象值百万，饭局主角你来做

宴会是中国人重要的社交场所，那么在宴会上，就不能让形象拖了你的后腿。

有人可能会说，我自己的外表，我还处理不好吗？但你的自信，可能会掩盖许多问题。一个人参加宴会的形象，透露了他是否重视这次宴会，甚至透露出他对宴会上其他人的态度。一个形象，隐藏了很多无法言说的信息。把自己的形象收拾妥当，才能在宴会上光芒四射，给人留下良好的印象，让宴会成为你展示自己的舞台。

不同宴会，着装大有不同

每个宴会都有自己的主题。既然场所有了主题，穿着也就有了相应的要求。

场所往往决定了与会的人员需要如何穿着。违背了要求，可能会引发令人难以接受的结局。

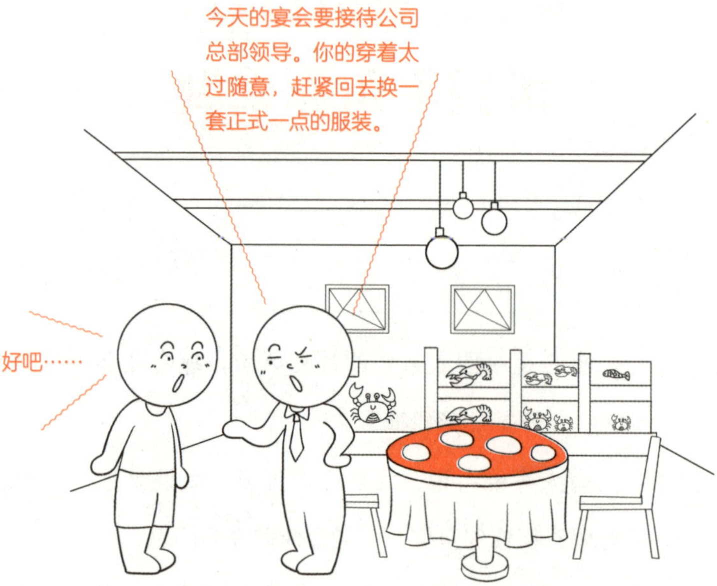

小石与小曹都在一家新媒体企业任职。公司近年来打算扩大规模，但人才一直没有到位，于是公司让小石与小曹练练主持方面的工作，有必要时替公司出席媒体会议。

小石无论是声音、相貌和身高等先天条件都比小曹更好，他有十足的干劲，苦练演讲和主持能力。到了年底，公司让他们去参加一场传媒晚会，并一再叮嘱他们穿上正式西装。

晚会当天，小石来到现场，却被工作人员拒之门外。小石辩解：“你看看我身上，不是西装吗？”

工作人员却指着邀请函告诉他，里面明确说明是“正式西装”，而小石却穿了一身休闲西装。

站在会场外，小石眼睁睁地看着小曹进入了会场，在他缺席的情况下，小曹代替他参加了整场活动，并在随后的宴会上获得了许多人脉。

因为小曹的出色表现，本是替补的他被公司提到了前台，而小石失去了宝贵的机会，只能以幕后的身份继续工作。

不同的场合，意味着不同的穿着。小石没有提前了解与会服装的细微要求，输在了离成功最近的一步。

西式高档晚会，需着正式晚宴服

在西式的高档晚会中，男宾需要身着正式晚宴服，也称无燕尾晚宴礼服，以及白色百叶形衬衫、黑色领结、宽布腰带、黑袜、黑色的短筒漆皮鞋。

西式高档晚会多在名流婚礼上出现，如果你有幸受邀，请提前准备好服装。

亲朋喜宴，穿着合规得体

在亲朋的喜宴上，如果是作为男方或女方家人，可以选择正式一些但非礼服的西装，以免盖过新郎与伴郎团的风头。

如果是炎热的天气，白色衬衣与西裤皮鞋也是不错的选择。

不要穿红蓝格子衫等容易让人联想起工作场所的服装。虽然这并不是禁忌，但在节庆的场所还是应该尽量少出现工作的元素。

老人寿诞，首选唐装马褂

参加中式风味浓重的老人寿诞时，唐装马褂是不错的选择。

在纹样上，年轻人可以选择一些面料反光度较低，纹样不那么传统的款式。

不要穿“寿”字纹样的唐装，以免与寿星撞衫。在有些地区，“寿”字纹唐装仅用于葬礼，这种情况就更需要注意规避。

商务宴会，选择西服领带

在商务宴会，尤其是与外企的宴会中，穿一身得体的商务西服衬衫，打上领带就可以了，突出参与商务的氛围。

在宴会之后的甜品会，或者单独的冷餐会等自助餐时，脱掉西装外套会使人显得不那么拘谨。但不是任何时候都适合放开和脱下领带，尤其是贵宾还在场的时候。

体面第一，不要争奇斗艳

有人认为，穿着体面就是将最豪华的东西往身上套，而不管如何搭配。

这样就好像将各种动物名贵的羽毛和裘皮堆在一起，不但不美观，在视觉上往往会造成“灾难”。而奇装异服，就更不应该出现在比较正式的场合。

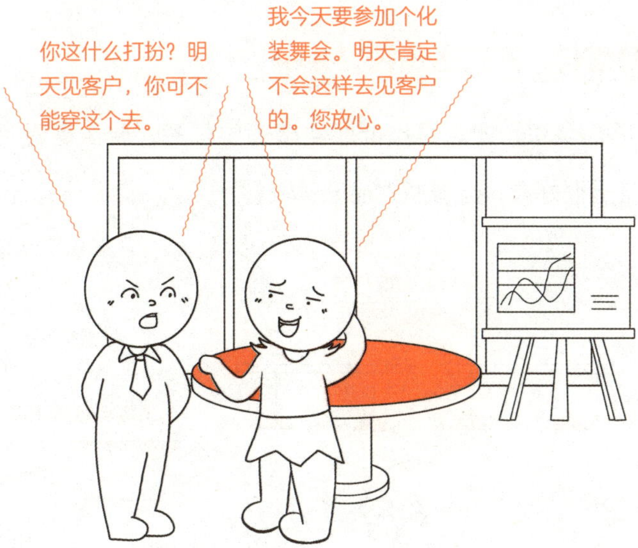

在来新公司之前，小云是一家健身机构的领舞。

筹备公司年会时，上司听说小云对跳舞很在行，有意让他露一手。

小云也“力排众议”，表演的当天，小云穿了一身闪光亮片，弄了个爆炸头，戴上了夸张的墨镜。

他原以为自己的表演能获得满堂彩，但公司经营的却是一个相对保守的行业。一曲过后，舞台下方传来的不是热烈的掌声，而是沉默。

小云下台时正好撞见上司，上司不高兴地说："我们是做传统产业的，跟不上你的潮流，下次别这么穿了。"

而同事也认为，小云当天就是为了抢风头，结果弄巧成拙。

小云感觉很冤枉，难道自己的穿着有什么不对吗？他在以前的同行中，还不算特别新潮的。

其实，小云的问题就在于忽视了周边环境的要求。传统行业，讲究的是四平八稳。一套过得去的体面衣装，为上司表演一下，就可以了。

在不该出风头的地方争奇斗艳，不光得罪上司，还会与同事产生隔阂。

褴褛服、透明面料，不宜出现在宴会中

有的国外风格装束，要么是拉扯成丝缕的牛仔裤，要么是透明的蕾丝面料，穿在明星身上很好看，但普通人很难驾驭。

亚文化的装束，很难符合气氛

随着社会气氛的宽容，我们身边也出现了许多亚文化。它们集中在非主流的人群中，不为大众所知。

但有时，亚文化突然闯入主流，往往能引起剧烈的碰撞。

小武是个金属乐队的吉他手。一次他参加家人的宴会时，伴随着机车的轰鸣声，大家都被他狂野的造型震住了。

晓璇则是个汉服古装爱好者。在一次婚礼上，她没有和新娘提前打招呼，穿着一套洁白的汉服露面。在场的人眼光都聚焦在她身上，新娘被抢了风头，很不高兴。

这样的情况还有很多。许多衣装在它的圈子里有着独特的魅力，在主流视野下却显得奇形怪状。

打理仪表，做到清洁爽利

普通人稍微邋遢一点，看上去可能就老了十岁。

一定要打理好自己，不求标新立异，但求干净明快。

小王找工作时屡屡受挫，不由跟女性朋友小舟吐槽："我应该怎么打理，你快来帮我想想办法！"

小舟很无奈。要说小王，热情周到，助人为乐，真是人品、性格哪都好，就是不太爱拾掇自己。

小王听完朋友一针见血的点评后，痛定思痛，决定请她来改造自己。

小王的审美就是没啥审美，他的仪表堪称"灾难"。

首先，发型不适合自己。杂乱的头发缺乏层次感，使得整个人看起来很不精神。

其次，小王的眉毛从出生后就没修过，说好听点叫野生眉，说难听点就是东一片西一片，完全没型。

最后，小王由于长期面对电脑，让他双肩内扣，微微驼背，后颈有富贵包，既不好看，又不健康。

小舟带小王去了理发店，根据脸型理了一个干净清爽的发型，发型师还给他修了配套的眉毛。这么一打理，小王的容貌已有了极大的变化。

而后，小舟拿过小王的手机，在他能接受的价位上，为他选择了几套得体又时尚的衣服，又要求他经常运动，刻意矫正体态。

前后不过半月，再见小王，他已有了堪称整容的改变：剑眉星目，衣装得体，整个人挺拔而又自信，还顺利入职了新公司。

看不见的地方也要注意清洁

不论是男女，都应该在生活中注意仪表。除了外在的美观，还要同时注意到那些看不见的地方的清洁工作。

比如要根据个人体质和生活环境勤洗澡，勤换洗贴身衣物。

人的身体会随着时间的推移而产生一些气味，往往自己又比较难以闻到自己的体味。对于一些有洁癖的人来说，体味对他们会是一种折磨。如果在宴请的时候因为体味而破坏掉了氛围，那就太得不偿失了。

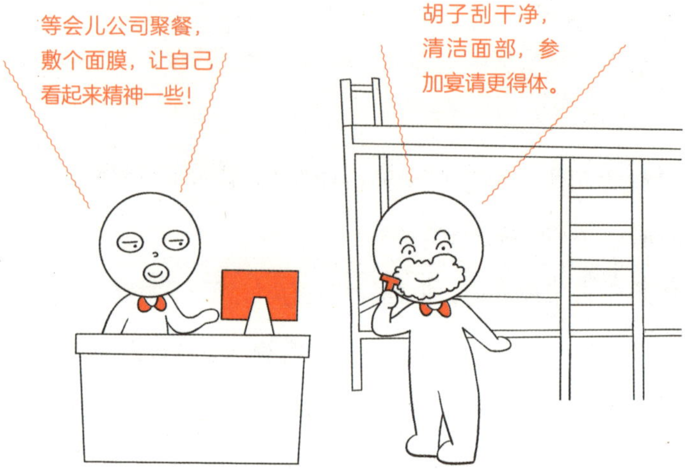

不要让身体细节毁掉前途

眉毛修没修，耳朵上有没有污垢，指甲长短合不合适，诸如此类的细节很重要。

有的人瞧着体面，食指指甲却带着啃过的残痕；有的人精明干练，一对粗重没型的眉毛却给他平添了几分凶悍，显得不好接触。

至于胡须、鼻毛等细节，不一而足……

对，这都不是多起眼的细节，不涉及个人人品和能力。但人都是看第一印象的，尤其是遇到那种习惯一眼定生死的大人物，这些都是决定个人成败的因素。

注意表情管理，打开前程坦途

人具有丰富的面部肌肉群，有着所有其他生物无法比拟的表情。很多脱颖而出的演员，都是表情管理大师，甚至能在高速动作中控制表情的平静。我们无须达到这样的水准，但一样要管好自己的“面子”。

小严和小屈是办公室同事，两人业绩都还不错，年底就是公司庆功宴了，小严和小屈忙了一年，心想终于可以歇歇了。

在酒宴上，小严和小屈都被同桌灌了几杯酒。小严有些微醺，还能克制住自己，但小屈几杯酒下肚，已经有点忘形了。

隔壁桌销售部门的女同事前来敬酒，小严客气地喝了几杯，小屈却一直盯着女同事的脸，看得对方毛骨悚然，匆匆离开。

小屈面子上有点挂不住，一开始露出泄气的表情，很快又亢奋起来，吹嘘自己的业绩。小严连忙规劝，但小屈根本不听，小严差点恼火上头，但很快让自己冷静下来。看着小屈的样子，他已知道多说无用，借故去了别桌。

而小屈还没有意识到自己的失态，他大声开着玩笑，靠在椅背上毫无遮挡地剔牙，几位同桌都大皱眉头，先后离开，只留他一人在席上。

第二天，小屈酒醒了，等来到公司，和小严打招呼时，却看到小严故意躲着他。经过其他部门的大门时，看到有女同事对他指指点点。一个办公室的同事，也对他十分冷淡。他想搭话，对方却“哦”一声，就再也没有回应。

小屈后悔不迭，但已经没有人愿意和他接触了。

在酒宴上，不仅需要管好肢体和语言，还需要做好表情管理。一旦失态，下次浮现在他人面前的，就是一张无法自控的脸。

有的表情，人们很喜欢

当人开心的时候，线条往往是上扬的，比如扬起的嘴角，微抬的眉毛……我们常常说的眉飞色舞，就是这种昂扬的状态。

但在职场中，过分飞扬容易给人造成张狂毛躁的感觉，所以也不能太得意忘形，免得乐极生悲。

最讨人喜欢的，其实是不会产生威胁感的表情。不张扬的笑，会给人一种温和的感觉。

在餐桌上最好不要露齿而笑，如果要笑，先把嘴里的食物吞下去，喝一小口茶漱漱口，免得有食物残渣粘在门牙上，被他人看得清清楚楚。

有的表情，负面感太强

快乐的表情，线条往往是向上的，而负面的表情恰好相反。例如下垂的嘴角、阴沉的法令纹、耷拉的眼角，无一不让人联想起严厉、失意、消沉。

这样的表情挂在脸上，是完全没有亲和力的。人们看到它，就有一种生人勿近的观感。

同事看到这种表情，会想：哪里得罪此人了？上司看到这种表情，会想：这人是什么意思，还想不想好好干工作了？

要想与同事以及上司搞好关系，就需要控制这类表情。

注意肢体语言，更好收获人心

除了话语，我们还有另一套语言系统，那就是肢体语言。有的人外表平平，但举手投足间就是散发着一股魅力。这魅力的来源，正是良好的肢体语言。良好的肢体语言，充满自信、友善、积极、谦逊，同时又不会带来威胁感。

小崔不久前入职了新公司，试用期刚过一个月。

这天，主管请他吃饭。小崔谨慎地问："还有哪位要一起来吗？"得知有两位入职时间差不多的同事，小崔略略放心。

吃饭时，小崔保持了良好的坐姿：腰背挺直；两肘微微贴着肋骨，前肘自然放平，轻贴桌面；进餐时微微低头，直视食物，但在主管和他说话时，迅速擦嘴，直视主管，回答他的话。

吃到一半时，他看到一位同事一手托腮，斜着脑袋，另一手拿筷子拨弄着盘里的食物。桌面微微颤动，似乎是另一名同事在抖腿。小崔稍微挪动了一下，碰到了某人的腿，但他只是稍微动弹了一下，接着就没有动静了。

这顿饭吃完，工作和生活仍然没有什么改变。但几天后，主管通知小崔提前转正，而当时吃饭的两位新同事，一个调去了冷板凳组，一个干脆收拾桌面回家。

小崔没有问什么，主管却笑着说："小崔啊，以后好好干。"

看小崔还没有马上要走的意思，主管说："还记得前几天吃的那顿饭吧，让我对你们三人有了不同的看法。你在别的场合还是一样，但那两个人，一个轻佻松懈，一个过于自我，都不是公司要的人才。"

原来，通过一顿饭，主管就筛选了三人。而之所以要留下小崔，和他在饭桌上良好的肢体语言分不开。

不要抖腿，影响他人不得安宁

在肢体语言里，抖腿是社交场里的"毒瘤"。

有的人习惯性地抖腿，时常在座位旁边引起小型"地震"，这不光非常影响他人，也会严重破坏自身的形象。

许多人的职场生涯，坏就坏在抖腿上。抑制抖腿，需要平时多加注意。在独处时，也可以使用其他方式，而不是用抖腿缓解情绪。在百无聊赖时的抖腿，会让人一眼看出来你心不在焉，失去继续交往的念头。

多动手少动嘴，尽显谦逊

肢体语言不光是“练”出来的，还是做出来的。

有的人，在饭桌上就只会往自己碗里扒拉各种美食。

但有的人，则会经常关注同桌的宾客。有时服务生忙不过来，他伸手帮忙传菜。看到别人面前的菜碗空了，他帮忙挪动转盘。看到宾客在寻找纸巾，他很快递过去……

这样的人，通过动作传达出来的肢体语言就是：关心他人，和蔼友好，宽容大度。有了这样的品质，很难不受他人欢迎。

真诚友善，博人信任

一个人的动作如果放松舒展，在他面前，他人就很容易感到和谐，从而平静下来。将手掌放在胸前，传达的往往是“你可以信任我”；采用和对方类似的动作，是在说“我和你是同路人”……

用好了肢体语言，能在宴席上得到他人的认可，打开自己的命运。

坐有坐相，坐得端才能行得正

无论是在宴会中，还是在职场中，坐姿始终都是你的一张“名片”。

不要小看坐姿，它不仅影响人的体态，也会传达出生活态度、精神信念等许多信息，值得细细品味。

一个人的体态，很多时候决定了在别人眼中的观感，在餐桌上也不例外。有的人一坐下就含胸驼背，矮了一截，还给人佝偻无力之感。

在宴请这样的社交场合，坐姿直接决定了与会主宾对你的观感。一位坐姿端正，神态自若的人，往往能刷一波“好感分”，让他人频频有邀你作宴的想法，也很可能因此获得意想不到的社会资源。

正襟危坐，不必过分拘谨

在与上司或长辈同坐时，应将身体前移，不要坐满整个椅面，背部与椅背保持一定距离，以示尊敬，同时微微收腹挺胸，肚腹离桌沿约一拳或半拳，保持精神饱满挺拔而不紧张僵硬的坐姿。

与平辈同坐时，可以稍稍前倾，拉近与对方的距离，保持稳定但无意冒犯的姿态。

双手双脚，寻找合适处安放

经常有人在坐下之后感觉四肢无处安放。坐下时，双肘自然与肩同宽。切勿大张双臂，这必然影响其他同座，看起来蛮横霸道，不近人情。

前肘自然放松，两手不要有小动作。不用筷子的一只手空心虚握，捏拳会显得过分紧张，而张开手掌则会显得太过张扬。另一手夹菜时不要猛然前伸，这样不但不礼貌，还容易引起汤汁飞溅。舒缓而精准的动作，才不会影响其他客人。

基础不能忽略，下盘必须扎实

双膝与肩齐平，或略略大于肩膀。大张双膝会影响他人，还会给人傲气野蛮之感。小腿垂直或略略内收，伸直小腿往往会踢到对面的客人，让人不快于侵略感。

男性坐姿中争议最大的就是二郎腿。

但在西式场景中，尤其是穿着礼服的情况下，无论男性还是女性，二郎腿都是正式的坐姿。

在中式的宴会上，尤其是长辈面前，还是正襟危坐的好。

如果能做到以上要点，在餐桌上就会是一个有着良好肢体语言的嘉宾。

中式宴会，正襟危坐符合社交习惯。
西式宴会，二郎腿也符合社交习惯。

第5章

宴请礼仪，饭局上的大学问

每个国家和地区的宴请场合，都少不了独特的礼仪。而对格外重视宴会的国人来说，这些礼仪就显得更为隆重和复杂。了解这些礼仪，才能在宴会上做一位留下美名的东道主，或者一名印象颇佳的客人。

相反，不懂宴请饭局的礼仪，则会让人觉得你缺乏素养，不值得信任，从而得不偿失。

掌握握手礼仪，留下良好第一印象

对于比较含蓄的中国人来说，握手往往是宴会上唯一有身体接触的礼仪。作为从骑士时代延续至今的礼仪，握手的礼节中有许多细节，不可不知。

东道主应当主动伸手。在社交场合，一般是位尊者主动伸手以示礼贤下士。但在宴请的场合，东道主应该首先做出伸手的姿态，以示尊重。

为了表达谦逊礼貌，握手时应将上半身微微前倾，做出欢迎对方的姿态。

双方手掌接触时稍微用力，随后逐渐放松，保持 2~3 秒的力度即可。与位尊者握手，可以稍稍上下摇动以表恳切，但幅度不宜过大。感觉到位尊者手掌松手，应该停顿片刻后再松手，以表尊敬。

清洗手部的程序应该放在握手之前，在握手后立刻擦手或洗手，会给人以嫌弃的暗示。应该在握手环节结束一段时间后，再不紧不慢地擦洗手掌。

简单的一次握手，就决定了你给对方的第一印象。

除了以上几点，关于握手的细节，还有很多需要注意的地方。

握手时注意次序

职场上，一般以职位、主宾、年龄、亲疏作为判断顺序，排前的属于位尊者。

通常而言，位尊者会主动伸手。但接待位尊者时，可做出伸手的动作，等对方递过手掌时略略加速相握，动作幅度不可太过夸张。

送别时，东道主应等客人先伸手，否则会有逐客之嫌。

如社交需要与多人握手，需要遵照从高到低的顺序，按照上下级、年龄、辈分、性别依次握手。

握手时注意体态

握手前一定要保持站立状态，坐着等别人握手傲慢而失礼。握手时伸出右手，上身微微向对方倾斜，行欠身礼。手掌应该垂直于地面，不能仰手或覆手。握手期间应微微抬头，面带笑容，眼神接触对方视线。握手时不要喋喋不休，可以礼貌地问候“您好”“幸会”后将对方迎入席内。

握手时注意禁忌

除非是领导接见问候群众的情况，否则最好不要同时与多人握手，交叉握手更是大忌。

握手时另一只手应自然下垂轻贴身侧，不要插在口袋里或端拿其他物件。

对方已经做出握手姿态，就不应该拒绝。握手时候不要上下推拉或抖动，更不能向下猛拽。

如女士主动伸手，轻握对方手指片刻即可，切不可握持过久或双手同时握。但与女性位尊者或同僚握手时，应采用与同性一致的礼节。

座次安排很讲究，有主有次需注意

中国人常说：一个萝卜一个坑。其实，这里的“坑”不只是现实意义上的坑，更是哪颗“萝卜”应该放在哪个位置，这就是座次。如果不了解它，随意安排，很可能会真的将人带进“坑”里。

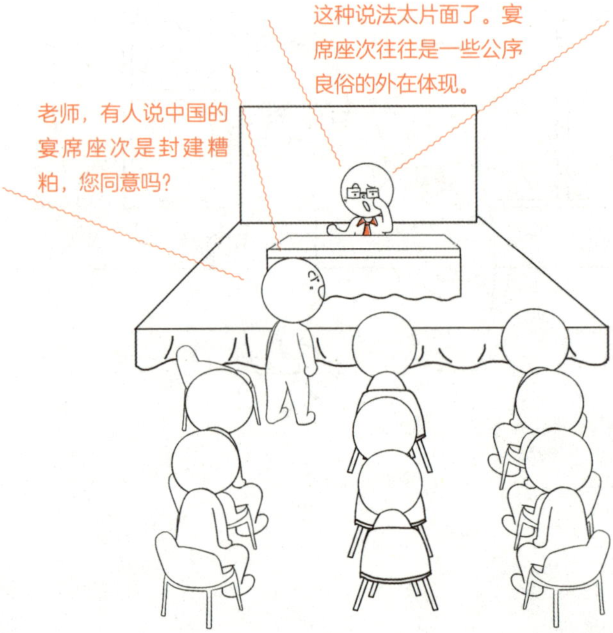

几年前，一位骤然暴富的商界新贵为了开拓文化领域的产业，请了几位专家吃饭。在安排座次时，他挥手说：“请诸位随便坐！”

此时，一位专家站直身板：“王总，您觉得您和项羽、刘邦比起来，是过之还是不如？”

王总想了想，只好说：“那当然比不上，我是把他们当偶像的。”

专家笑道：“项羽和刘邦鸿门宴时，也是要讲座次的。您既然打算进军文化界，就应该学学古人的智慧。”

王总连忙点头，将专家奉为上宾。听从专家建议，他在新领域果然顺风顺水。

放在今天来看，两千年来中国知名的这场宴会，座次与现今也没有什么大异。我们来看看他们的座次是怎样的：

项羽，诸侯联军主将，坐西朝东，面对大门，位列东主。

范增，诸侯联军次将，项羽亚父，坐北朝南，位列主宾。

刘邦，诸侯联军将军，灭秦首功，坐南朝北，位列主陪。

张良，刘邦首席谋士，坐东朝西，背对大门，位列末陪。

在这场宴会中，项羽是东道主，坐在尊位，面对大门。

刘邦是贵宾，因此坐在东道主身边，但因为范增是项羽亚父，又是联军次将，所以两人的位置稍有更换。

范增是东道主的主要陪客，因此能安排“意在沛公”的刺杀试探。

而张良则是刘邦的最后一位陪座，所以座次在最低的门边，所谓“敬陪末座”。

看懂鸿门宴，就能看懂中国宴席的座次。

主人坐首席，地位最尊崇

在一场宴会中，最重要的位置就是主尊位。

主尊位面向大门。在独立的院落里，大门一般都是向东开的，所以这个位置往往是坐西朝东。

现今的酒店包厢开门的方向未必向东，但大门对面一眼能看到的位置，通常是主尊位。

主尊位通常属于东道主，但在宴请上司时，务必将主尊位留给他们，而自己顺延到次座，也就是原本的主宾位置。

主宾坐次席，缺了他不可

主宾是宴会中不可缺少的一位，往往是发起宴会的缘由。

一般而言，主宾位会留给远道而来的贵客，需要东道主热情招待。

但在宴请上司等人时，一般东道主会顺延到次席。

主陪坐三席，气氛靠他托

主陪一般是贵客和东道主之下的第三席。有时候，主陪是东道主专门请来为贵宾作陪的。有时候，主陪甚至是邀请位尊者的中间人，身份不可谓不重要。

作为主陪，人缘好，会来事是必须的。一次宴席的气氛是否热烈，往往决定于主陪是否能够烘托。

别忽略末陪，后勤归他管

在参与宴会的人员较多时，还会分出次宾、次陪等。但担任末陪的人，一定要是主人最信任的。

别看末陪往往坐在门边，是离东道主与贵宾最远的，看上去最不起眼，但把控宴会后勤的细节，往往是他们负责。

比如需要加菜，添加酒水，与服务员的沟通等，大多需要末陪操持。滴水不漏的末陪，绝对是宴会成功的有力保障。看看在鸿门出谋划策的“总导演”张良，就知道这是位怎样的角色了，最好要信得过、眼色好的人担当。

入座有礼仪，小处显涵养

中国式宴席讲究一个主客分明，分明就分明在座位上。什么座位该坐什么人，什么座位有什么作用，在饭局宴席上都是有一套规则的。然而分清了主次座席，如何入座也是有讲究的，一些小的入座细节，可以将一个人的修养体现得淋漓尽致。

小袁家境不错，在校园的时候也不太认同社会上的繁文缛节。不过一次实习期间的经历，让他明白了礼节存在的意义。

那次公司让他招待一批实习生，小袁一开始信心满满，心想：这有什么难的？可是在落座这个环节，就出了很多岔子。

在入座的时候，场面乱糟糟的，椅子相互碰撞的声音不绝于耳。有两个脾气暴躁的家伙，还差点因为争执而动起手来。

小袁百思不解，为什么一个简单的入座，都能乱成这样。

后来还是酒店的领班替他解答了疑惑，这些实习生没有学习过入座的礼节。

懂得礼节的人，会从一个方向进入就座，不会出现你往左边走，我往右边走，最后迎头撞上的情况。

懂得礼节的人，会在他人从身旁经过时主动避让，不会造成堵塞。

懂得礼节的人，会主动与他人打招呼和交流。人熟悉了，就不容易引起混乱。

懂得礼节的人，会咨询他人再行动，会减慢动作避免影响他人……

所有的小细节加起来，就会变成“秩序”。有了秩序，场面就不会乱。

一席话点醒了小袁。原来被他嗤之以鼻的种种规矩，背后都隐藏着深意。理解和学习之后，小袁组织宴会时再没有乱作一团的情况发生。

我们也应该了解入座时的礼仪，这样才能摸清宴请背后的规律。

入座方向最重要，需要牢牢记住

中国自古以来就有以某个方位为尊的传统，经过数千年的流变，逐渐固定下来。

在绝大多数场所，往往以左为尊，宴会也不例外。

因此，入座时主宾应遵循从左边进入的方向，走向自己的座次。

遵循传统，不正不坐

有的酒店有靠近桌子的飘窗等，看上去坐着也很舒服，但不要因为这点而坐在椅凳之外的其他地方。

只有在位置不够或者场所过于拥挤等少数情况下，可以提出临时就座的提议。如果在座诸位认可，方可临时就座。另外，坐姿也很重要，不要在正式场合坐姿不端，以免引起他人的不满。

就座有礼貌，小处显涵养

如果经过的座位已经有人落座，要从他人背后经过。座位附近已有人落座，应当稍侧身子，半侧面对别人入座，最好不要背对入座，给人傲慢不合群的联想。

座位有扶手时，可以轻轻搭上扶手。坐下之后，可以稍微调整一下坐姿与衣物，但不要拨弄个没完。

他人在身侧或身后经过时，应该主动避让，做出“请”的手势和低语。如此一来，才是位会入座的嘉宾良朋。

注重卫生，礼仪印象更加分

和分餐制，各吃各家的西餐不同，中餐往往是合餐制，大家在一个菜碗里夹菜，虽然气氛热闹，却又因为每个人的习惯，产生了一定的就餐风险。

所以要更加重视餐桌上的卫生，才能让这顿饭局舒心又健康。

小高身材高大，容貌俊朗，本应该成为频频参与宴会的座上宾，可许多人和他吃了一顿饭后，就没有下文了。

就拿这次来说，小高来的时候在公用盥洗台洗了手，但既没有烘干，也没有拿纸巾擦拭，甩着手就坐在桌边。就算水珠飞溅到旁边的客人与餐巾上，他也毫不在意。

上菜前，他没有像其他宾客一样用热水清洗餐具。吃饭时，小高就好像没有看见摆在转台上的公筷一样，伸长胳膊用自己的筷子夹菜。

今天的饭菜格外符合胃口，他不自觉吮吸了一下刚夹完菜的筷子，伸出去夹另一碗菜。

看到身边的人停下了手中的筷子，小高热情地说："吃啊，您怎么不吃呢？"还做出帮他人夹菜的样子。旁边的客人连连摆手："不用，你吃吧。"

小高夹了一大块排骨，"吱吱"吸干汤汁，嚼得软骨嘎嘣响，将吃剩的骨头"噗"一声吐在杂物盘里，力气很大。

骨头刚和盘子接触，就像打水漂一样飞了出去，碰撞到菜碗边缘。小高拿起餐巾纸，两只手指拈回骨头，搓了搓沾染油腻的手指，喝了一大口饮料，在杯沿留下一圈油印，丝毫没注意旁边的客人已经面色铁青……

也有人向小高指出过，但小高没当回事，只觉得是他人大惊小怪，看不惯自己的大大咧咧。于是，小高成了宴席上不受欢迎的客人，再没人第二次邀请他。

不时清洁，保持优雅形象

在进食时，也不要忘记不时清洁一下自己。

有人在进食的时候不擦嘴，突然被搭话时，就可能因为满嘴油腻而显得十分狼狈。

因此，在吃东西的过程中，也应该不时擦一下嘴，用茶水饮料轻声漱口清洁牙齿，感到牙齿上粘着食物时可以掩面用纸巾擦拭。

在吃完饭后，要及时清理口腔和牙齿。

使用牙签或牙线时，应该用手或纸巾遮挡，以防飞溅。

平时多使用公筷，才能养成习惯

公筷能有效预防幽门螺杆菌、各类肝炎和消化道细菌的传播和感染。在公共场所聚餐时，使用公筷已经逐渐变成了主流。

不懂得公筷礼仪的人，在比较讲究的宴饮场所时，往往因自己的疏忽而影响其他主宾的观感。

食余垃圾，随手各就各位

我们常常看到很多表面光鲜的人，吃起饭来反倒“原形毕露”，让人大跌眼镜。

骨头别乱吐：食物中难免出现骨头渣子，有的人呸呸乱吐，令人厌烦。如果需要处理骨头，可以用餐巾掩口，接取包好后放在杂物碟中，等服务生一同处理。

纸巾别乱扔：就餐中往往会伴随着大量纸巾的使用，作为个人产生的垃圾，如果飘到别人那里，必然非常尴尬。可以将使用后的纸巾折叠成小硬块放在杂物碟中，既避免飘走又节省了空间。

不要当众吐出食物：吃到变质、禁忌或没有处理好的食物，不要当着主宾吐出，因此而让主人下不来台。

不要对着食物一直讲话

吃饭的时候，切记不要对着食物讲话。给人倒饮料时，也要注意闭口不言，以免飞沫横飞，给对方心里造成困扰。

体面离席，细节见修养

有时在宴会中，我们可能因为各种事情而必须离席。如果不注意离席的细节，会给人留下不够稳重负责的印象。所以在离席的时候，要做到有进有退，礼貌体面离场。

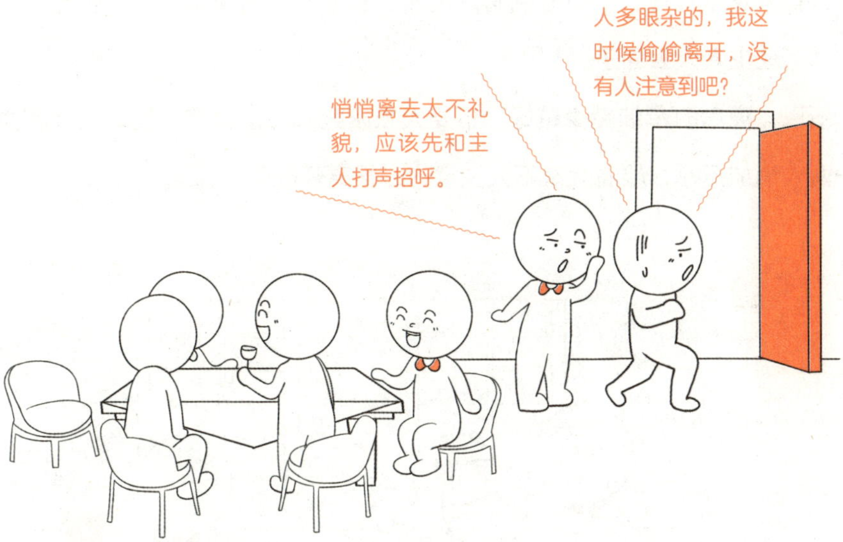

小刁进入职场不久，某次公司宴会时，小刁感觉无聊，对关系不错的几个同事说："我看我们在这也没什么意思，不如早点回去。"

有两个同事与小刁来的时间相仿，几个人趁他人不注意，离开了宴会。事后，小刁在家里玩得正高兴，突然接到上司的电话："你在酒店吗？"

听说小刁在家，上司气不打一处来："没想到是你带的头，明天你直接带辞职信来公司吧！”

小刁这才意识到闯了大祸。原来在他走后，一些实习生看到他们这样，也结伴“溜号”，引起了示范效应。过了一会，宴会上的人三三两两离开，把台上的老板气得够呛。

一次不严谨的离席，经常会造成严重的后果。在宴会上，最好不要临时离席。如果一定有事离席，那么需要具备一些离席的技巧。

牵涉应该少而低调

人都有从众效应，一旦看到有人离席，其他宾客有可能效仿，甚至一哄而散，从而让主人大丢面子。

所以，离席时牵涉越少越好，不要大张旗鼓和每位宾客告别，只要和身边的一两人稍加招呼，趁着大家不太注意的时候离开就好。

离席前一定要请主人谅解

客人离席，往往给主人留下错觉：是不是我招待不周？如果我没有，是不是这个人不知好歹，要来驳我的面子？

为了避免无端联想和关系破坏，离席之前，务必与主人先行沟通，说明离席的原因："非常感谢您的招待，这是我今年印象最深的宴会了。可惜我家里突然发生了一点事情，需要我现在赶过去处理。非常遗憾，什么时候您有空，我想请您见一面，表示一下歉意……"

在取得了主人的体谅后，不要耽误时间，低调离开，让主人回去招待其他的客人。

离席还有其他细节需要注意

如果你事先知道宴会中途需要离席，在宴会尚未开始时，就需要向主人说明。离开时仅对身边的人表达歉意即可。

已经进入宴会，不要一口菜都不吃而离席，会引起主人的误会。如果实在赶时间，可以象征性地吃几口招牌菜或主人精心准备的菜肴。

宴会结束后，你也要体面离席

用餐结束，在主人讲完话后，向主人表达对招待的感谢。

感谢后不要忙着离开，等主人与女主人退场后，与在场的宾客寒暄几句。

送别几位先行离开的客人，在长辈、女士陆续离去后，再与主人简单告别后方可离席。

第6章

酒来酒往，有喝有拒真英雄

中国的酒桌，是个博弈的场所。有的人在酒桌上站起来，有的人在酒桌上倒下去。有的人笑着进来，哭着出去。有的人来时风光无限，走时风雨凄凉。有的人早上颓废潦倒，晚上春风得意……

在酒桌上演的悲喜剧中，需要找到属于自己的位置。

敬酒，第一杯很重要

酒局上，第一杯酒是开门红。敬好了，能让氛围瞬间进入活跃状态，后面大家不论是叙旧，还是谈事情，都会事半功倍；敬不到位，会让气氛跌到谷底，后面说什么都是磕磕绊绊。所以要重视第一杯酒，该怎么敬，敬给谁，是否需要点明宴请的目的，都是需要着重考虑，格外重视的。

汉朝的时候就发生过一个敬酒导致两个贵族家族覆灭的故事。

只因为在宴会上其中一个贵族受到忽略，另外一个贵族看不过去，当场发难。

最后主人面子挂不住，引得几个家族互相倾轧，导致两大家族覆灭。

固然在敬酒前，大家已经积蓄了不少矛盾，但敬酒的忽视，也促使了这个矛盾的爆发。也许好好敬一杯酒，结局都会不一样。

在日常的宴请中，敬酒是维护人际关系的重要途径，第一杯酒则是整个宴请的重中之重，它涉及今天宴请的目的。敬好了，目的很可能就达成了；敬不好，饭局也许就白摆了。

那么，怎么样才能敬好第一杯酒呢？

第一酒杯需要敬谁

不用说，肯定是敬给最重要的那一位宾客。职位高的人在的时候，敬职位高的人；职位身份都相似，那就敬最年长的那一位；年龄相仿，就敬被邀请的那一位。不管敬给谁，这第一杯酒，都该由组局者来敬，陪同的人员不要越俎代庖。

第一杯酒用来定饭局的目的

第一杯酒至关重要，不能悄无声息地敬了酒就算完事，而是要让所有人都注意到这第一杯酒。因此其中的敬酒词就很重要，一般要围绕今天的客人来说，点出饭局的目的，让在座的人心里都有一个数，知道吃这顿饭的目的是什么。

第一杯酒也可能由组局之外的人来敬

一般而言，第一杯酒需要组局者来敬，但也有例外。比如组局者不便于亲自敬出第一杯酒时，就需要在场的主陪身份的人出面，去给被邀请者敬酒。如果你是在场组局者的左膀右臂，记得一定要学会观察被邀请者的身份层级，主动替组局者敬酒。

文明敬酒品酒，婉拒灌酒塞酒

有人觉得，酒桌上表达热情的唯一方式就是灌酒，谁喝得多，谁就跟我感情最深。

但结果很可能恰恰相反，喝酒的目的本来就是联络感情。为了喝酒，把感情败了个一干二净，那可就得不偿失了。

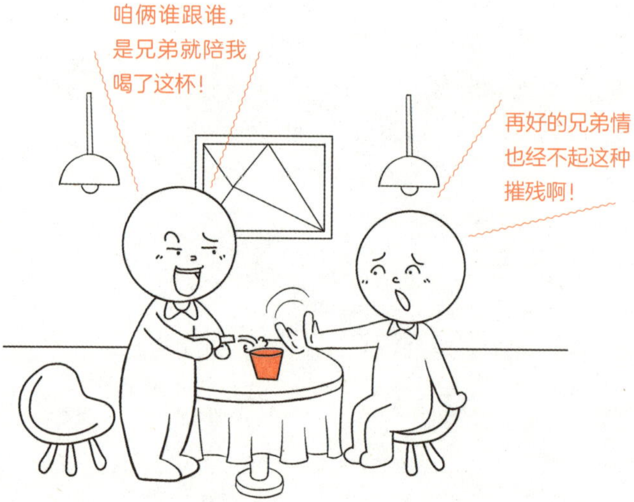

老梁是公司里的老技术，平时工作勤勤恳恳，可有一个毛病，喝酒容易上头，上头就喜欢灌人酒。

就在前阵子，公司来了一位新的上司，和老梁共事了几个月，对老梁的工作十分认可，说做完了这个项目，一定要请老梁喝几杯。

得到了上司的邀请，老梁很是卖力，超额完成了目标。这位上司是个说到做到的人，立马兑现了承诺，请老梁喝酒。

酒过三巡，老梁脸色开始涨红，而上司显然有点不胜酒力。老梁来敬酒，上司挡住，说不能再喝了。

但老梁还不打算善罢甘休，他一杯一杯地劝上司。眼看上司头重脚轻，老梁仍然没有停手的打算，连上司脸上愠怒的红晕，在他眼里也不过是上头的醉色。

直到方才出去抽根烟的同事回来，给上司挡了几杯酒，老梁醉意渐渐过去，才发现又犯了老毛病。

喝酒不是坏事，可以舒展胸怀，可以拉近感情。

但最好的情况是双方微醺，而不是一再猛灌。再好的树，多浇几次水也会涝死。再好的感情，多灌几次酒也会闹掰。适可而止，在酒桌上尤为重要。

主人劝酒，作为客人你得喝

酒席开始，讲完祝酒词后就是第一轮敬酒。这时主客都要站起来，在主人喝完杯里的酒后，你最好与其他宾客一起随上一杯。

然后，在主人再次过来敬酒时，回敬主人。

在人情社会中，最忌讳的是万花丛中过，片叶不沾身，会让人觉得你不近人情。

礼多人不怪，敬酒先敬人

姿态要放低：敬酒时，需要按顺时针挨个敬酒。在对方来碰杯时，自己的杯子应该低于别人，以示谦虚。

长辈先开始：敬酒要讲究先后顺序，等领导、长者们互相喝完，下属和晚辈再去敬酒。

不要一敬多：上司和长辈可以一杯酒敬所有人，但下属和晚辈只能一个个敬。

敬酒有礼仪，与会要牢记

敬酒要抓时机：在宴饮时，你可以观察主人的状态。抽空敬一杯酒对主人表达谢意，会让主人记住你的态度。

敬酒要有仪态：符合礼节的敬酒能让人好感倍增。以站姿注视被敬者，面带微笑，传达出自己的好意。

敬酒要有姿态：东倒西歪去敬酒，很不礼貌。敬酒前应该站稳，托住杯底，清晰地表达自己的祝愿。

敬酒有招，气氛更热闹

有人认为，敬酒文化在今天已经不合时宜，不应该出现在社交场景中。但现实可能恰好相反，以饮酒为代表的餐桌文化，反倒能拉近一些很难企及的人，谈论在别的场合不适合开口的某些话题。

老简在公司工作了五年多，属于业务部门的骨干。有一次，公司举办宴会，老简作为骨干自然也要参加。

宴会那天，同事们其乐融融，互相敬酒吃菜。轮到老简了，他却只顾着低头吃菜。有几次，同事们想敬他一杯酒，也被他无视了。

最后快散席的时候，其他同事忍不住问老简：“你今天心情不好吗？”

老简想了想，说：“没有啊，我不喜欢这些繁文缛节。”

同事们听后没再说什么，告别离开了。

事后，老简感觉大家似乎对自己有所疏远，又不知道哪里出了问题。他将此事告诉朋友，朋友大呼：“老简啊，你做错了！”

老简忙问错在哪里。朋友说：“你这也太不给大家面子了。什么叫繁文缛节啊。大家好不容易聚在一起，本来就是为了开开心心，放松一下。你倒好，一下子把所有人推到了对立面。”

老简疑惑：“我也没什么招待不周的，怎么得罪人了？”

朋友摇头：“你给上司敬酒，是表示你对他工作的支持。给同事敬酒，是展示团结同僚的能力。你两边都不去活络，也许在别人眼里，就会觉得你这个人对待目前的工作无所谓。”

老简听完，恍然大悟。可惜时机已经过去了，只好想着下次再补救。

参加宴请，难免要敬酒。不要因为傲气而选择回避敬酒，因为回避敬酒，很可能就会毁掉自己的前程。

敬酒，不只是劝人喝酒

敬酒这件事，表面上看就是劝人喝酒，但背后有许多深层含义。

在原始社会，愿意将入口的食物和饮料分享给对方，就意味着视对方为朋友，甚至是盟友。虽然年代变了，但人类底层的思维结构并没有改变。

敬酒，是认可对方。明白敬酒这一举动的含义，才能意识到为什么要学会敬酒。

敬酒时，应该如何表达自我的目的？

以给上司敬酒为例，除了表达感谢外，还有：

增加印象：您好，我是销售部门的小李，代表部门敬您一杯。

表达立场：感谢您对我的照顾。如果您有什么需要我做的，请一定告诉我。

表示尊敬：很荣幸与您一同参加这次宴会。我敬您一杯！

会说敬酒词，才能大家打成一片。

敬不同人的酒，各有各的说法

敬酒面对不同的人，要学会用不同的说法。日常中经常要和不同的人打交道，敬酒的话术也要有区分。为了不闹出笑话，学点敬酒话术，应对不同的人，就非常有必要。

阿龙酒量特别好。每次聚餐，不论是家庭聚会，还是职场团建，他都是来者不拒，见人就敬酒。

本以为这样可以获得好人缘，至少让大家能看到他的诚意，谁知道最后自己竟然成了酒场里的“讨嫌鬼”。

看见谁都是一句“感情深一口闷”的阿龙，在朋友和职场上遭遇了双重的打击，被人称为只会喝酒的“酒蒙子”。

反观另外一位同事，喝得不多，但每次都是宴会上的气氛活跃者，敬酒敬得少，还能人缘好。阿龙忍不住去请教对方，对方笑道：“敬酒关键不在于喝酒，而在于你说的话是不是当下最合适的。”

阿龙悉心请教，对方便也好心教他，告诉他敬酒面对不同的人，需要用不同的话术。他之所以游刃有余，就是因为早已把敬酒的话术铭记于心，不论什么场合，都能随手拿出来用。

敬上司敬酒需多说感谢的话

给上司敬酒，重点在感谢。不论是工作上，还是生活上，都可以用感谢作为理由去敬酒。一般的模式是感谢加愿景。比如说，感谢王总一年来对我工作上的提携，没有您，某某项目真拿不下来，希望未来我可以再接再厉，您也对我多费费心。

敬同事需捧着对方的能力敬酒

给同事敬酒，需要捧着他说，主要是以工作为锚点。一般的模式是——捧一下对方的能力，外加一个美好的愿景。比如说，你的某某能力比我强很多，以后还需要你多多帮忙啊。

敬长辈要把健康摆在第一位

给长辈敬酒，重点在健康，可以主要使用赞美的方式，一般模式是——赞美加祝愿健康。比如说，爷爷是我们家的主心骨，希望爷爷长命百岁，身体健康。

敬朋友要多说说彼此之间的感情

给朋友敬酒，关键在感情，可以回忆从前的时光，一般模式是——叙旧加祝愿。比如说，以前就你最能喝，或者说咱俩以前如何如何，现在见得少了，敬你一杯，希望你越来越好，咱们也能常聚聚。

席间妙语，添光增彩

从古至今，中国的酒场上都不乏会说话的人，也涌现出无数脍炙人口的名言佳句。

今天的我们，文采虽然不如唐宋的文豪，但是，我们同样可以说出具有当下特色的妙语，为酒宴增辉。

韩秘书为人沉稳，深受公司器重。

这次，总公司的许老板和分公司的吴副经理一同宴请他。

吴副经理劝了几次，但韩秘书滴酒不沾。许老板说：“听说你在学校里就是有名的才子，这样吧，今天你把我们两个逗笑，我们就不劝你喝酒了。”

韩秘书说：“其实，年底之前我是刻意留了肚子，要和两位老总喝酒的。”

吴副经理问：“那怎么又不喝了？”

韩秘书故作苦恼："可惜我媳妇前阵子怀了孩子，我留着的肚子，就只能先借她了。" 吴副经理没忍住，笑了出来。

韩秘书又转向许老板："您知道谪仙李白为什么做不好唐玄宗的秘书？"

许老板说："你讲讲。"

韩秘书说："他本来做得好好的，可有一次把上司的文件弄丢了。"

许老板问："有这事？"

"有哇，后来还有人写诗为证：'李白斗酒诗百篇'。"韩秘书拍拍公文包，"弄丢了皇上的重要文件，还能做得下去？我这里边都是公司重要机密，别说一百篇，一篇都丢不起，我还想继续受您领导呢！"

两位老板哈哈大笑。许老板说："今天就放过你，还有什么想说的？"

韩秘书认真说："我只有两杯的量，只有两句祝福的话，说这话时不把二位当上司，二位也不把我当秘书，我就对着师长说两句话，可不可以？"

许老板点头："你说。"

韩秘书端起酒杯："我先祝吴经理能升职加薪忙起来。您一忙，我们公司就财源滚滚，我也升职有望。"

一饮而尽，韩秘书再敬许老板："我祝您闲起来。您该有的都有了，希望您有空闲下来陪陪家人。公司不能没有您，家里也不能没有您。"

许老板和吴副经理沉默片刻，也端起酒杯一饮而尽。许老板说："叫个代驾，一起送送韩秘书。"吴副经理点头。

为了活跃气氛，喝酒的时候不妨多说点俏皮话。但喝到最后，最好还是落在人情上。

说妙语，但不要恶意讥讽他人

有的人喜欢在宴会上用妙语讥讽他人，以此为幽默，其实这样做非常不好。虽然大多数人都开心了，但是被讥讽的那个人肯定是得罪了，人家只是出于人多眼杂，不好拆你台而已。

妙语最好每次只针对一个人说

有的人在席间说妙语的时候，往往一句话就想敬一大堆人。殊不知，席间妙语最好还是只对一个人说，如此才能让对方留下深刻的印象。

赴宴前清空不好的情绪

一个总是愁眉苦脸的人，很难在饭局上获得他人的青睐，毕竟谁也不会想要跟一个苦着脸的人交谈。

谁的生活都不易，不要把自己糟心的事情带到饭局上。吃饭，就要开开心心；谈事，就要高高兴兴。

想要席间妙语连珠，赴宴之前就要清空低迷的情绪，让自己的情绪亢奋起来，带着笑容赴宴，带着轻松愉悦的好心情赴宴，把烦心的事情暂且抛在脑后，如此才能有心情说上几句妙语。

一个不开心的人，又怎么可能妙语连珠呢？

光喝不会拒，不算真英雄

有时我们对着推过来的酒杯，会有一种感觉，真的喝不动了。这个时候，就需要会一点拒酒的技巧。

其实，只要仔细观察，就会发现生活中有不少拒酒的智慧。有的集体行动，唱起双簧。有的演技过人，瞒天过海……

小庄和小红是一对夫妻。小庄是集团总公司的后勤负责人，少不得陪外地分公司的高管们喝一顿，大家一喝就没完没了。小庄为了身体着想，只好让小红来帮他解围。

这天，小庄替公司出面，宴请来京述职的陈经理。宴席中，陈经理打开一瓶好酒：“小庄，我好几年没过来了，今天你得陪我喝一杯。”

小庄知道陈经理酒量不小，一旦打开了酒瓶，那可不是一杯就能躲过去的。他趁陈经理不备，赶紧给小红发了消息。

陈经理面色微沉：“怎么，不喝了？”

小庄面露难色：“陈经理，不是我不想喝，最近准备要孩子……这……”

陈经理还想再劝酒，谁知小红一把拉开门闯进来：“好哇，你瞒着我和朋友在这喝酒。幸亏我也在这里吃饭，否则又让你躲过去！”

小庄慌忙解释说：“老婆，你听我说，这是咱们分公司陈经理，好不容易回总公司一趟……”

小红马上变了脸色：“陈经理，真不好意思，医生说他不能喝酒，不如我陪您喝一杯吧。”

于是满上一杯，与陈经理碰杯后一口喝完，过了一会隐隐显露“醉意”。

小庄适时说：“陈经理，我老婆真不能喝，不如还是我……”

小红假装愠怒：“你喝了酒，一会怎么开车送我回去？你那破车代驾都开不了，半路抛锚了我们睡车里？”

看着小夫妻的“争吵”，陈经理打消了劝酒的打算。他拍拍小庄：“看来这次机会不好，下次我来的时候，你可不许躲。”

小庄道：“招待不周，下次一定好好陪您！”

靠老婆出面，小庄逃过一醉。用小红的话说，也就一杯酒，她都不疼老公，还有谁疼老公。反正下次经理再来，就不知道是什么时候了。

光喝不会拒，很可能最后伤害的是自己的身体，不论是什么饭局，都需要你会喝酒，更要会拒酒。有喝有拒，才能驰骋饭局。

站在对方角度拒酒

小万是公司的总经理秘书，平常对总经理唯命是从，但只有一样例外：在酒桌上，绝不多喝。

总经理总想劝小万多喝一点，小万象征性地喝一口茶水，然后严肃地说：“总经理，不是我不喝，您和我之间，必须有一个人保持清醒。您听说京城某家上市公司的事情了吧，有人把他们老总和秘书一起灌醉，拿着老板的公章盖了不少文件，给公司弄出来一大堆麻烦事。”

总经理一听有理，劝酒只得不了了之。

学会找个拒酒的借口

人一生会碰到很多事情，想找个借口，总是能找得到的。

比如：

今天吃了头孢，不宜饮酒。

最近老婆在备孕，听说我喝酒，非打死我不可。

明天孩子家长会，我不能带着一身酒气去啊！

第7章

说好饭局场面话，有分寸的人更受欢迎

中国式宴请并非只是吃喝聊天，宴请的目的是维护彼此的关系。想要做到这一点，在宴请中营造一个良好的氛围是先决条件。

不让宴请冷场，让冷场这个氛围的“头号杀手”无处可藏，最好的办法是说好场面话，从而让宾客之间的沟通交流更加和谐，使得宴请的氛围始终保持在一个良好的氛围中。

助助酒兴，调侃自我注意分寸

如果在宴会上成了被调侃的对象，切记一定不能急着变脸。面对调侃，大可以在对方调侃的基础上，适当自嘲。让调侃者无侃可调，你也能收获心胸宽阔的美誉。

在一直以外貌作为绝对硬实力的娱乐圈里，有一位男星虽然外貌不出众，但因为演技精湛，情商极高，竟也大红大紫，堪称娱乐圈“奇迹”。

有一次，他去参加一档综艺节目，这档综艺节目向来以主持人说话犀利著称。果不其然，刚一和主持人见面，主持人就直言快语：“你长相好特殊啊！”

这种讽刺十足的话换作脸皮薄的人，肯定当场就要翻脸走掉。但这位男明星只是愣了一下，笑着说道：“开始的时候长得委婉，现在就开始抽象了。”

主持人也没想到他对自己的长相会这样描述，对他幽默的反应发自内心地佩服，而本来尴尬不已的场面也瞬间被他的“自嘲”幽默调动，转变成了轻松活跃的氛围，综艺感爆棚。

自嘲，能制造轻松愉快的交谈气氛。

在中国式的宴请文化中，往往是希望借宴请联络感情，打通人脉，但也因为宴请涉及的人物众多，人与人之间说话时，言多必失。这个时候，如能善用自嘲，便可以退为进，可以使自己摆脱尴尬与窘迫，也可以使宴请的气氛恢复如初。

那么，如何在宴请中巧妙地调侃自嘲呢？

注意尺度与语气

夸张可以让幽默来得更快，但过于夸张则会让幽默变成浮夸。

所以，夸张的表情要少做，尽量用好玩有趣的话语去幽默，而不是肢体语言。

另外也要注意调侃自我的尺度，过于频繁、过于极端、过于隐私的调侃，会给人一种轻浮掉价的感觉，一定要避免。

调侃要注意场合

在亲人朋友面前，调侃要注意下限，不能因为太过于熟悉而没有下限，更不能目无尊卑、没大没小。在陌生人和同事面前，调侃要谨慎，自我调侃的范围最好局限于职场的信息范畴，轻易超出这个范畴，都可能得不偿失。

自嘲不要连带伤害

有时候虽然是自嘲，但很可能会误伤他人。

比如调侃自己胖，在座的胖子可能也会不开心。

所以自嘲前，先排查一番有没有可能误伤他人，切记不可随口而嘲。

别让自嘲变成了他人眼里的暗讽。

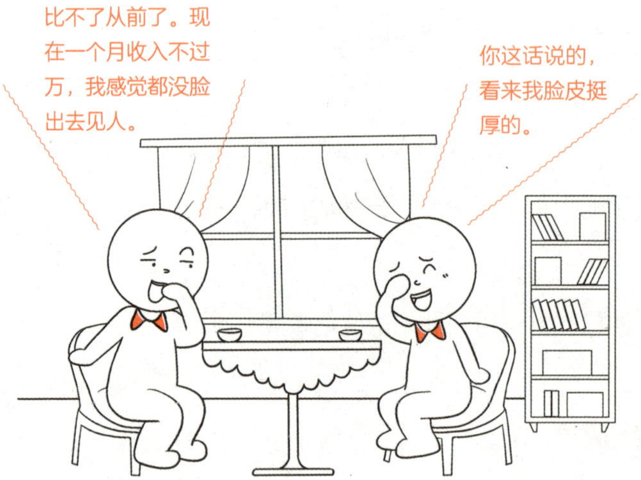

聊天有分寸，饭局给人留好感

宴请是为了联络感情，增进关系，因此怎么说话、说什么话需要格外注意。不能口无遮拦，什么话题都往桌子上搬。更不能因为邀请的人比较熟悉亲密，嘴巴就不把关。

如果是商务饭局，或者其他有陌生人参与的宴请，更是不能随口而说。

小孙的公司有一位同事小王，无论什么活动公司里的人都不想喊她，是公司的边缘性人物。究其原因，并不是公司的人不好相处，故意而为，关键还是在于小王说话没有分寸。

有一次一位同事带了自家种的新鲜蔬菜分享给公司同事们，其他同事都十分感谢同事分享的“有机蔬菜”，准备一人分一点带回家，小王却在一边看着。同事们也很热情地让她也拿一点回去，可是她却摇了摇头，脸上十分鄙夷：“这种农家菜都是泼粪的，就算拿回家洗，不干净也不卫生。”

这话一出，正在分菜的同事们顿在那里，带菜来的同事也脸色不好看了。本来一场大家都开心的分享，却因为小王的话搞得大家都不开心。

自此以后，同事们办什么活动都不太想请小王，对小王敬而远之，生怕小王一开口，就让喜庆的聚会“黯然失色”。

在宴请、聚会上说话，要想让人对你留下好感，让人感到你说话有涵养，有深度，就必须学会驾驭语言。巧妙的说话可以让你独树一帜，给人以深刻的印象，从而实现你要达到的目的。

那么，在一些宴请、聚会上如何说话才能够给人留下好感呢？

说话前记得察言观色

参加公事性质的宴会，一定要谨言慎行，说话之前先听听别人在说什么，先看看周围人的情绪如何。什么能说，什么适合说，需要在说话前判断清楚。

聊众人感兴趣的话题

在宴会上不要聊太私人的话题，要聊就聊大家都能插得上话的话题。有人喜欢在吃饭的时候聊一些高深的话题，或者只有自己懂的话题，这是非常不明智的一种行为，甚至是一种主动孤立自我的行为。

谦虚稳重总没错

在饭局上，无论何时都要保持谦逊稳重。别人夸你，你要回夸。别人捧你，你要再三谦虚。人多眼杂，切不可得意忘形。

私人性质的饭局别聊公事

如果是相对私人的饭局，就不要聊公事。现代社会，很多人工作压力大，吃饭的时候还听见你聊工作，只会觉得你扫兴。聊一些个人的情况，或者公共话题都是很不错的选择。

两位老总，要不先填饱肚子再谈项目？您看同事们口水都快流到盘子里了。
先来吃，吃饱了才有力气谈事情嘛。
哈哈哈，是我疏忽了，光顾着谈生意了。

饭局莫要揭人短，他人面子要留足

俗话说，打人不打脸，骂人不揭短。

在饭局上，难免会互相开玩笑，一开玩笑就容易开到对方身上。与朋友开玩笑无可厚非，但一定不要揭短。很多人把揭短当作玩笑，其实这很容易引起对方的不悦。

想要在饭局上维护好关系，让人脉更加牢靠，不揭短是最基本的分寸。

老钟六十岁生日时正好他孙子也办百日宴，老钟邀请了一众儿时的老友们来一聚，多年不见，几口黄酒下肚，老钟的一个老朋友竟然在酒桌上说起了胡话："哎呀，老钟啊，你看你孙儿这眼睛、鼻子，哪个像你儿子哦？"

这位老兄笑了起来，指着老钟道："我看啊，倒像你多些！孙子肖爷，你这老牛别是吃了‘嫩草’咯。哈哈哈哈。”

原本是玩笑话，大家都不当真，席上众人只是笑，老钟却黑了脸。

原来，老钟的老婆比他小十多岁，当年就被揶揄老牛吃嫩草。老钟因为这个事情和人吵过好几次架，后来时间过去了也没多少人知道这事情。不过老朋友们倒是还记得当年的这些陈芝麻烂谷子。

现在这位老朋友这么一说，老钟顿时不开心，但是碍于酒席之上亲戚都在，老钟也不好发作，只默默记在了心里。

后来这位老朋友也给孙子举办百日宴，结果先前无意中得罪的老钟也当场说了同样的话。这位老朋友一听，顿时明白了对方的意思，这是一直记着之前那件事呢。

两个人因为这件事，老死不相往来。

由此可见，揭短这件事对人与人关系的伤害性极大。

每个人都有不想提起的往事，每个人也都有各自的缺点，甚至有各自忌讳的地方。如果在饭局上当着别人的面提起这些方面的事情，无疑是当场给人一巴掌。

饭局上人多眼杂，尤其要注意照顾到别人的面子，不能因为开玩笑而揭人短，更不能因为争论某些事情而揭人短。

否则，对方下不来台面，饭局上的其他人也尴尬，一顿饭吃得不开心，关系也会变差。

饭局上要善于回避“雷区”

在饭局上聊天，要避开别人的“雷区”。聊天的时候，尽量顺着别人当下正在聊的话题。聊的过程中，多同意对方，少否定对方，对于对方过去的那些不光彩、不想提的事情，千万不要提。

对于可能会伤害到对方的玩笑话，一定不要开。

对方缺什么，就不要聊什么。

对方烦什么，就避开什么。

好汉要提当年勇

不揭短只是不得罪对方，想要在饭局上维护好和对方的关系，就要多了解对方，知道对方当年的光辉事迹，在饭局上适当地提一提对方当年的辉煌。这样可以迅速提升彼此之间的关系，让对方的情绪始终高涨，心情始终愉悦。

巧给对方留面子

如果在饭局上有其他人提起了别人的短处，如果你能和稀泥，最好就和稀泥。

他人揭短，如果被揭短的人不开心，不好发作，你可以替他出头，给他解释几句。

或者，你也可以提高声音，重新开启一个话题，吸引和转移其他人的注意力，替对方解围。对方一定会在心里感激你，他对你的认可度也会急剧上升。

来的都是客，厚此薄彼不可取

能聚在一起吃饭的人，大多数时候是因为彼此之间感情相当，要么就是关系在一个圈子里，要么就是因为某件事而聚在一起。

请客吃饭是为了让人脉更加牢靠，这就要求我们在酒桌上不能厚此薄彼，要懂得一视同仁的分寸。如果有人被忽略，也许就会让对方产生一些不好的情绪。

小朱所在的公司最近错失了一个大单，追溯其原因，竟然是因为宴请上的一件小事。

公司好不容易谈成了一个大单，联合了十几个供应商，和一家连锁酒店谈成了供应货物的大单子。

次日，公司特地邀请相关客户一起吃饭以表情谊，席间所有客人都到齐了，众人其乐融融，宴请似乎很是成功。

谁知道，没过几天就出了问题，其中两位供应商退出了供应，给出的原因是没钱赚。

公司核算了一下利润，确实没多少钱赚，但是这两家供应商之前就知道这个利润率，为何半途提出退出呢？

经过多方打听，才发现原来是因为接待的问题。

因为这两个供应商在整个链条里不是很重要，提供的也是一些农产品，再加上两个人穿得比较土气，在多次宴请中都被公司负责人忽略，所以两个人感觉自己像是局外人。甚至最后散场的时候，别人都有专车接送到机场，唯独他们两个人因为穿着土气，竟然被公司负责人给忘掉了，最后还是两个人自己打车去的机场。

本来没什么钱赚，想着能多个渠道也是个不错的选择，但几顿饭吃下来，感觉钱没赚着，人还受了气。

于是回去就取消了供货单子。

好好的生意，就因为忽略了看似不重要的人，整个供应计划都被打乱，不得不匆匆忙忙重新找供货商，导致酒店也产生了怨言。

中国式宴请讲究的是一视同仁，对方有没有本事，是不是重要的人物，都需要照顾到。你可以格外照顾最重要的那个被宴请的人，但是也请不要忽略那些不是很重要的人。

想要宴请顺利，每个人都能在饭局上心情愉悦，那就不能厚此薄彼，不能特别重视某些人，又对另外一些人格外冷漠。

你可以自己设身处地地想想，如果在一个饭局上，主人对你的态度冷淡，你会怎么想呢？

每个人都有被人重视的心理需求，尤其是希望得到别人的尊重，所以不管是什么形式的宴请，都要做到礼遇在场的每个人。让每个人都感觉到宾至如归，宴请就是成功的。

那么，在宴请中，我们如何才能做到不厚此薄彼呢？

用微笑表示关注

有时候被冷落并不是因为主人的原因，而是饭局上有其他人在高谈阔论，其他人插不上话，只能低着头吃饭，或者听别人高谈阔论。

作为主人，这时候不能任由尴尬的场面继续发展下去。别人高谈阔论不好打断，可以任由他们说下去，你只需要给不说话的人一些眼神，或者一个微笑，表示自己在关注他们就可以了。

有时候，一个微笑，一次微微的点头，就能让对方感觉到被重视。

询问问题，打破冷淡

饭局上，有些人性格内向，也有人因为和其他人不熟，所以难免会不知所措。这时候作为主人，你就需要来打破这种不知所措，询问一些比较平常的问题，让这些人和其他人熟起来。

问题不在于得到什么答案，而是让被询问的人主动开口，使他感觉到我们对他的重视。同时，也能让其他人把注意力放在这些人身上，让大家迅速地熟络起来。

劝吃劝喝消解冷落

无话可说的时候，可以劝说对方多吃菜，多喝酒，让彼此之间产生一些互动，消解被冷落的感觉。

维护人脉有时候并非需要下多大的功夫，只要及时关注被冷落的人，让他们有被你重视的感觉，他们就会在心底感激你。

酒后莫失言，关系才能越吃越好

推杯换盏，是为了联络感情，让彼此的关系更加亲密，而不是酒后说大话，说一些让他人心里无法接受的话，让彼此的关系反而变得更糟糕。

如果觉得自己有点微醺了，就需要格外注意自己所说的话。如果没有把握，最好在酒后尽可能地保持沉默。宁可不说话，也不要酒后失言。

小铭平时给人的印象是稳重、努力、踏实的一个人，街坊邻居对他也是赞不绝口，学习上从小学到大学也是“别人家的孩子”。因此，小铭一毕业上门做媒的人便络绎不绝。

小铭在精挑细选下和一位门当户对的优质女生谈起了恋爱，没多久两人就正式订婚了。但订婚这天却发生了一件事，让一桩好婚事毁了个彻彻底底。

订婚这天，小铭邀请了很多朋友来参加宴请。

宴席的水准太高，朋友十分羡慕，说道：“你小子赚大钱了？订婚这么大排场！”

起初听着还算悦耳。之后一个朋友喝多了，竟然越说越离谱，说什么小铭就是好面子。小铭说他喝多了，让他回去休息。

结果，这个朋友竟然耍起酒疯，开始数落小铭做人做事哪里做得不对……

小铭忍无可忍，便开始与对方吵吵嚷嚷。本来是喜事，因为对方酒后失言，一下子变得失控了。

后来，这位朋友酒醒后给小铭道歉，但小铭已经将他拉黑了。

几十年的友谊，就因为一次酒后失言而失去了。

事情也再没有转圜的余地，一场原本和谐的订婚宴被喝醉的这个人搅得鸡犬不宁。从此之后，也没人愿意和他深交，生怕他喝多了给自己惹事。

不论是什么目的的宴请，喝酒都要有度，不能乱喝，狠喝，喝到理智都没有。这样的行为不仅得不到他人的尊重，还会得到他人的鄙夷。

如果因此而酒后失言，就会让自己陷入社交困境，给他人留下一个没有素质和修养的印象。

另外，酒后会说的话很多都是心里话，容易让他人看出我们心里真正在想什么。因此，酒后一定要慎言、慎行，不要酒醒后再后悔，那时候就已经迟了。

所以，如果感觉到微醺，似乎控制不住想说点什么平常没说过的话，一定要及时离席，回去睡觉比酒后失言要好一万倍。

喝酒微醺就到头

要从根源上断绝自己酒后失言，就需要明白自己的酒量，不要逞强，不要斗酒。喝酒是为了让彼此的感情更好，不是一场输赢。判断好自己的酒量，喝酒有度，喝到微醺就不要再喝了，保持一个相对清醒的脑子。

直爽不是毫无顾忌

有的人在饭局上喝多了就会好为人师，把直爽当成自己的优点，去指点别人的生活。

想要在饭局上维护好关系，就不要拿直爽当挡箭牌，说出让自己后悔莫及的话。你可以直爽，但跟他人说话的时候，要记得你的直爽只是你自己认为的直爽，在他人看来，你的直爽就是在得罪他。

平常忍住没说的话要忍住

所谓酒壮屣人胆。

一些平常忍住的心里话，总会借着酒精的作用而说出口。

但是仔细想一想，平常忍住没说的话，肯定是自己也知道这些话不中听。那么既然不中听，就不要在酒后说出来。

参加宴会要低调，关系才能更亲密

有人得意，就会有人失落。

每个人的境况不一样。也许你正在人生的顺遂时候，春风得意马蹄疾；也许他人正在经历低谷，借酒消愁愁更愁。这时你却在饭局上显摆自己的得意，炫耀自己的成就，可能就会让他人产生嫉妒之心，甚至觉得你在讽刺他。所以，接受宴请，奔赴饭局，记得低调行事。

小勇在自媒体风口期做了短视频博主，现在各大平台粉丝累计超过五百万。粉丝眼看着他从每天为生计发愁到财富自由，全国各地到处玩，肉眼可见地“膨胀”了。

有次同学聚会后，大家聊起最近的经济和创业情况都是满脸忧愁，唯独小勇突然插了嘴：“哎呀你们读那么多书有什么用啊？像我以前都不读书，还不是能混得很好？”

以往酒桌上意气风发的同学们纷纷低下了头，心里好像被戳中了一样。的确，现在同学们一年挣的钱还不如小勇一个月挣得多，小勇当然有底气这样说。一场酒宴恹恹而散，席后，一位老朋友拉住小勇：“勇子，你还是悠着点，别‘惹祸上身’了。”

小勇却一把甩开他：“关你屁事！”说罢扬长而去，好不嘚瑟。

老朋友摇了摇头，叹息了一声。

没多久，小勇因为直播的时候说错话，人气一落千丈。

此事之后，小勇的带货能力也不如以前，合作的厂家纷纷与他解约。

等他想要找朋友们聊一聊心事的时候，发现已经没人愿意和他接触了。

除了你的亲人，其他人看到你的成就，大多数时候并不会真心为你感到高兴。

所以，你的炫耀其实并不能得到他人的认可。既然如此，那还炫耀什么呢？

不如低调行事，谨慎说话。你的成就你不说，别人也会知道。不需要用特别腔调引起他人的注意，否则反而得不偿失。

须知，越是低调，别人越会尊重你的成就。越是高调的人，别人越会觉得你缺什么所以才炫耀什么，反而让他人打心眼里看不起你。

低调行事，得到的是饭局上大家的尊重；高调说话，得到的是众人内心的鄙夷。该如何抉择，想必你的心里已经有数了。

那么，在饭局上怎么做才算是低调行事呢？

开口要低调

饭局除了吃饭，更重要的是它是一个说话的场合。想要在饭局上做好自己，首先就要注意说出口的话不能高调。

比如高声提起自己的成就，大声告诉别人自己最近的得意之事，这些都是高调行事。获得了什么成就，不要说，默默收获好处就是最好的。

俗话说，祸从口出。说话前先考虑清楚，莫逞一时口头之快。伤人的话不轻易说，批评的话不夸大说，有纷争的话不乱说，荣誉面前谦逊说。

姿态要低调

水因善下终归海，山不争高自成峰。

你不说，别人也许会问。若是别人提起你的得意之事，切记要姿态低调，谦虚回应，把自己的得意之事打个折扣，再回应给对方。需要知道，很多人问你的成就，并非想要知道这个成就多大，而是想要确定这件事是否发生。你只需要回应成就确实发生了，顺便把成就打个折扣，就是最合适、最低调的处理方式。

把高调给别人

既然能坐在一起吃饭，无论如何也能找到一些彼此之间的关联。当对方提起自己的好事，可以顺势把好事的因素归结于对方。比如说，“我能做好这件事，多亏了你当初的建议。”“当初事情不顺利，还是你安慰我的，不然哪有今天？”

饭局上的善意谎言，让你更受欢迎

在吃饭的时候，大家情绪普遍高涨，总有一些情况是超出众人预料之外的，有人会忽然说出一些让他人尴尬的话。这时候切记讲话要多给人台阶下，不可把人架在火上烤。比如用善意的谎言做台阶，给遭遇尴尬的人一条退路。

小林是一名畅销小说作家，业务能力出众。说起他的交友能力也是不凡，各行各业，小林都有朋友。

有一次，一个文艺展览相关的活动邀请小林参加。刚一进门，小林就被门口摆放的各种画作吸引。没想到此次展览邀请的画家是小林一直喜欢的新晋艺术家，有独特的个人风格，但市场反应一般。

酒席上，不知道谁提了句画画有什么用，紧接着大家就七嘴八舌说起画画无用的论调来。

小林注意到一个一直低头默默喝茶的年轻人，认出来这就是那位画家。小林看了眼在场的人，赶紧解围说："画画可是艺术，咱们凡夫俗子哪能知道蕴藏在画面中的寓意。不过，我感觉摆放在门口的那几幅画倒是真不错。"

听到这样的夸赞，那个原本一直低着头的年轻人抬起了头。

餐后，那个年轻人主动找到了小林，感谢小林的认可，两人加了微信。之后，小林写了一本有关艺术方面的小说，这位年轻的画家也从旁出了不少力。

有人说谎是为了自己，有的却是为了他人。善意的谎言就是为了他人而存在的。

在日常生活中，很多时候真话会非常伤人，这时候就需要善意的谎言上场，来中和一下伤人的事实。

比如在饭局上遭遇了尴尬，或者他人遭遇了尴尬，如果任由真话继续下去，就会让尴尬发酵，最后变得不可收拾。

如果是自己宴请他人，为了维护大家的关系，那就需要你及时地说出一些善意的谎言，让善意的谎言成为弥合人际关系的润滑剂。

那么，如何才能说好善意的谎言呢？

善意的谎言尤其要注意别过量

善意的谎言是为了给对方台阶下，安慰到对方，而且一个谎言需要另外一个谎言去圆。所以这个谎言一定要简洁、有针对性，千万不能口无遮拦把谎言不断放大。因为说得越多，越可能出现明显的漏洞。

善意的谎言需要在真话上延伸

善意的谎言需要在真话的基础上延伸，如果是天马行空，则会让人明显看出来是假话。比如，有人在饭局上提出某个人的工作不太好，让对方尴尬，这个时候你可以在这句真话上延伸，说上一句："隔行如隔山，我听说国外现在这个工种很吃香啊。也许再过几年，就是热门行业。"

你可以不了解国外的行业，你只需要安慰到尴尬的人就行。这样就能适当地消除尴尬氛围，让饭局更加顺利地进行下去。

如果你说的善意的谎言脱离实际，不仅会让尴尬的人更加尴尬，还会让说真话的人觉得你在针对他，这样就得不偿失了。

善意的谎言需要照顾双方的情绪

讲出真话的人其实也没错，只是情商低。如果用善意的谎言安慰尴尬的那一位，讲真话的那一位就会觉得被你驳了面子。所以在用善意的谎言为他人解围之前，也要考虑到另外一位的情绪，最好在安慰了尴尬的一方后，可以稍稍再肯定一下讲真话的那位的言论。

比如说，“小王所在的行业，未来肯定是热门行业，到时候估计我们在座的都不及他。不过小刘说的也没错，目前这个行业在国内确实是起步阶段”。

他人隐私，别作为酒桌上的谈资

在酒桌上不要谈论他人的隐私，哪怕是那个人不在场，也不要随意谈论他的隐私。如果有人谈论，你也不要发表任何言论。因为酒桌上人多嘴杂，哪怕那个人不在场，也未必就没有和他关系好的人。大家说的那些话，很可能会原封不动传进对方的耳朵里。到了那时候，你就成了背后议论人的两面派。

如果当事人在场，那更应该有点眼色，不要哪壶不开提哪壶。

小张在大城市打拼数年，如今终于有了一份自己的事业，但临近四十，婚姻大事还没有着落。

过年的时候，小张收到了一通来自同学的电话。刚开口，电话那头的同学小李就问小张现在在哪工作。听到小张自己创业，小李又问小张每个月赚多少钱。小张感觉有些冒犯，但一想到对方是自己幼时的好友，也就没再计较。

临了，小李邀请小张带家属一起来参加同学聚会，小张随口说自己还没有结婚，没有家属，怕对方多订了位置。对方倒是没多说什么，只是嘱咐了几句让小张按时到场。

宴会上，小张刚一出场，其他人就低着头窃窃私语，议论着什么。但小张却觉得和朋友多年不见，难得一聚，还带了不少名贵的特产分给朋友们。同学们拿到礼物，感谢了几句，又背着小张说道："怪不得结不了婚，花钱大手大脚的。我听说，她好像谈过好几次恋爱，还被别人欺骗了钱财呢！"

这话却不经意被刚从洗手间回来的小张给听了个清楚。小张头一次从外面回来，其间也没和其他同学联系过，那么知道她不结婚的同学就只有小李了。

小张顿时感觉气愤不已，自己拿同学们当朋友，同学们却在背地里嚼自己的舌根。这种朋友不交也罢，转头，小张就和正好接朋友进来的小李错身离开了。

自此以后，小张也不再和这些朋友们联络了。

有位哲人说过，谈论别人的隐私是最大的罪恶。

在饭局上谈论他人隐私，很容易最终变成一群人对某一个人的讨伐大会，其间各种难听的言论也就自然而然说出口了。

殊不知隔墙有耳，天底下没有不透风的墙。

酒桌上谈论他人的隐私，说他人的坏话，是一件非常没品的事情，也非常容易得罪人。

另外，别人告诉了你他的隐私，是信任你的表现。如果你随意将他人的隐私透露出去，这个朋友基本上就没得做了。

不在酒桌上议论他人的隐私，是我们修养的体现，更是我们对朋友的尊重。

那么，如果在酒桌上有人议论他人的隐私，我们不得不听，又该如何自处呢？

不要参与讨论他人的隐私

孔子说，非礼勿视，非礼勿听，非礼勿言，非礼勿动。

如果在酒桌上听到了他人在谈论别人的隐私，我们可以只顾低头吃饭，不要参与这些话题。

单独跟你谈的隐私视情况而谈

有的人为了拉近和你的关系，可能会用交换隐私的方式与你攀谈。比如拿别人的隐私讲给你听，这个时候你最好不要参与隐私的谈论。你可以听对方说，但若是对方问起你关于这个隐私的其他方面，你就算知道也尽量不要讨论。

但是，如果这个隐私无伤大雅，只是对方为了和你拉近关系才有这么一说，那你也可以稍稍回应对方。

第8章

扩展圈子，学会在饭局上结交他人

请客吃饭的目的很多，其中非常重要的一个目的就是结交人脉，扩展自己的交际圈。在宴请的过程中，与陌生人相识，与熟人相知，最终把亲朋好友都笼络在一个圈子里，使得彼此关系融洽，这就是利用饭局编织人脉的意义。

酒桌上结识陌生人，拓展人脉的关键

在饭局中，难免要遇到陌生人。有的人得知要和陌生人一起吃饭就头疼，自诩社交恐惧症患者。有的人却一听说有陌生人参加饭局就兴奋，因为这表示他又可以认识新的朋友，拓展新的人脉了。

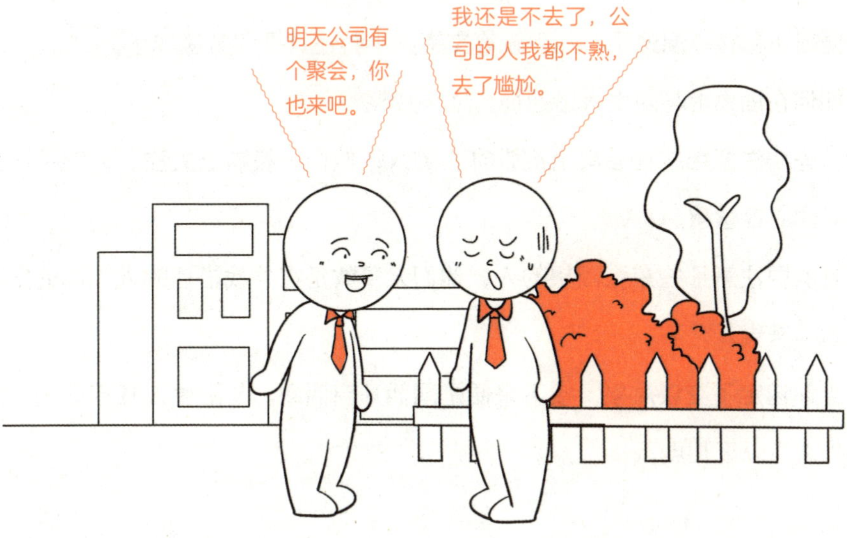

小陈和另一个同事小蒋一起进入公司实习，公司将在两人中选一人留下。为此，小陈每天加班，希望通过实习期。然而，一个月的实习期结束后，成功通过实习的却是小蒋。

小陈不理解，明明自己加班那么多，上司交代下来的事都做了，小蒋每天班都不加，为什么反而通过了实习？

一位年长一些的同事语重心长地告诉小陈：“我们公司主要业务是销售，公司需要的是那种八面玲珑型的人才。你虽然做事认真，可是太木讷了，实在是不符合公司的要求。”

小陈这时才从同事口中知道，小蒋从第一天进公司起就把公司每个人的名字打听了清楚，什么李姐、张哥、刘叔……没几天全公司的人都认识了。

认识了人之后，小蒋也没闲着，他在午间和业务部的一名同事聊天时得知有一个客户的单子让大家头疼不已，小蒋自告奋勇跟着同事一起去了酒局，准备会会这个客户。

在去酒局之前，小蒋先将客户的喜好与经历全了解了一遍。到了酒局上，小蒋便很快和客户混熟了。几番觥筹交错，小蒋还真把业务谈成了。

如何在酒桌上与陌生人迅速地打成一片呢？

首先要注意那些在酒桌上沉默寡言的人，他们一般缺乏关注。你的关注会让他对你心存感激。

其次要注意那些东张西望的人，他们大多数是在寻找搭话的人，你的出现就是雪中送炭。

当你选定了交谈对象，接下来便是同他开启话题。与陌生人开启话题，需要格外注意以下几点。

要学会克服自身的弱点

如果你性格内向，不善于与陌生人在酒桌上打交道，比如不敢开口，一说话就紧张等。意识到自己的问题，才能做出改变。你可以在家里对着镜子多加练习，注意调整自己的姿态、神情、语气，假以时日，你也可以是饭局上的佼佼者。

同陌生人交谈要轻松自如

在与陌生人交谈前，注意营造轻松愉悦的氛围。

首先放松自己的姿态，不要紧绷着身体，否则容易给对方传达紧张的感觉。

其次要轻言轻语，柔软的声音没有攻击力，也不会引起周围其他人的注意，更容易拉近谈话双方的距离。

随时注意对方的动机意图

社交强人都有一个共同点，那便是语言信息的处理能力极强。他们会随时随地分析对方话里的意思，随时做出判断，随时调整谈话策略，始终让谈话围绕在陌生人感兴趣的范围之内。比如，时刻注意对方的表情变化，来判断谈话是否在往好的方向发展。再比如，他们会注意对方的语气，还有对方隐藏在话里的言外之意。

酒桌寒暄有技巧，结交朋友水到渠成

说好场面话的第一道程序就在于寒暄。适度的寒暄是热情但不阿谀奉承，给人一种温良恭俭让的感觉。寒暄的目的是让对方在饭局上喜欢与你亲近，喜欢和你交流，为彼此接下来的交谈定下一个良好的基调氛围。

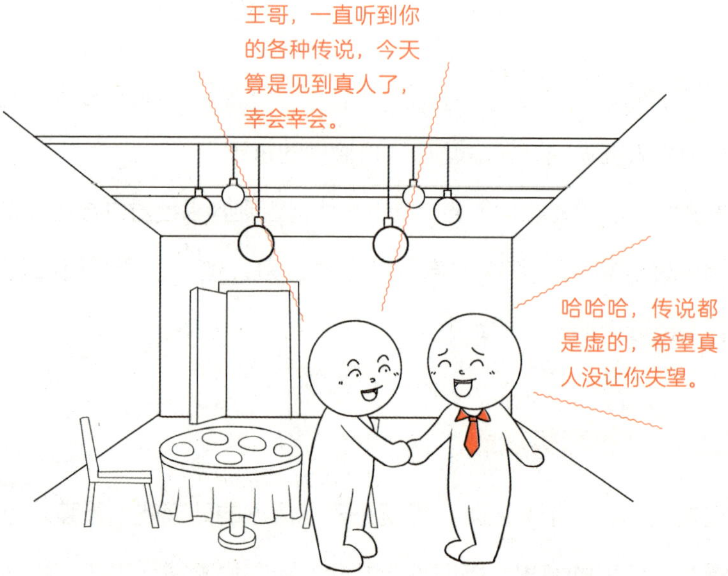

小张是公司里的销售冠军。在公司五年时间，每个月的销冠排行榜上，他都排名第一，而且往往把第二名落下很远。

有一次，公司老总在开会的时候，特别点名小张发言，让小张给同事们传授一下销售的经验。

小张笑着说：“其实也没什么好说的。首先要了解客户，先做好寒暄这件事。”

紧接着，小张讲了前几天接待的一个客户。他说这个客户非常爱自己的孩子，一说起孩子就滔滔不绝。

小张抓住这一点，每次和这个客户吃饭谈事情之前，会先买个小礼物，让客户带给孩子。然后在吃饭的过程中，他总是时不时就提起对方的孩子，比如，他成绩怎么样啊？放学后都玩什么呀？

客户一提起孩子就来劲，一来二去，和小张就混熟了。

直到有一次，小张去和客户签订合同，一上酒桌，就寒暄说：“您上次不是说孩子在学美术吗？刚好我老婆是美术老师，给孩子带了点水彩颜料。”

客户一看，立刻笑纳，后续的签约也变得无比顺畅。

“这就是寒暄的威力。”小张笑着总结了这次谈判成功的关键因素。

很多人把寒暄理解为简单的问候，其实这是浪费了寒暄的价值。

不管是熟人，还是陌生人，或者生意上的伙伴，寒暄都是彼此见面时至关重要的一环，不容忽视。

寒暄得好了，可以对饭局的谈话氛围起到一个定调的作用。

见面欢颜，才能后续吃得开心，喝得尽兴，聊得顺畅。

寒暄时情绪要愉快

伸手不打笑脸人，笑脸迎人欢愉多。

寒暄时一定要面带笑容，可以根据对方的性格来。对方性格豪爽，那你就笑得爽朗。对方如果性格内敛，那你只需要得体地微笑即可。

寒暄的技巧有很多，面带微笑是最简单有效的方式。

寒暄时捧一下对方

在饭局宴请中，寒暄的度要把握好。寒暄尽量能做到问一下近况，熟人寒暄紧扣感情交流，陌生人寒暄则紧扣姓名等个人信息就足矣。

之后，再适当捧一下对方此刻的状态，就十分恰当了。

寒暄时不要打听隐私

询问近况可以，但切记询问近况不是打听对方的隐私。比如对方的情感问题等，要注意避免，以免让对方造成尴尬。另外，也不要在寒暄的时候借口打探对方的收入，比如说：“最近在哪发财啊？”

这些虽然不算是隐私，但是也会给他人造成些许的不适。

借助宴会解除心结，冤家不宜结

在现实生活中，人们常常因为利益、机会、习惯和礼仪等因素产生矛盾。低头不见抬头见的两人，很可能会成为看一眼都互相冒火的冤家。

而说到化解矛盾的场所，宴会可能是最适合的地方。许多历史上的重大冤仇，往往因为一次宴会，一笑泯恩仇。

老祝和老包都是项目经理，本来关系还不错。但有一次，老包抢了老祝的单。老祝咽不下这口气，从此处处和老包对着来。总经理劝了几次，但两人只是从热战变成了冷战，并没有放下。

这天，总经理请几位得力下属赴宴，总经理有事离开一阵后，几位经理们玩起了划拳。与老祝关系不错的家伙输得厉害，嚷嚷着让老祝来。

老祝一看对手正是老包，冷哼一声："喝酒有什么意思，敢不敢打赌？"

老包酒气上头：“来就来！”

两人吆喝着开始划拳。老祝赢多输少，发现老包好像在刻意放水。

老祝阴阳怪气地说：“怎么，故意输的？当时抢单的时候没见你这么谦让。”

他原以为老包会反讽过来，谁知老包却抱歉地说：“抢单的事情，是我做得不对。我早就应该向你道歉，又放不下面子。既然说开了，我就当着各位兄弟向你赔个不是，抢单赚的那份钱，我花着心里也不是滋味，放在那里没动，随时还给你。”

老祝看着老包眼睛泛红，知道他没有说谎，叹了口气说：“唉，也不能全怪你，其实那单太大，我一人吃不下，可当时就是想独吞。我知道你后来拉上其他兄弟，才把这单对付过去。这事就翻篇吧，下次要有这种活儿，咱们一块做。”

两人倒满酒碰了一杯，一饮而尽。总经理推门进来：“你们俩都是我的得力干将，要是趁着这个机会还不能和好，那我只能忍痛割爱了。男人有大量，接下来我们好好干！”

酒桌上，主动提出和解

对男人来说，面子很重要，很多矛盾化解不了，就是因为双方都抹不开面子。

但有时候借着酒劲，平时不方便说的话都可以说出来。如果问题在自身，就好好向对方发出和解邀请。

可以先退一步，先说几句软话垫垫场面，再将事情大事化小地说出来，这样既不会太跌面子，也给了对方台阶。

自己不行，记得拉“盟友”

如果已经诚恳道歉仍然无用，可以在酒桌上寻找能帮你说话的人。这位的身份，需要双方都比较熟络，彼此都说得上话。有时为了故作姿态，可以直接讲出来：“你也帮我说句话可好？”

等充当和事佬的朋友给出台阶后，对方很可能也就借坡下驴，冰释前嫌了。

敢于开口，才能结交新朋友

敢于开口，结交新朋友的概率才会更大。在饭局中，能开口的人往往更能掌握主动权。他们敢于表达自己的看法，勇于与人沟通交流，饭局是他们结交朋友的关键场所，更是他们做成事业的第二战场。

小李和小江是多年的知交好友，小江是小李的师哥，两人有共同的爱好与兴趣，聊起天来滔滔不绝，能从白天说到晚上。但说起两人的相遇，还颇有些戏剧性。

学校新招的研究生入学那天，小江作为师哥招待新来的师弟们，一块进来的有七八个大学生，席间大家气氛还不错，大家说说自己大学时的学校，暑期的打工经历或者旅游经历，好不热闹，只有小李一个人一直在低头吃菜，小江也不好多说什么。

这次聚会后五年，小江从研究生毕业到创立自己的公司，事业上风生水起，往来客户间，又一次在酒桌上看到了那个熟悉的面孔。但这次不同，经过几年的历练之后，原来只会低头吃菜的小李竟然主动开了口，向他敬酒："江师哥你好，我一直仰慕你在数字通信技术方面的成就，其实在这方面我也有些研究……"

小李主动向小江阐述起了自己在数字通信技术方面的独特见解，让小江眼前一亮，也恰好突破了小江目前事业上的"瓶颈期"，两人一见如故。

但这次时隔五年的主动开口，让小江和小李迟了五年才互相认识到这样志同道合的伙伴，多少有些许遗憾。如果能早一些开口，或许两人的事业也能更上一个台阶。

饭局上相遇的陌生人，往往羞于开口。一个是因为不了解，没有共同的话题；一个是怕说错话得罪人。但其实这是想多了。大多数人对待陌生人其实都是充满善意的，只要你敢开口，就会发现在饭局上是很容易认识新朋友的。

想让自己真正成为一个在宴请中受欢迎的人，不妨借鉴下面的步骤。如果你能做到这几点，就一定不会再是从前那个羞于开口的"丑小鸭"了。

找找共同点

如果感觉很紧张，那就先笑一个，再跟身边的人打个招呼，紧张感会在这一系列的行为中消弭很多。然后再根据对方的穿着打扮判断一下对方的个人信息，开启话题，准备开聊。

找个好位置

越是坐在角落里，越是会不敢开口。

想要在饭局上成为风云人物，那就得找个好位置。起码不能是角落，得醒目，最好靠近主座，但又不是特别近，不远不近刚刚好，既可以避免喧宾夺主，又不至于让在场的人忽略。

说话大点声

人在紧张的时候，声音会颤抖。这时加大音量，可以让自己的声音镇定下来。而且，大声说话，也能在心理上获得自信的感觉。

结交他人前，先让气氛活跃起来

喝酒助兴，重点在“兴”。

请客吃饭，参加饭局，如果是为了交际，那么重点就不在于吃什么，喝什么，而在于是否能让被请之人愉悦地度过整个饭局时光。

那么，活跃气氛之人就必不可少。

小袁成为主管后被分配到去带一个业务垫底的组。

刚到组里的时候，小袁发现这个组的组员们每个人分开来看，学历、业务水平都不错，但一到开组会或是聚餐的时候，组员就有些“社恐”了。组员与组员之间通常不怎么说话，办公室里安静得只有键盘的敲击声。

为此，小袁特地组织了一场特别的聚会。他要求组员带一件自己珍爱的东西来参加活动，任何东西都行。组员们虽然不解，但还是遵照。聚会中，组员有的带了自己的宠物小猫小狗，有的带了自己喜欢的歌手的专辑，还有的带了自己画的画……

随后小袁要组员做一个游戏，每名组员将带来的东西写在纸上放进抽奖箱，摇匀后大家随机抽取，抽到什么就可以拥有纸上的东西十分钟。

组员们有的抽到了小狗一脸难色，有的抽到了画册认真端详，还有的抽到了一个十分古怪的玩具感觉莫名其妙。一场无声的聚会很快落幕。第二次聚会的时候，小袁发现，组员与组员之间开始有人开启了话头："你们家小狗是什么品种啊？特别可爱，我也想养！"

因为有了"以物换物"游戏作为基础，组员们都各自了解到了互相真实的兴趣喜好。兴趣相投往往能快速地拉近彼此间的距离，大家一起说话也不再变得困难，组里的气氛也慢慢变得轻松愉悦起来。很快，小袁带的组就在年底拿下了公司业务排名第二的好成绩。

宴请宾客，主人都希望在座的人能开开心心，通过一顿饭，使得隐藏在饭局背后的人际关系升温，最终有助于更深层次目的的达成。

要想宾客皆欢，活跃气氛的手段必不可少，基础的有行酒令、猜谜、做游戏，等等。

更高阶的则是讲感情、忆往昔、载歌载舞，让饭局的氛围步入高潮。

如果能让氛围始终保持欢快有序，那么就是一次成功的饭局。

无伤大雅的玩笑可以活跃气氛

平常大家都紧绷着神经，到了饭局上，借助酒精的力量，微醺之际，大家可以互相开开对方小玩笑，聊聊过去那些“丑事”，很好地活跃气氛。

但是，玩笑必须是无伤大雅的，对方认可且接受的，不能开那种让人下不来台面的。

保险起见，开对方玩笑前，可以自己先讲一个自己的丑事做铺垫。

带点小道具赴宴

会为人的高手，出门身上总会带些小玩意。也许是自己做的手工品，也许是哪里淘来的小东西。总之，价格不贵，贵在独特。通过在饭局上散发小东西，一般都能引起一波氛围高潮。

安排一两个烘托氛围的人

邀请重要人士参加的饭局，或者有重要目的的饭局，可以带上一两位靠得住的、能说会道的朋友，让他们帮忙活跃气氛，防止冷场，自己则可以专心照顾重要人士。

缩短距离的关键，寻找话题

很少有人去饭局上是专门吃饭的，饭局实际上是交际与谈事的重要场合。中国人讲究吃好喝好，事情好说。但是在饭局上如何做到与他人谈笑风生则是一个大问题，寻找到好的话题在其中扮演着至关重要的角色。

小王进入公司后被分配到公司的销售部门，但因为小王性格内向，平常的酒席上常因为太拘谨而不被客户重视。

老总让小王多跟公司的销售冠军小李学学。

一天酒席上，大老板让小李去招呼客户，小王主动跟在了小李的后边，才发现了两人的差距所在。

小李先对客户进行一番观察，当发现客户身上的衣服鞋子饰品都是来自某小众品牌后说道：“江总品味真好，这家的牌子听说是以手工、慢造出名，手工精贵，产量一年下来很是稀少。能和江总这样独具慧眼的客户合作，真是我们公司的荣幸啊！”

有钱的客户往往喜欢穿大牌展示身份，喜欢穿小众品牌的客户往往更重视独特品位。

小李正是抓住了对方这种心态，一番话下来既凸显了客户品位不凡，又不着痕迹地拉近了客户与自家公司的联系，缩短了公司与公司之间的距离。觥筹交错间，一场买卖便轻松自然地敲定下来，小王对小李的业务实力佩服不已。

饭局上交谈的话题很多时候会影响后续事情的成败。

话题好，能促进关系快速升温，事情自然也就好办了。

那么，怎么在酒桌上寻找话题呢？

聊聊热搜

饭局上很多人都是初次见面，根本不熟，与其尬聊，不如聊聊最近的大新闻，看看热搜上挂着的话题，跟对方先试探着聊一下，打开话题的局面再说。

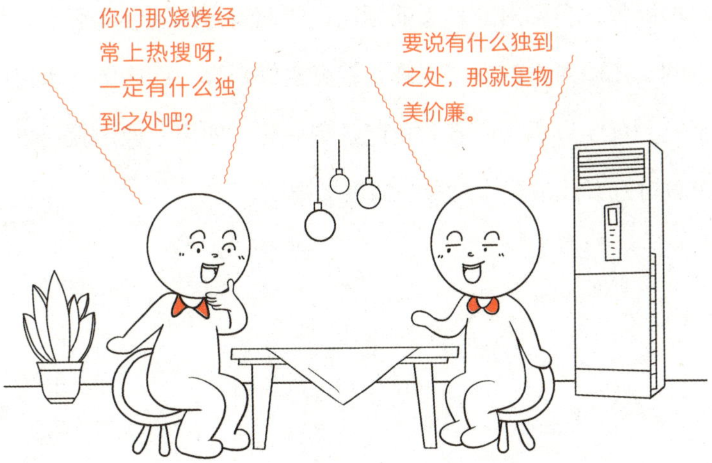

从回忆聊起

熟人许久不见，有了距离感，缩短距离最好的方式就是从回忆聊起。当然，要从美好的回忆聊起，不要上去就提对方曾经的丑事。

虚心请教

找话题很简单，多聊对方熟悉的领域。知道对方的工作与职业，就聊对方职业范围内的。知道对方的爱好兴趣，就聊爱好兴趣范围内的。可以临时抱佛脚，打开手机，查一查相关内容，也能开启话题。如果不懂那就更好了，你可以虚心去请教对方，此举会让对方心情更加愉悦。

听说你大学学的专业与海洋相关，这次活动布展不如做个海洋主题，你觉得怎么样？
这个想法不错。刚好我们是内陆城市，海洋主题很有吸引力。

第9章

宴会成功的关键，做好买单人

买单是宴请的一个重要环节。

一次成功的宴请，往往由买单作为结尾。谁买单、为何买单、买单的理由是什么，这都是需要注意的细节。

不会买单，就可能让宾客在宴请的尾巴上产生不悦，前期所做的一切都可能付诸东流。

会买单，买好单，宴会才算圆满成功。

想要情谊深，买单要主动

请客吃饭，买单的时候，不要小气。

主动买单的人最大气，而且这也是非常有必要的交际投资。

宴请重要人士，一定要自己买单，这是毋庸置疑的；宴请亲朋好友，买单能让你的形象更高大，未来有什么事情大家也愿意拉你一把；宴请同事，主动买单能让你在工作上更加如鱼得水。

总之，主动买单虽然暂时付出了金钱的代价，但未来却可能会收到不少回报。

小王有个儿时好友，初中的时候因为一点小误会两人就再没有见过，在其他朋友的撮合下，小王的好友又重新获得了小王的联系方式，小王还主动邀约好友再出来聚聚。

聚会中说起往事，回想往日情谊，小王和好友二人都觉得两人情谊并没有因为时间产生距离。

但是几次聚会下来，小王却觉得有点累了。

朋友问小王原因，小王说本来自己有意和好，所以几次聚会都是他主动买单。但一来二去，是个人也会心累吧？

明明是好友邀请，怎么好友却从不主动买单呢？

因为此事，小王觉得这位好友似乎并没有把他当朋友的意思，不然为何每次都不买单呢？于是，小王再次淡化了这段友谊。

有的人不愿意买单，一个原因是不愿意付出金钱，另外一个原因是觉得对方不值得自己买单。

如果是宴请重要人士，他们一定会买单，但如果是平常的聚会，他们则会尽量不去买单。长此以往，在他人眼里也早就变成了一个抠门的人。

没有人喜欢抠门的人。和同学聚会，和亲人聚餐，和同事们一起吃饭，要时常主动买单，不能每次都让他人买单。

买单是情谊的一种外在体现。如果你重视与对方的关系，那就请主动买单。

只有付出了，才能有回报。

与合作伙伴吃饭，主动买单

如果饭局上有合作伙伴，一定要主动买单，不能让合作伙伴破费。一般而言，合作伙伴也是这么想的，不能让你破费。这个时候就需要看合作的时候谁受益更多，如果你受益更多，那么一定要主动买单。

提前约定好自己买单

宴请之前，如果是两个人一起吃饭，因为人数很少，所以可以跟对方说好，是你请客，以免对方带着疑问前来赴宴。真诚地邀请他人，就一定要主动请客。

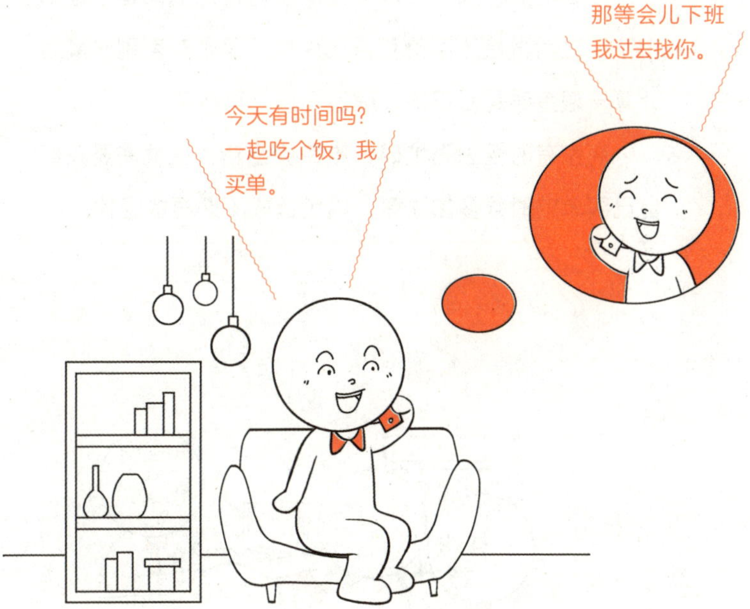

买单之前，仔细确认

结账前要仔细看账单，先确定自己点的菜是不是都上了，之后再检查菜价和自己点单前是否有差别，最后计算一遍金额是否正确。确定无误，再买单。

商家有时候因为忙碌，难免会出错，这就需要我们自己买单的时候多加注意，以免造成不必要的困扰。

小陈和朋友一行人前往某海滨城市旅游，听闻该城市海鲜特别出名，于是一行人决定一起去吃一顿海鲜大餐。

几人直奔该城市某知名的海鲜市场，挑挑拣拣之后在一家商铺选购了鲍鱼、皮皮虾、大龙虾等食材。

等吃完了买单的时候，几个人也没注意，感觉也不贵，就顺手付了账单。

后来回酒店的时候和民宿的老板聊起来，她们才发现花的钱对不上当地的海鲜价格。于是几个人掏出账单一看，发现在菜的中间还有一行小字，是加工费两百块。

可是她们之前和饭店明明确定了不要加工费，于是她们只好又跑回去和店家理论。

店家一看，急忙道歉说是工作疏忽，确实不需要加工费，就把钱退给了小陈一行人。

一来一回，浪费了半天时间。

很多人在宴请结束的时候，都会大概看一眼账单，觉得差不离就付账了。其实，这是非常有问题的。虽然大多数时候饭店不会出错，但难免会有出错的时候。如果顾客买单的时候不处理好，会在宴请之后给自己造成困扰。

所以，买单的时候不能大意。一般来说，要格外注意以下几点。

发票不要忘记索要

发票是后续维权的关键，所以一定要记得保存几天。

有时候饭店的饭菜并不新鲜，或者会有其他问题，导致就餐人员吃坏肚子，甚至是食物中毒，这时候宴请的人就需要负责任。所以保存好发票，可以帮助宴请的人去找饭店维权，也能给因为参加宴请而吃坏肚子的朋友一个交代。

模糊的菜价最好不要点

并非每道菜都有价格。一些菜单上会出现一些“时价”等字样，这时候就需要提高警惕。这种菜一般都是根据当下的价格来定的，你觉得不会贵到哪里去，但是饭店可不会这么认为。

还有一些菜单会标注“称重价”，这种也需要注意。往往点一条鱼，结果上的鱼非常大，一结账，这条鱼就能价值好几百。

点菜的时候，遇见这种菜单要避开有这些字眼的菜，避免商家胡乱加价，最后让你吃个哑巴亏。

结账的时候，也要注意账单上是否有这样的字眼，以免被商家坑了。

男人买单，更具风度

如果和女士两个人一起吃饭，男士最好可以主动买单。并不是说女士不能买单，只是在约定俗成的社会中，男士买单已是一种被提倡的风气，所以最好顺势而为。

男士买单是一种非常绅士的行为，是一种教养的体现，也能给女士留下一个好印象。和女士吃饭，如果不是对方特意要求，记得要主动买单。

小刘最近在追求一位心仪的对象，对方也对小刘挺有好感，于是答应和小刘去看电影。但两人相处了几次后，对方突然在微信上直接拒绝了小刘，还把小刘拉黑了。

小刘十分不解。朋友问他平时和女孩子如何相处的，小刘说自己特意做了攻略，都是一些女孩子爱去打卡的地方。朋友更是疑惑了，既然是这样，那按道理对方应该不会态度这么决绝啊。

正在两人一筹莫展之际，朋友忽然想起来小刘这家伙平常就爱逃单，和他吃饭就没见他买过单。小刘不会是和女孩子约会也让对方买单吧？

于是，朋友就试着问了一句："你们吃饭都谁买单？"

"AA 制啊。本来就没确定关系，大家公平公正。"

朋友顿时懂了。

女孩子并非贪图他的那一顿饭，只是想要被爱的感觉，小刘显然是不懂得这个道理。

老话说，男女搭配，干活不累。

现在也可以加一句，男女吃饭，抢着买单。

和女士一起吃饭，要主动买单，体现自己的绅士风范，同时也表示你在心里特别重视对方。

女性相对来说更加感性，她们并非想让你请客，她们更在意的是一种感觉，一种被重视、被守护的感觉。

不过，与女性一起进餐，也不能不顾现实随意地抢着买单。有一些情况并不适合主动买单，会给对方造成不必要的困扰。

根据对方的感情状态买单

和女士一起吃饭，如果对方单身，男士买单可以自然而然地发生，如果对方并非单身，买单之前可以象征性地征询一下对方意见，比如说，"这顿饭我请了，你下次再请客"。

这样可以避嫌，以免你的买单行为造成不必要的暧昧氛围。

根据两个人的关系买单

两个人约会，男士主动买单，可以为自己增加印象分；如果是相亲对象，那么主动买单也不会有错；如果是同事关系，那么可以自己先主动买单一次，下次让对方来买单，既体现自己的绅士风范，又能在买单这件事上给予对方足够的尊重，不至于让对方觉得是在沾你的光。

买单有讲究，不要瞎抢单

我们经常会在饭店的前台看见有人因为买单争得面红耳赤，甚至还有一些新闻报道，两个人为了抢着买单竟然打了起来……

抢着买单是人们表达情感的一种方式，目的是表达对他人的重视。但是抢得过火了，也会非常不体面。

另外，有些单子着实不需要去抢。本身和你没关系的宴请，请把买单留给那个应该买单的人。

小王刚做老板的秘书，工作能力不错，但就是没什么洞察力。

有一次，一位想要和公司合作的客户邀请老板在一家高档酒店吃饭。酒过三巡，想表现的小王默默消失在了酒席上，又默默地回来。

饭后坐在车上，本来酒酣饭饱的老板开口问：“今天是客户方付的款？”

小王不想表现得太明显，忸忸怩怩地小声回答是自己付的款。这话一出，老板不说话了，一路上都没再出声，明显是不高兴了。

小王就奇怪了。明明是自己付的钱，怎么老板反而还生气了？

小王于是向公司年长的同事咨询。刚一开口，同事就惊讶道：“别人向我们公司寻求合作，我们是甲方，他们是乙方。在商业行为中，不论是吃饭，还是别的什么事情，一定要分清谁主谁次，否则后续的合作都可能受到影响。”

自此以后，小王每次用餐前都会对宴席的各种礼节向前辈请教，也避免了很多不必要的尴尬。

每场宴请或大或小都有它的目的，这个目的一般由组局的人来定，所有受邀的人都是为了这个目的而被邀请的。赴宴的人只需要参与宴会就行，买单的人则是组局的人，或者宴请目的达成后的受益者。

有些单子可以抢，比如以联络感情为主的宴会，又没有具体的组局者，这时候可以主动买单，给他人留下一个大方的印象。

但是，有些单子，不仅不能抢着买单，甚至买了单还会得罪人。这时候就一定要格外注意。

为了不弄巧成拙，一定要分清局势，看清单子的属性，是否适合自己去买单。

具体来说，哪些饭局你不该抢着买单呢？一般从下面几个点去判断。

萍水相逢的单子不要买

现代人认识陌生人的机会非常多，去一趟酒吧，玩一次狼人杀，很可能就会有一次饭局。这种饭局一般都是刚认识的陌生人，大家感情非常淡薄，那就不要抢着买单，这时候 AA 制是最合适的。

不要瞎抢单，提出买单方式也不要做出头鸟

如果是几个老同学私下聚会，可以自己主动买单。但如果是那种人数比较多，超过十人的同学聚餐，这种带有联络感情性质的聚餐，并不是某一个人的事情，也并非某一个人邀约，那么买单的时候，则不要主动买单，也不能自己主动提出买单方式。

如何买单，谁买单，一般由在场的组织者提出，你只需随大流同意就行。

同事聚餐不要抢着买单

有些人喜欢在同事聚餐的时候抢着买单。如果是同部门关系亲密的同事，私下聚会可以买单，为以后彼此的工作行方便埋下伏笔。

如果是部门十几个人吃饭，这时候一般不要抢着买单，买单的人得是部门负责人。

如果饭局没有明显的发起者，那也别抢着买单。在买单之前，可以适当提出 AA 制，一般这样的方式是所有人都能接受的。

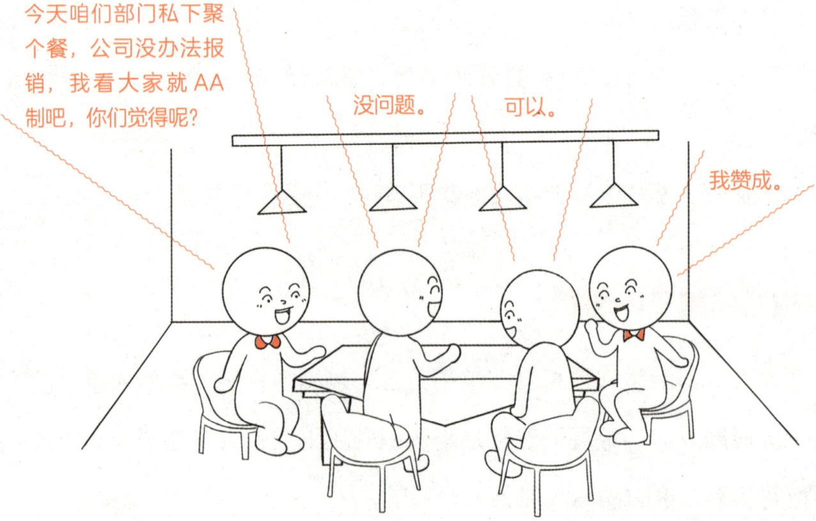

买单讲礼貌，细节更能体现修养

买单要豪爽。豪爽要体现在大方买单，而不是在言语上豪爽。买单的时候大呼小叫，看似很有气势，其实在座的其他人并不会因此而觉得你为人豪爽，反而会觉得这人素质堪忧。

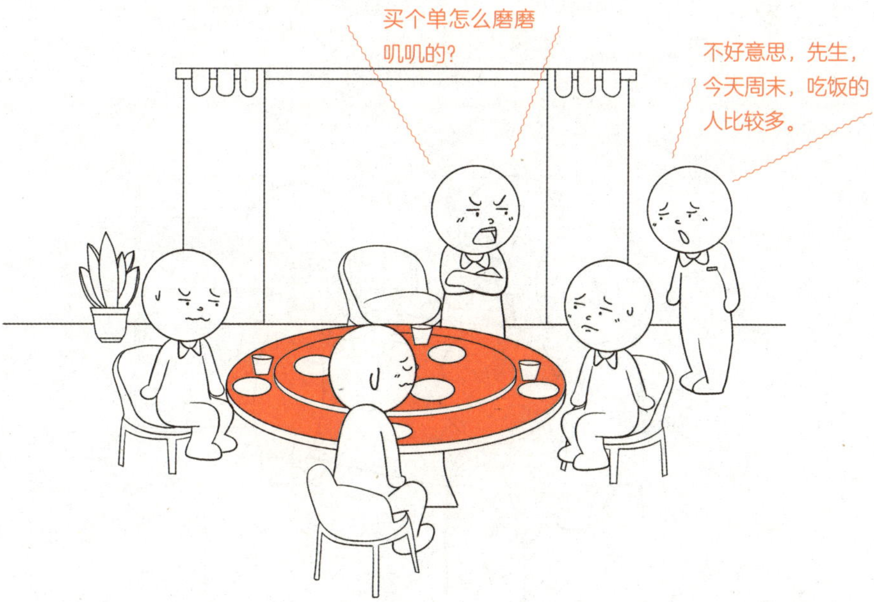

在现代社会，人人平等，虽然各种消费场合都会自然而然遵循顾客是上帝的宗旨，但这是为了给顾客一个更好的消费体验，并非因为服务员的人格比顾客低一等。

所以，杜绝买单时不尊重服务人员的前提是首先要打心底尊重服务人员，不要以有色眼镜去看待他人。不管是在亲朋好友面前，还是在生意合作伙伴面前，都要保持一个良好的个人形象。

所以，千万不能忽略买单过程中的举止表现，这个时候往往是体现个人素质与修养的关键时刻。

遇到问题心平气和地解决

大多数人都能礼貌对待服务人员，偶尔的失态也是因为在买单的时候出现了种种问题。如果在买单的时候发生了一些意外，这个时候更应该心平气和，出现问题了就解决问题，不要因为问题而发火，以免在宴请的结尾造成不愉快。

简单感谢，体现修养

每个人都在努力生活，谁都不容易。买单的时候，多说“麻烦”“请”等字眼，买完单记得感谢对方的服务，肯定对方的工作，不仅服务人员心里会舒服，与你一起赴宴的其他人也能看到你的修养。

高情商社交术

漫画 中国式办事技巧

吴学刚◎主编　小黑◎绘图

湘潭大学出版社
XIANGTAN UNIVERSITY PRESS

版权所有 侵权必究

图书在版编目（CIP）数据

高情商社交术 / 吴学刚主编 ; 小黑绘图 . -- 湘潭 : 湘潭大学出版社, 2024.6
ISBN 978-7-5687-1429-7

Ⅰ. ①高… Ⅱ. ①吴… ②小… Ⅲ. ①情商－通俗读物②人际关系学－通俗读物 Ⅳ. ① B842.6-49 ② C912.11-49

中国国家版本馆 CIP 数据核字 (2024) 第 086526 号

高情商社交术

GAOQINGSHANG SHEJIAOSHU

吴学刚 主编 小黑 绘图

责任编辑：张宝香　钟夏萍　肖　萑　唐姝莹
封面设计：尚书堂
出版发行：湘潭大学出版社
社　　址：湖南省湘潭大学工程训练大楼
电　　话：0731-58298960 0731-58298966（传真）
邮　　编：411105
网　　址：http://press.xtu.edu.cn/
印　　刷：大厂回族自治县德诚印务有限公司
经　　销：湖南省新华书店
开　　本：710 mm×1000 mm 1/16
印　　张：51
字　　数：715 千字
版　　次：2024 年 6 月第 1 版
印　　次：2024 年 6 月第 1 次印刷
书　　号：ISBN 978-7-5687-1429-7
定　　价：198.00 元

前言

王小波在《寻找无双》中写下：何况尘世嚣嚣，我们不管干什么，都是困难重重。

人生在世，容易的事情很少，困难的事情很多。

每个人都想轻松地解决掉所有困难，顺顺利利地把每一件事都办好，但现实常常事与愿违。当你办事时觉得力不从心的时候，你是否想过，也许是自己的办事方式出现了问题？

其实，办事是有规则的，这些规则所对应的办事方式，便是办事的技巧。懂得了办事中的技巧，才能在办事的时候有如神助，不论面对什么难事，都能让你游刃有余。

那么，如何才能掌握中国式办事技巧呢？

想要掌握中国式办事技巧，就要懂得表达心意的艺术。但是如何表达心意，却是一门高深的学问。所谓礼轻情意重，既要做到表达心意，又要避免礼物太贵重而引起不必要的麻烦，还要送到对方心坎上，让其心安理得收下你的心意。其中的学问，不可不学。

想要掌握中国式办事技巧，就得拥有说服他人的能力，办事情难免要说服他人，但是说服并非一件易事。掌握一定的说服技巧，通过调动情绪、晓之以理、引发共鸣等方式，可以有效增加说服成功的概率。

想要掌握中国式办事技巧，就要学会在办事的过程中懂得变通。在办事的过程中，如果遇到了障碍，也要懂得变通，不能一条道走到黑。变通不是停止办事，而是一种随机应变的办事策略。这就要求求人办事者能够准确地把握事情的发展变化，做到随势而动，随机应变，难办的事情，学会缓缓图之。

想要掌握中国式办事技巧，多积累人脉是关键。晴天留人情，雨天好借伞，这就是积累人脉好办事的内在逻辑。

想要掌握中国式办事技巧，就得学会难言的事情巧开口。办事前怎么开口，办事中如何交流，都是事情是否能办成的关键节点。一次恰到好处的开口，一次推心置腹的交流，都能让所办之事更加顺利。

想要掌握中国式办事技巧，就不能怕拒绝他人，遇到难办的事情要学会拒绝。不论是谁，都有求人办事的时候，也有被人求办事的时候。有些事情难办，要懂得拒绝。拒绝也有技巧，会拒绝的人会让对方理解己方的难处，不会在被拒后心生怨意。不懂得拒绝技巧的人，直接拒绝了他人，可能会断掉与他人好不容易建立起来的关系。

想要掌握中国式办事技巧，在办事的过程中就要知进退。办事时切不可一味求进，该退让的时候绝不咄咄逼人，该藏住锋芒的时候绝不高调示人，脚踏实地，守住本分，最终才能人人称颂，事事好办。

为了使广大读者能够深刻理解办事的技巧，本书将各种办事的场景与技巧相结合，通过简明实用的方法，搭配轻松有趣的漫画，摒弃冗长无趣的理论说教，把日常生活和工作中的办事技巧一一呈现，让每一位读者都能在轻松诙谐的氛围中掌握中国式办事技巧。

最后，愿每一位读者都能开卷有益，学会办事技巧，成就美好生活。

目录

第 1 章　学会表达心意，办起事来更顺利

第 2 章　掌握说服技巧，先说服再办事

第 4 章　办事巧开口，难言的事情也能得心应手

第 5 章　编织好人脉，朋友多了好办事

第 6 章 **该拒绝就拒绝，会拒绝才算会办事**

第 7 章 **进退有度，守住本心才能办大事**

第1章

学会表达心意，办起事来更顺利

中国是礼仪之邦，礼尚往来是我们的优良传统，也是人与人之间加深情感的重要方式。每逢佳节，亲朋好友之间会互相赠送礼物；走亲访友，我们会带着礼物上门。礼物不在贵重，关键在于情意，所谓“礼轻情意重”就是这个意思。

先了解喜好，才能将心意传达

表达心意不送则已，一送就要送到对方心坎上。礼物是否贵重并不重要，重要的是对方真心喜欢这个礼物，只有这样的礼物，才算是送到了对方心坎上。

小张是个体户，平时的工作是把自己生产的玩具推销给各大商户。

最近，他认识了一个实力雄厚的玩具经销商，小张暗自发誓一定要拿下这个经销商。可是随着时间的推移，小张却发现距离拿下这个经销商的目标越来越远。因为不论小张怎么努力，经销商就是无动于衷。

小张也曾试着送过一些小礼品，希望能和对方套套近乎，结果对方全都退了回来。

小张找朋友老刘取经，老刘听完后说，你先了解一下对方的兴趣爱好，他喜欢什么，你就送什么。礼物不在贵重，在投其所好，在心意。

小张回去好好研究了一番之后，发现经销商刘总喜欢书法。

于是，小张就收集了一些毛笔，时不时给刘总送过去，有时候也送些纸墨笔砚，刘总也没说不喜欢，反正是全都收下了。

一来二去，两个人便熟络了起来。

刘总觉得小张这个人还蛮有心的，便给了对方一个机会，专门抽了个时间去小张的玩具厂里参观了一番，最终定下了一小批产品，虽然数量不大，但对于小张来说，好歹算是有了突破。

小张的礼物并不贵重，但因为送到了对方心坎上，这才突破了办事的瓶颈。

一个合适的礼物，不仅能够拉近人与人之间的关系，也可以增进大家之间的情意。每个人的性格爱好不同，所以他们喜欢的礼物也不同。对不同的人送各自合适的礼物，才能送到心坎上。

那如何才能把礼物送到对方心坎上呢？

根据个人需求表达心意

每个人或多或少都会有一些个人需求，选择礼物的时候，可以根据这些需求来选择。礼物可以不贵重，也不必太豪华，但如果能有效解决他人的需求，便是把心意送到了对方的心坎上。这样的礼品，对方更容易接受，也更能打动他们的内心。

根据爱好表达心意

在生活中，很多人都喜欢收藏某些东西，如邮票、瓷具、书籍、编织物、饰品等等。我们可以根据他们的喜好，送礼物时投其所好，也可以根据对方的兴趣来送，满足对方。

根据处境表达心意

对生活比较困难的人，要送实用的东西，送了就能用是最好的标准；对于生活宽裕的人，可以送一些精美细致的小礼物，他们不缺物质享受，所以对礼物的要求比较高，送的时候要注意礼物一定要有格调。

心意越有新意，越能让人印象深刻

想要送出一个让对方印象深刻的心意，那就需要在新意上下功夫。选择礼品时要尽量不落俗套，尽可能别出心裁，富有一定的新意。越有新意，越能吸引他人的注意力，别人越会有被重视的感觉，越有被重视的感觉，别人越会愿意为我们办事。

小李是一家金融公司的总裁助理。

在小李之前，已经有数个总裁助理因为压力大而选择了辞职。究其原因，是因为这个职位是老总直接安排工作，一些不太好的安排，老总往往通过助理传达下去，因此，助理成了老总和公司员工之间的“沟通桥梁”，这样的工作很容易让双方都不满意，人缘自然也不会好到哪里去，但小李却不一样，他在公司的人缘非常好。

当时某咖啡店新出了一款咖啡杯，因为杯子里有猫爪子，看上去非常有新意。公司里很多人都想要这个杯子，小李于是订购了一批，趁部门同事出去吃午饭的时候，给每个人桌子上放了一个猫爪杯子。

等大家回来看到桌子上的杯子，以及杯子旁小李给每个人分别写下的简短的感谢语，众人无不交口称赞。

大家得到了礼物，又收到了小李的感谢语，小李后续找他们办事的时候，他们往往都很乐意帮忙。

花点心思，送有新意的礼物，便是小李在职场好办事的小妙招。

都说送礼看心意，事实上新意更能表达心意。在如今千篇一律的礼品市场，挑出一件令人满意的礼品着实不易。

那么，什么才叫有新意的礼物呢？要知道，新意不代表猎奇，有的人为了新意，往往会送出令人啼笑皆非的礼物。

量身定做，新意独特

其实有很多礼物都可以量身定制，一些钢笔可以镌刻客户的名字，一些非遗产品也能按照送礼人的要求制作。只要花点心思，很容易找到定制礼物。试想，对方看到刻有自己名字或者标识的礼物，怎么能不动心呢？一旦动心，事情也就好办了。

组合配套，玩出新意

有些单一的礼品可能没有什么特别之处，但是如果两种或两种以上礼品组合到一起，可能就与众不同了，既可以增加礼品本身的实用价值，也可以让礼品看起来不那么单薄。

异域风情，送出新意

可以考虑从国外代购一些礼物。最好选择那种具有独特异域风情的礼物，一般这样的礼物很容易就送出新意，也能给对方留下深刻的印象。

表达心意有禁忌，不能给对方压力

凡事都要遵循一定的规矩，表达心意也不例外。你的心意用什么方式表达，这些都是有规矩的，绝对不能给对方压力。否则，很容易给对方造成困扰，甚至会破坏彼此之间的关系。

小张最近开了家店，可是生意却始终没有起色，听说老同学曾经也开过店，小张便想着请这位老同学帮帮忙，看有没有什么方法，让他的店铺能够红火起来。

可惜他和这位老同学关系一直不太熟，贸然前往有些唐突。小张琢磨了半天，决定带点礼物去拜访老同学。

事情倒是很顺利，两个人见了面，吃了饭，小张将携带的礼物递给老同学，说："咱们老同学得五六年没见了吧？给你带了点小礼物，务必收下。"

老同学笑着说："你这是无事不登三宝殿啊，最近遇到什么困难了吗？"

小张叹息一声，说道："我的店铺最近总是没生意。估计坚持不了多久了，你可得帮帮我啊，不然只能关门大吉了。"

老同学听完，便和小张聊了一下他所遇到的困难，小张见有戏，便趁热打铁说道："这次开店能不能成，可全靠老同学你了！你要是有时间，不如来我店铺待几天？实地考察一番，给我出出主意。"

老同学一听，面露难色，看了眼小张提的礼物，说道："你的心意我心领了。不过开店这种事我也很多年没做了，怕是帮不上你呢。而且我最近也比较忙，实在是不好意思。"

之后，老同学便将话题转移到了同学情感上，不再说店铺的事情，小张也不便再提店铺帮忙的事情。

后来，小张才想明白，是自己给了对方太大压力。找别人帮忙，别人帮忙是情分，不帮是本分，非要对方帮出个结果，送出去的心意往往会给对方造成很大的压力，别人自然会逃之夭夭。

收礼物对于任何人来说都是一件值得高兴的事情，但假使这个礼物在送出去的时候附带着一个一定要帮的忙，那么就不是表达心意、联络感情，而是利用表达心意来绑架对方的情感，对方自然不会收你的礼物，也不会替你办事。

那么，除了不附带条件，表达心意还需要避开哪些禁忌呢？

注意礼物的数目

喜事的时候要送双数，表示好事成双；丧事的时候要送单数，意思是只此一回；还有一些比较忌讳的数字，比如“4”这个数字，一定要避免。如果客户是外国人，还需要注意外国人的禁忌，比如他们有的人不喜欢“13”这个数字，我们喜欢的“666”这些数字，对于他们来说却是避之不及的数字。

不要送旧东西

每个人都喜欢崭新的礼物，即使再好的旧物件，也不可以拿来送礼，因为很少有人会喜欢别人用过的东西。

不送会产生歧义的东西

中国语言博大精深，有些东西会产生歧义，比如“钟”的谐音是“终”，“伞”字和“散”字同音，所以送礼的时候不要送钟或者伞一类的东西。有的人忌讳送鞋，因为意味着要把人从自己身边送走，关系会因此变淡，所以鞋子也尽量不要送。

与其锦上添花，不如雪中送炭

心意并不一定都是有形的实物，也可以是一些无形的东西，比如“送人情”。“送人情”的最高境界是雪中送炭，雪中送炭比锦上添花更有效果。

在诸葛亮出山之前，他就有了“卧龙”的美誉，但他却选择躬耕读书，不去当官。

诸葛亮的亲朋遍布荆州官场，基本上他想要当官，一句话就能办到。

那他为什么不去呢？

因为诸葛亮明白一个道理，锦上添花不如雪中送炭。

刘表手下不缺能出主意的谋士，他去了最多是锦上添花。可刘备不一样，他身边武将非常勇猛，但是谋士却很缺乏，他去了就是雪中送炭。对于刘备来说，他是在没有地盘、没有希望的情况下，求到了诸葛亮这个大才，所以才倍加信任。

这才有了刘备三顾茅庐请诸葛亮出山的千古美谈。

在他人需要的时候，如果你能帮对方一把，他们大概率会铭记于心。

这便是把人情当礼物送给了对方，急对方所急，送对方所需，是表达心意的另外一种形式的体现。不过，在送人情时，也有一些原则需要遵守。

送人情要急人所急

应该送的、必须送的人情，就要大大方方地送，一定不能送得太少。比如，在看到他人遇到困难时，要尽自己的所能去帮助对方渡过难关，急对方所急，帮对方所需，把人情当作礼物，让本就深厚的友谊更加牢固。

送人情要把握好度

如果总是轻易地送人情给对方，会让自己的人情显得没有那么重要。所以送人情一定要把握好度，绝对不能滥送人情，等对方需要的时候，或者对方求助的时候再送，这样才能体现出人情本来的作用。

雪中送炭更要顾及对方面子

雪中送炭，最忌讳不顾及对方面子。一般别人需要我们把人情当作礼物送给对方时，很可能是对方落魄的时候，这时候切记不要夸耀自己的人情。低调地把人情送到对方身边，如果对方说出感激的话，我们可以大大方方地接受对方的谢意，同时回复一句：我以后也有需要你的时候，大家互相帮忙嘛。

表达心意之前，找个好理由

在日常办事的过程中，经常有人会遇到一腔心意送不出去的情况，其实，这是没有掌握送礼的技巧。送礼要有合适的“借口”，借口找得好不好，送礼的理由是否充分，是能否成功送出礼物的关键，因此也是需要下一番功夫的。

小可想找自己大学的老教授办个事，苦于没有缘由登门。

思来想去，小可想到自己上大学那会儿，老教授一直对他非常好，而小可也时常觉得老教授的身上有自己爷爷的影子。想到这里，小可买了点水果就往教授家里赶去。原来，小可找到的理由就是真诚，他见到老教授就说：“我上大学那一年，我爷爷去世了，我当时很难过，也没赶回去见他最后一面。当时是您安慰我，说句不怕您笑话的话，后来我在您身上竟然看到了我爷爷的影子。如今爷爷去世好几年了，我特别想念他，于是就想着来看看您。”

老教授一听，很是感动，挽留小可在家中吃晚饭。

两个人聊了一下午，小可在聊天的时候慢慢把自己遇到的困难讲了出来，老教授一听，是个举手之劳的小事情，便答应小可帮他这个忙。

求人办事难，送出心意更难，有了正当的理由，很多事情就能迎刃而解。

那么，怎样才能通过正当的理由把心意巧妙地送出去呢？

一起品尝，无形中表达心意

一起品尝美味的食物，也是表达心意的一种。你有好茶好酒，可以邀请对方一起品尝，剩余的便可以当作心意送给对方，可以用下次再一起品尝这个正当理由来留下你的心意。如果你想带一些土特产给对方，你可以说是自己从家乡带过来的，顺便给对方品尝一下，基本上对方是不会拒绝的。

通过共同的朋友，加深彼此的友谊

如果你想和一个不太熟悉的人联络感情，自己单独去可能有些唐突，这时候，你可以邀请几位与对方比较熟悉的人一起前往，这样，彼此之间可以通过其他熟人加深感情，对方便更容易接受你对他的心意。

通过伴侣，加深彼此友谊

亲自上门是最好的，也是最能加深彼此情感的。但是加深情感也不一定非得你去和对方加深情感，表达心意，加深感情，不妨委托你的伴侣代劳，把主动权交给彼此的伴侣，也能起到联络彼此感情的效果。

女性相较于男性更为感性，她们的共同话题往往会围绕情感进行，所以更容易加深彼此的感情。

表达心意的场合要选对

做什么事情都要讲究场合和时机，表达心意也不例外。如果场合和时机不对，礼品再好也没有用，甚至可能受到冷落。表达心意时要学会看场合，场合不对，千万不要出手。场合并非单指表达心意的场地，还包括表达心意的场景，以及对方的性格等。

小思开了一家公司，最近面临一个技术问题，始终无法攻克。

得知有一位技术“大拿”在本市，小思准备请“大拿”过来帮忙，便邀请了这位“大拿”赴宴。为了表示诚意，小思特意购买了一块手表。等“大拿”进了房间，小思立刻当着所有人的面把手表送给这位技术“大拿”。

结果这位技术“大拿”一看手表，立刻缩回手，急忙说：“这也太贵重了，我一向生活简朴，戴着这种表，会显得很突兀。”

小思这才发现，这位技术“大拿”穿着朴素，甚至戴的眼镜都是十几年前的老款。

一顿饭自然是不欢而散，事后，小思到处托人打听，得知技术“大拿”一心扑在技术上，对于身外之物并没有多少兴趣。

事情自然是没有办成。

说话办事需要看场合，表达心意也同样要看场合。场合不对，表达心意的方式不对，是无法收到好的效果的。

所以，送礼一定要注意场合，注意方式，一般来说，需要把握以下几点。

有些心意适合公开场合表达

如果你送的是一些代表荣誉或者特别有新意的小礼品，可以在公开场合赠送。如果是一个工艺纪念品、一本书、一面锦旗等礼品，我们可以大大方方送到对方的办公室，这样，对方在接受我们的心意的同时，也可以让别人看到他们的高尚品格，对于收礼物的人来说，这未尝不是一种精神上的享受。

表达心意要看对方的性格和处境

有的人怕麻烦，觉得收了礼物就要回礼，对于这种人来说，最好别送礼物，以免让对方感觉麻烦；有的人身居重要位置，很忌讳别人送礼物给自己，这种情况就不要送礼物给对方，以免产生不必要的麻烦。

表达心意要考虑到对方的身份

表达心意要根据对方的身份来随机发生变化，比如送爱人的礼物，显然不适合送给客户。不同的职业，不同的身份，与你的关系不同，都是表达心意时需要考量的地方。归根结底，表达心意时要考虑到对方的身份，如此才能让对方真正地感觉到你对彼此关系的重视。

小周的孩子上小学后，身体一直不好，时常感冒发烧。

小周为此带着孩子去医院里询问医生，医生说让他带着孩子多锻炼锻炼。

小周忙于工作，根本没有时间带孩子去运动。机缘巧合之下，他听说家里有个远房亲戚是在某所学校任职体育教练。

小周于是打算拜托这位亲戚帮帮忙，看能不能带着自家孩子锻炼。

临出发前，小周觉得不能空手而去，毕竟是麻烦别人。想来想去，想起去年买的乒乓球拍还没拆封，打算送给亲戚。

小周翻箱倒柜找出球拍，带着孩子去了亲戚家。到了对方家里后，双方寒暄完，小周把球拍送给了对方，还没来得及提出让对方带着自家孩子多锻炼，对方却先说话了："哈哈，我是搞篮球的，这个乒乓球我还真没怎么玩过，怕是会浪费了你的心意啊。"

小周愣了一下，很是尴尬，好在对方顺手接过了球拍。

虽然最终对方答应了周末带着小周的孩子去打打篮球，但是小周却明白自己这次登门拜访实在是欠考虑了。

对方明明是个篮球教练，他却没有注意到这一点，反而送了一副乒乓球拍……

在日常生活中，经常会出现这样的错位，往往会让彼此感觉尴尬。如果不管不顾只想着要向对方表明心意，很可能会适得其反。

那么，怎样表达心意，才算是符合对方的身份呢？

根据对方的职业表达心意

送师爷一把剑，师爷不会开心。但若是送师爷文房四宝，师爷则大概率会欣喜不已。送屠户一把琴，屠户会面露难色，但是送屠户一把锋利的剐骨刀，屠户会开怀大笑。根据对方的职业来送礼，一般都能送到位。

根据对方的文化水平表达心意

送文化水平较高的人，要送能体现格调与品位的礼物；送大学生要送电子产品；送小学生要送文具；送中学生就送一些有利于提高成绩的东西。根据对方文化水平来送礼物，才能送得合适。

心意表达的关键在于勤走动

传达心意要勤快，如果事到临头，才抱佛脚，往往很难有什么好结果。平常有事没事就多走动，时常带点小礼物给别人，等你需要别人帮忙办事的时候，也许一个电话就搞定了。

小郑是个做水产生意的小老板，他每次卖完货，总能剩下一两条鱼，或者别的什么水产海鲜。

自己吃也吃不完，送人是最好的处理办法。

小郑每次都会打电话给身边的几个朋友。

“喂，这里还有两条鱼，你来拿一条。”

“小王拿走了一条，还剩下一条，你要是有时间过来拿。”

有一次，小郑去进货，不小心出了事故，他小腿骨折，住了十几天院，小郑还没开口呢，朋友们早到了医院里，纷纷问小郑有什么需要帮忙的。

小郑父母远在老家，他又是个单身人士，朋友们便主动提出轮流照顾住院的小郑。就这样，在朋友们的帮助下，小郑熬过了难关。

平常注意维护友谊，等到用人之际，不需要你开口，朋友们就会自动出现，与你排忧解难。

有很多人说，我也没什么钱，也不知道送对方什么。其实，平常维护关系，重点在于要勤走动，不贵重的东西，一条鱼、一袋水果，都足以表达你对他的情谊。

与送人情不同的是，送人情一般是无形的礼物，是急对方所急，不存在是否勤快，而是看对方是否需要。

但若送的是实物，而且是日常中常见的东西，那完全可以勤快一点，因为不需要耗费什么心力，而且可以让对方感觉到你对彼此友谊的重视。

具体可以从以下三个方面入手。

送勤不要送贵

送勤快一点，对方会不断与你加深感情。送贵了，不仅你自己吃不消，对方也会感觉到压力大，所以送的礼物就一定不能贵重。

送平常生活的快消品

不要送摆件，或者其他一些没什么用的小玩意儿，送一些生活快消品就是最好的。像水果、零食什么的都是很好的小礼物。既能表达你的心意，又能让对方马上就用到。

送得勤还要登门送

像案例里那样打电话喊别人来拿，那是因为小郑送得太勤快，每天都送，大家自然愿意亲自来拿。大多数人是不可能做到天天送礼的，所以一个月送一两次就足矣，但是请记得一定要亲自送上门，如此才能体现你的诚意。

关系越亲，传达心意越不能怠慢

在向对方传达心意的时候，很多人会根据事情来送礼，往往在送礼这件事上把重视留给用得上的人，却把忽视留给了身边的人。为我们办事最多、办事最用心的人是谁？毋庸置疑，是我们身边最亲密的人，他们可能是朋友，更可能是亲人与爱人。所以，送礼随着事情走固然没错，但是也别忽略身边的那些关系亲密的人。

欧·亨利用一篇经典的文章，向我们阐述了亲密的人是如何互相送礼物的。

丈夫卖掉了表，是为了送妻子一把梳子，因为妻子有一头美丽的秀发。

妻子卖掉秀发，希望给丈夫送去一条表链，因为丈夫祖传的表缺一条链子。

两个人都带着礼物回到了家中，却发现他们错过了彼此的礼物。

《麦琪的礼物》辛酸而又温暖，有着浓浓的爱意。

在日常生活中，我们会像欧·亨利的小说里描述的那般为亲密的人精心准备礼物吗？

我们总是把礼物当作维系人情的纽带，却忘了最需要维护的关系是我们心里的那些人。

给自己珍视的人挑一个礼物吧，用你全部的心意告诉对方，你很在意对方。

送爸妈，要送暖心

送给爸妈的礼物要暖心，要以关心他们的身体为由去挑选礼物，把健康送给爸妈，选择的礼物要能体现出对父母的关心。

送爱人，要送浪漫

把爱用礼物表达出来。以浪漫的名义，送她花、送她烛光晚宴、送她一次二人旅行，让爱情长存彼此之间。

送孩子，要送他的愿望

不要想着为孩子好，所以送一些孩子不想要、也不喜欢的礼物。送孩子就要送他想要的礼物，问问他喜欢什么，然后在可承受的价格范围内满足孩子。

第2章

掌握说服技巧，先说服再办事

说服是办事的前奏，掌握了说服技巧，事情就更容易办成。一个说服力强的人，能把自己的所思所想准确地表达出来，并让别人尽量接受自己的观点，使其为自己办事。

知己知彼，说服他人好办事

在战争中，知己知彼更容易战胜对方。说服也是一样，了解对方的性格、想法，能使你的说服更有针对性，让你的说服更有力，让对方接受你的观点，顺着你的思路为你办事。

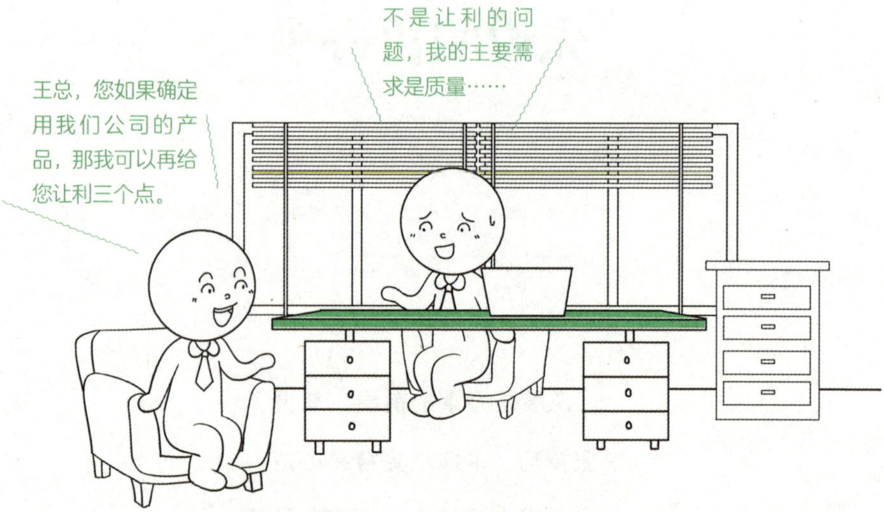

《三国演义》里的诸葛亮为什么能舌战群儒说服东吴与他们一起对抗曹操的大军呢?

曹操亲率大军八十万，刘备不过一两万人马，孙权的军马也不多，加起来还不够曹操的一个零头。

诸葛亮为什么能说服孙权和他们一起对抗曹操呢?

归根结底，是因为诸葛亮知己知彼，他知道孙权素有大志，不甘人下，而且臣子投降了还可以当别人的臣子，君主投降了却很难被他人所容。

再加上他对东吴大臣们的家世背景非常了解，很容易就辩倒了众人。

想要求人办事，得先学会说服别人，想要说服别人，首先就要了解别人。如果都不了解他人，又谈何说服呢?

说服的过程就像看病要对症下药一样，只有对病人完全了解，才能给病人开出有效的药方。

在说服对方之前，只有多了解一些对方的信息，才能更有效地开展说服工作。

了解对方的性格

不同的人有不同的性格，所以在说服他人前，要先了解对方的性格，然后再采取合适的说服方式，让对方接受你的观点。比如说服做事谨慎的人，要有耐心，不能急于求成；说服性格爽快的人，尽量长话短说，不要让对方感觉到不耐烦。

了解对方当时的情绪

在对方心情好的时候，你的说服也许会容易很多。在对方伤心的时候，你的说服可能就会非常吃力。在说服之前了解对方当时的情绪，对你的说服工作是非常有帮助的。

了解对方当下的需求

每个人当下或多或少都会有一些需求，在说服他人之前，尽量了解对方的需求，可以将你的说服与对方的需求相结合，从而拉近彼此的距离，让你的说服更有力。

了解对方的兴趣

有的人喜欢读书，有的人喜欢写字，有的人喜欢钓鱼，不同的人有不同的兴趣爱好，如果你从对方的兴趣爱好开始谈起，那么对方的心房很快就会被打开，你的说服就非常容易了。通过兴趣去打入对方的心房，然后再找机会说出自己想办的事情。

从事实推演结果，说服他人的妙招

在说服别人改变自己的想法或行动时，我们可以先设想一下糟糕的结果，然后按照对方的思路继续往下讲，把可能出现的问题和后果讲出来，用可能会出现的不太理想的结果来改变对方的想法。

如果是我们在求人办事，那也可以用这种方式，将自己可能会面临的不太好的结果毫不隐瞒地告知对方，体现出你的真诚与无奈，然后把决定权交给对方。对方帮与不帮，你都要在谈话结束时感谢对方的会面。别人帮你是情分，不帮是别人的自由，不能因为这个而去埋怨对方。

小张想开个水果店，老李觉得年轻人有干劲，值得鼓励，结果听完小张的经营策略，顿时觉得不妙。

老李耐心地对小张说：“小张啊，这个钱我可以借给你。但是有些话，我得问清楚。首先啊，你这个选址，别人的水果店要么是开在居民聚集点，要么是开在大马路边，你这个水果店怎么开在厂区门口呢？”

小李解释说：“因为我就做这个厂的生意。”

“可是据我所知，那个厂子是封闭式管理，基层员工只有晚上和周末才能出来。你只做夜晚的生意，平白无故损失了白天的生意啊。这个选址我看很有问题呢。而且，借钱开店这件事我也是不赞同的，万一店铺开不下去，你就背债了呀，到时候你的压力会非常大的。倒不如先打工赚点钱，然后再仔细考察一下市场，从长计议。”

小张一想，自己确实是一时头脑发热，经过老李这么一分析，好像确实风险挺大，自己之前只顾着想厂区有上千人，完全忽略了白天没生意的事实，随后说道：“李哥，那我回去再想想。”

老李的说服方式，就是从事实推演一个可能出现的不太理想的结果，让对方明白前后的利弊，从而能够更加冷静地去思考当下的状况，做出更有利于双方的决定。

这便是摆事实，推结果，说服他人。

运用绝望进攻术进行说服时，需要注意以下两点。

充分了解事实基础

在运用这个技巧时，需要充分了解所要谈论的事情各方信息，了解到事实基础，如此才能在事实的基础上，推演出一个合理的结果，最终用这个结果去说服对方。如果不了解事实，胡乱推演，是很难起到说服的效果的。

推演出最主要的问题来进行说服

使用摆事实推演结果的技巧时要具体问题具体分析，可以推演出一个最主要的问题，用这个问题来反问对方，看是否能解决，如不能解决，则可以用这个问题来说服对方。

比如说，你的妻子要开个美容店，你觉得这个想法不够成熟，但直接拒绝又会伤到对方的积极性。那么你可以从货源、折损率、周围商圈人流量等具体问题上去分析，找出其中可能会面临的最主要的问题，如果妻子无法有效解决，那么你的说服就起到了作用；如果妻子能够有效解决最主要的问题，那么这时候就已经不需要说服，而是支持她去做自己的事业。

用这个办法进行说服时，还需要注意倾听对方的诉求，切不可为了反对而说服，一切的说服都是要基于事实，并且要建立在双方充分的讨论之后。

通过问问题的方式，慢慢引导说服对方

登山的时候，直接向上攀登会非常吃力，所以很多山路都是迂回向上。说服也是一样的道理，有时候直接说服会比较困难，我们需要避免直来直往，通过问问题的方式把对方的想法引导到我们的想法里，从而说服对方。

齐国的齐宣王治国无术，孟子很是担忧，就去谏言。

孟子问："如果你离家之前把妻儿托付给朋友照顾，回来却发现妻儿受冻挨饿，这样的朋友你会怎样对待？"

齐宣王说："我会跟他断交。"

孟子又问："那假如一个管理者管不好自己的下属，你会怎样对待这样的臣子？"

齐宣王说："我会罢免他。"

孟子再问："那么，如果国家政治混乱，你会怎么做呢？"

齐宣王想了想，不知道该如何作答。

孟子采用的便是通过问问题慢慢引导的方式，以此来缓冲最后一个问题的尖锐性，如果是直接提出最后一个问题，很可能会惹恼齐宣王。

所以，说服他人切记不要急功近利，可以步步为营，一个问题接着一个问题，最终引导对方说出你想要的答案。这便是引导式说服，这样的说服往往更有效果，对方也更容易接受你的观点。

那么，在使用这个技巧时，有哪些方面需要格外注意呢？

如果你不买我们公司的产品，你会选哪一家呢？
也许，会选你们的对手。

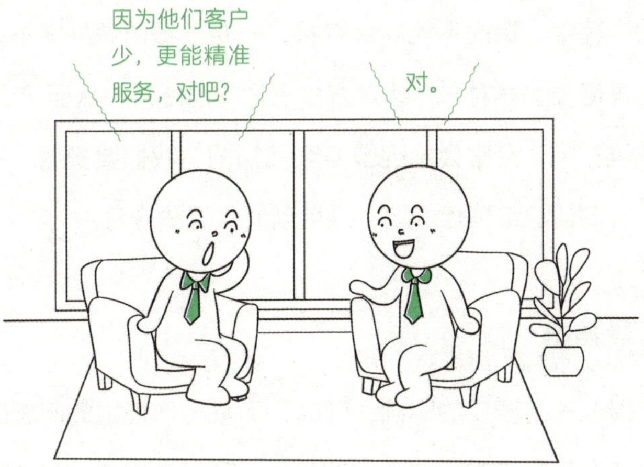
因为他们客户少，更能精准服务，对吧？
对。

那如果我们专门组建一个团队为你们服务呢？
那我肯定选你们公司啦！

不要操之过急

在说服追问的过程中，一定不要操之过急，要尽量做到缓急有序，该急的时候急，该缓的地方缓。需要把可能出现的情况尽可能都详细地告知对方，让对方有一个权衡的过程。如果操之过急，一下子把最后的结果说出来，对方很可能会想都不想直接就否定了这个结果，这样便会使说服无法进行下去。重点就在于，引导对方到你的思维逻辑里，让对方尽可能地多想想。

铺垫问题要设置合理

在说服的过程中，追问不能够太直接，一定要提前做好铺垫。合理设置铺垫问题，然后再慢慢引导对方，让对方按照你的思路来，从而接受你的说服。

在说服的过程中，经常会出现很多突发情况，我们要多做一些预判，尽量把所有可能出现的情况都预想一遍，以免到时候无法应对。

将答案的范畴缩小

在问问题时，一定要目的明确，同时，尽量把你提出的问题的答案压缩在“是”或者“不是”的范畴。在提问的最后，可以着重问一句“你觉得是不是这样”。这样一来，可以尽可能地将说服推向一个确定的结果。

聊了这么久了，你觉得我提的建议是不是合理的呢？
是挺合理的。

多为对方考虑才能更好说服

要想说服对方，就要学会换位思考，换位思考就是不能只顾自己的想法，要多多考虑对方的想法，体会对方的心境，理解对方的意图，以对方的角度考虑问题，为其开方便之门。学会了换位思考，便能让说服更有针对性。

小周刚进公司，对销售的事情两眼一抹黑。为了迅速获得经验，他打算向公司的策划人小张讨教。

可是因为彼此之间是竞争关系，所以小周担心小张不会将策划经验告诉他。思来想去，小周决定还是试着接触接触小张。小周是怎么做的呢？

小张有一次在会议上提出一个想法，大意是修改公司的制度，让策划每周多休息一天，可以利用这个时间去丰富自己的生活，开阔自己的视野，从而提升想象力。

老板听了后有些不满，觉得小张这是仗着功劳大随意提意见。

结果就在大家都闭口不言的时候，小周仔细想了想，觉得小张说的不无道理，于是他笑着说："小张的意思我理解了，对于策划来说，最重要的是要有好的点子，与其在公司多待一天，不如出去找找好的想法。"

尽管老板听了后还是不太同意这个想法，但是小周的话显然说到了小张心里。

就这样，小周靠着一次完美的而又充满勇气的换位思考，打开了小张的心房。

自那天开始，小张觉得小周这个人挺有想法的，慢慢地，在接触的过程中，两个人的关系也迅速升温。

换位思考，就是要将心比心，站在对方的角度思考，切身体会对方的心理和需求，让对方感觉到你们的相通之处，同时也让对方感觉到你对他的认可，这会让你之后的说服工作更加顺畅，你想办的事情自然而然也就更容易办成。

理解并且尊重对方

只有理解对方，你才能真正做到换位思考。所谓理解，就是点出对方想法的关键之处，然后赞同这个想法。之后，再用尊重的态度提出办事的其他方向。经过这样的处理，你的说服往往更容易被对方接受。

强调与对方在某些方面的相似之处

当你强调与对方在某些方面的相似之处时，可以迅速拉近彼此之间的心理距离，对方会觉得你跟他是站在同一立场上的，所以会更加信任你。在有信任基础之后，说服往往会更加容易。

摆事实讲感情，双管齐下易说服

在说服对方的过程中，摆出充分的理由和明确的事实是非常不错的方式。但是事实讲得太多，会给人一种干巴巴的感觉，如果能在讲事实的过程中再讲一些感情，可以让说服的效果更好。

公司最近有人事变动，之前的副总离职了，公司准备在内部提拔一名骨干来当这个副总。

小王想着自己在公司总监的位置干了不少年，对于公司的业务非常熟悉，如果能更进一步，对公司和他个人都是大有裨益。于是小王去找刘总，刘总表示这个事情还需要董事会讨论。

小王知道，董事会讨论之前，会先有一轮提名，由刘总负责提名人选。

小王想了想，说："刘总，之前我给您当秘书那段时间，真是我在公司最开心的日子。"刘总一听，这是小王在给他摆事实。

小王继续说："我在公司干了这么久，对公司是有情感的，这里的一桌一椅，我都熟得不能再熟，希望公司可以给我这个机会，让我能够尽可能地发挥个人的才能。"

刘总听完小王一番话，笑着拍拍小王肩膀："你的个人能力和对公司的贡献，大家有目共睹，实际上这次的人选里本来就有你。不过，能不能更进一步，还得看大家的意见。"

小王赶紧握住刘总的手感谢了一番。

摆事实讲感情，就是"晓之以理，动之以情"。这是一种常用的说服技巧。晓之以理就是根据实际情况来讲道理，动之以情就是在讲道理的基础上，用感情来打动对方。

运用摆事实讲感情的办事技巧时要注意以下几点。

情感准备要充分

在说服对方之前，要做好充分的准备。要想说服对方，让人家接受你的观点，被你的情感打动，最后帮你办事，那么就一定要准备充分。事实要想清楚，情感要理顺，不能胡编乱造，可以从细微处发散彼此之间的情感和关系，比如一起做过的事情，或者相似的经历等，通过这些细节来加深彼此的情谊。但是不能没有关系却强行拉近彼此的关系，这样可能会造成适得其反的效果。

请求办事可以从责任的角度出发

站在对方的立场上，从他的责任角度去思考问题，这样的说服更能说到对方的心坎上。比如在工作中，想麻烦别人帮忙做件什么事情，可以以工作的名义发出请求，说服对方。再比如，在家庭中可以以亲情的名义提出请求，说服对方承担责任。

说服有道，用好激将法

所谓的激将法，就是用相反的话去激励他人，激发他们不服输的精神，从而让他人为接下来的事情付诸行动。不论是在古代的军事行动中，还是在现代的日常生活中，用激将法去尝试说服他人从事某件事，往往可以收到不错的效果。

在电视剧和小说中，经常看到足智多谋的人运用激将法来激发部下的战斗欲，大多数时候都能获得不错的效果。

这就给了我们启发，在面对他人的时候，我们也可以用这个方式来激励对方，说服对方。

比如说：“这件事我觉得难度很大，不知道你能不能搞定呢？。”

运用激将法去激发对方的好胜心，最终实现说服对方、把事办成的目的。

仔细想一想，为什么激将法会如此有效呢，主要是因为它激发了人们内心深处不服输的精神。

很多人内心深处都有一股不服输的精神，如何运用激将法去激发这股精神，让这种精神去促使对方做出正向的努力呢？一般可以从下面两点出发。

洞察对方的心理特点

激将法一般只对好胜心大的人有效，运用之前先评估一下对方的性格。另外，情绪高涨的时候，或者情绪低落的时候，也可以用激将法来说服对方。

运用激将法时要站在对方的角度

在使用激将法的时候，要尽量站在对方的角度，替对方考虑。比如在《三国演义》里，诸葛亮就经常运用这种方式去激励武将。其中有一段故事是刘备准备进军汉中，诸葛亮制止了刘备派遣黄忠领军的想法，并且站在黄忠的角度解释了为什么不派遣黄忠前去，一来是担心黄忠年老体衰，二来是敌方将领足智多谋，第三则是关羽比黄忠更合适。黄忠一听，战斗意志瞬间被激发，执意要求上战场，最终打了一个漂亮仗。由此可见，激将法运用得好，的确可以产生妙不可言的效果。

不过，在运用激将法的时候，想要达到预定的目的，最好可以使对方感到你并不是出于为自己的利益考虑，你所做的一切，都是出于对他的利益考量，或者使他的才华能够充分展现出来。

如果你不是站在对方的角度运用激将法，结果可能会适得其反。

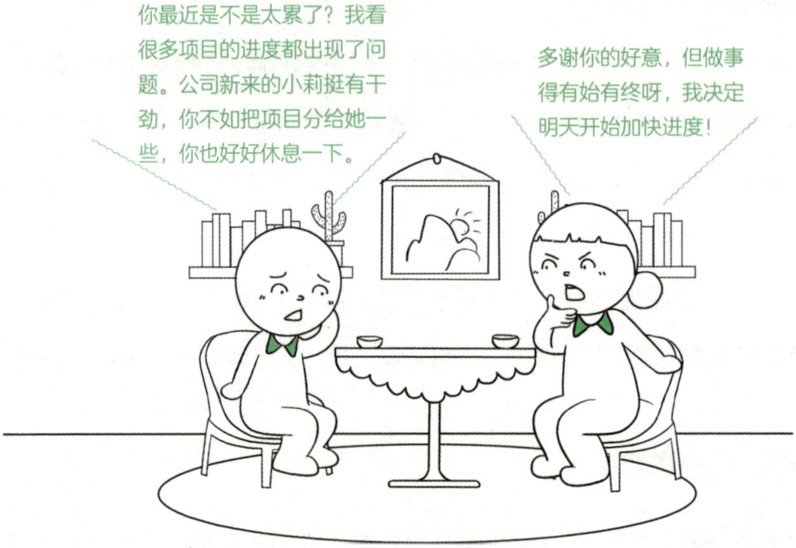

让倾听成为说服的前奏

在尝试说服之前，需要先学会倾听对方的想法和需求，人的大部分想法都是通过语言表达的，通过语言我们可以了解到对方的想法。另外，倾听还会给对方一种被尊重的感觉。归根结底，通过倾听来办事，是把主动权交给对方，用无声的倾听让对方感觉到被重视，被尊重。等到时机成熟，再尝试着说出自己的所求之事，慢慢地促使事情顺利办成。

王太太和李太太是邻居，两个人很少有交集，最近王太太的小狗总是在李太太门口撒尿，两人因此有了交集。

这一天，李太太想去找王太太理论一番，结果发现王太太情绪低落，正在哭泣，一问原来是和老公吵架了。

李太太不好意思再说狗的事情，王太太的话匣子却打开了，把她的委屈一股脑儿全告诉了李太太，李太太只是静静地听着，偶尔才会回应一句。

等王太太说完了，已经到了晚上，不等李太太开口，送她出门的王太太笑着说："您是不是来说小狗乱撒尿的事情？我以后一定管住小狗，您放心。"

就这样，李太太通过倾听，机缘巧合达成了自己的办事目的。

有时候，你想达成某个目的，办成某件事，也可以不用一直苦口婆心劝说对方，你只需要好好听对方讲什么，然后稍微点拨一下，把你的意思表达出来，也能达到说服对方为你办事目的。

不过，倾听并不是只听不说，倾听的时候，需要着重注意以下两点。

要学会听出言外之意，你的事情更好办

在与人沟通的过程中，对方有很多心里话是无法直接表达出来的，所以，我们在倾听的时候，要善于听出对方的言外之意。只有这样，我们才能更了解对方的心里想法，精准地进行回应，促成办事的目的。

沉得住气，慢慢来也许更顺利

倾听的关键就在于要沉得住气，先维护好倾听的氛围，再等待合适的时机提出所请之事，如果贸然开口要求对方帮忙，反而会破坏这种氛围。所以一定要沉得住气，用心聆听，时不时在回应对方的时候提一下你的所请，慢慢来，别着急，让倾听成为说服对方为你办事的前奏，对方也许会更喜欢为你办事。

引发共鸣，打造轻松氛围说服他人

找人办事的时候，首先要说服他人，这时候就要打造一个轻松愉悦的谈话氛围，关键在于能否找到一个大家都比较感兴趣的话题。找到共同感兴趣的话题，大家更容易产生心理上的共鸣，有了共鸣你们的关系自然更亲近，说服也会更容易，事情就能更好办。共鸣可以围绕对方去找，也可以根据当下的场景来发挥。

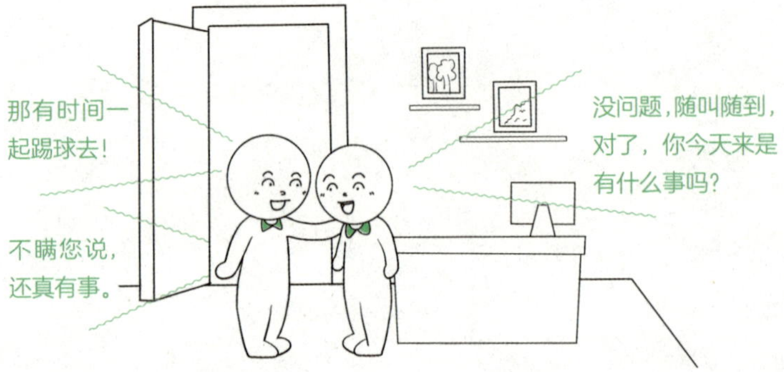

莉莉最近遇到了一些困难，去找一位从前的学姐帮忙，到了学姐公司楼下，两个人见了面，寒暄了一番，莉莉正琢磨着怎么开口让对方帮忙，忽然闻到了一股花香。如果她没记错，这应该是某品牌的旗舰产品，于是她自然而然地说了句：“学姐你也喜欢这个香水味？我上个月也买了一瓶。”

两个人就这样打开了话题，从香水聊到了学校，从学校聊到了各自的生活，最终，丽丽顺其自然讲出了自己最近遇到的一些困难，学姐一听，这个事情好办呀，找她算是找对人了。

就这样，通过香水、学校等一系列共同话题，丽丽打开了路子，事情最终也办成了。

一般情况下，你找人办事，难免有些紧张或尴尬，或者对方对你的事情并不感兴趣，如果强行说服对方，要求对方帮忙办事，反而会失败，不如先将这个尴尬的场面化解掉，而化解这种局面的最好的方法就是找到双方都感兴趣的话题。

“话不投机半句多”，人与人在交流的时候，如果没有共同话题，就很难谈到一起，事情就很难办成。

那么，如何才能在说服他人的时候找到共同话题，打造一个轻松的氛围，让办事更加顺畅呢？

从对方所处的行业聊起引发共鸣

在与对方见面之前，我们一定要多做一些准备工作，多了解一下对方的身份，方便在聊天的时候有话可谈。一般而言，从对方所处的行业聊起，很容易引起对方的共鸣。同时也可以用请教的态度，多了解一下对方所从事的专业性事务，让对方有话可说。

从对方的社会经历聊起引发共鸣

每个人都在参与社会，注意发掘对方的社会经历中与你相似的那些点，然后与他聊这些点，就很容易在你们之间引起共鸣。

从对方的教育经历入手引起共鸣

一个人往往对自己的学习生涯有着美好的滤镜，多从这个方面去入手，对方的学校、专业等都是很容易引起共鸣的话题。

第3章

懂变通，办事才能事事通

办事千万不能盲目，更不能一根筋往前冲。

遇到了难办的事，一定要灵活一点，不要拘泥于常规，要懂得变通，一条路走不通，就换一条路，从而促使事情快速办成。

求人办事，时机选择很重要

找人办事一定要选择好时机，时机选对了，对方会高高兴兴地为你办事。如果时机不对，事情就很难被推进。所以，找人办事并不难，只要你善于观察，找准时机，就能有效提高事情办成的概率。

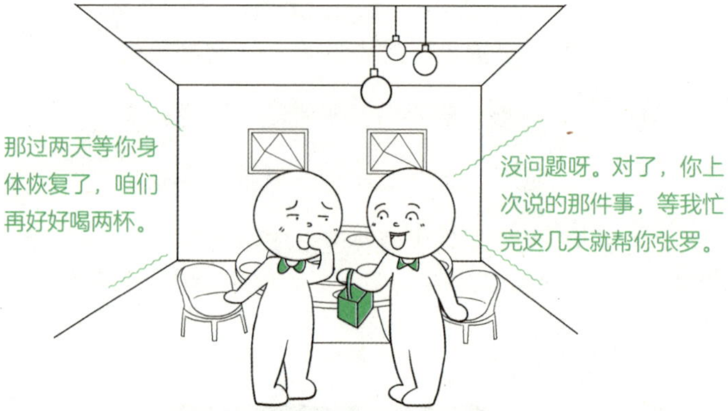

办事的时机不对，往往会适得其反。

秦二世的时候，天下大乱，赵高把持朝政，不让众位大臣与秦二世见面。丞相李斯担心秦朝覆灭，毕竟起义军的势力越来越大，就想着给秦二世上疏。

赵高害怕李斯夺走自己的权力，便对李斯说，如今天下不太平，可是皇帝依然不理朝政，他本想劝谏，可惜他不过是个太监，皇帝不会听他的，希望李斯上疏劝谏秦二世。

李斯表示他也想上疏，可是总找不到机会。

赵高表示，我可以帮你，等皇帝一有空闲，我就安排你和皇帝见面。

李斯果然上当了。

为什么呢？

因为赵高偏偏在秦二世寻欢作乐的时候安排李斯觐见，久而久之，秦二世就对李斯意见很大，说李斯这家伙是不是故意戏弄我？

最后，李斯落得个身首异处的下场。

可见，时机不对，事情就很难办成。

在找人办事时，一定要有耐心，等待好的时机，然后再将你想要办的事情告诉对方。办事的时机稍纵即逝，时机来了要果断出击，比如以下几个时机，就是办事的绝佳时机。

对方有喜事，就是好时机

人逢喜事精神爽，比如对方家里有人结婚、孩子升学、乔迁新房，等等。家里有喜事自然心情好，心情好了事情往往会好办一些。需要注意的是，见面要先祝贺对方，然后再简单提一句自己的事情，切不可长篇大论。

帮完对方后，就是好时机

当你帮助过对方之后，对方也就欠了你一个人情。这时就可以请他帮你一个小忙，对方一般都不会拒绝。

主动创造好时机

有的时候，我们要办的事情很急，这个时候就需要主动出击，去创造好时机，创造好时机的关键就在于让对方心情好起来。比如约出来逛逛街、吃吃饭、聊聊天，或者根据对方的喜好约出来玩一圈，等氛围到了，便可以把自己的事情提出来。总之，主动创造好时机的目的是让他人心情愉悦。心情愉悦，我们的事情自然就好办了，跟人逢喜事精神爽是同样的道理。

知错能改会道歉，办起事来更顺畅

在自己犯了错，或者有过失的时候，要即刻向对方道歉，这不是丢面子，而是让对方意识到你是个知错能改的人。一个知错能改的人，往往会给他人留下比较好的印象，办事时更容易得到他人的帮助。

廉颇和蔺相如的故事大家都清楚。

廉颇看不起靠口才获得爵位的蔺相如，处处和他作对。然而蔺相如却处处忍让，并在当他的门客都忍无可忍的时候，蔺相如讲出了那一番让廉颇无地自容的话。

他说他并非怕廉颇，而是担心将相不和，让国家陷入危机。

廉颇听后非常懊悔，于是负荆请罪。

蔺相如看到负荆请罪的廉颇，并未为难廉颇，反而更敬重廉颇。

可见道歉并非会矮人一截，而且很多时候，不道歉可能会让彼此的关系更糟糕，也容易给对方留下不好的印象。

谁都会犯错，知错能改，善莫大焉。及时道歉，比知错不改更能获得他人的尊重和认可，从而为办事打下良好的基础。

但是道歉并不就是简简单单说句对不起，道歉也是有讲究的。

道歉首先要摆对心态

向人道歉是一种坦诚相待的表现，并不是什么可耻的事情。当我们开口道歉时，一般都会感觉有些不好意思，这是正常现象。道歉首先就要克服自己的要面子心态，要鼓起勇气，坦然面对自己的错误。

道歉前先酝酿好氛围

有时候，我们想跟对方说声对不起，但又无法开口，这是因为氛围还没烘托好。你可以在线上先跟对方聊聊轻松的话题，或者请对方喝茶，也可以带份小礼物给他，等你感觉两个人之间的氛围缓和了，这时候可以把之前做错的事情摊开来讲一下，给对方道个歉。一般情况下，氛围到了，对方一般都会选择原谅你。

道歉的态度要真诚

道歉的时候态度也很重要，首先就是要真诚，要郑重其事，要给对方一种你完全是发自内心的悔意，否则对方看不到你的诚意，会觉得你单纯就是为了办事而道歉。所以，道歉时的态度很重要。

道歉宜早不宜迟

当你觉得自己应该向别人道歉的时候，就要马上行动，拖得越久，彼此的关系会变得更难收拾。所以，该道歉的时候不能瞻前顾后，要及时道歉。

事情太棘手，真诚待人好办事

遇到棘手的事需要求人帮忙，直接提出要求可能会被拒绝，不妨先让他人感受到你的诚意，用真诚去结交他人，用心去对待他人，这样遇到棘手的事情，别人也多半会乐意相助。

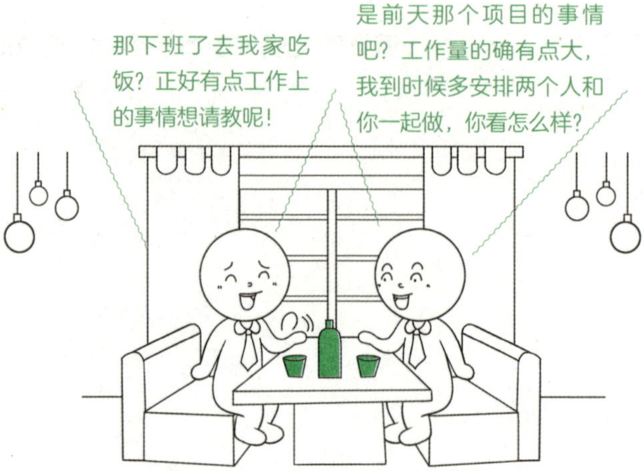

清朝的时候有一位画家，他的画千金难求，偏偏这位大画家脾气还很怪，心情不好不画，没有兴趣不画，不是朋友不是画，总而言之，求他一幅画那真是难上加难。

一位商人特别喜欢这位画家的画，绞尽脑汁，得知这位画家爱好美食和音乐，可如何才能请到他吃饭呢？

商人想了半天，琢磨出一个办法。

他先是重金请了一位很会弹琵琶的乐人，让这位乐人在画家每天出门散步必经的馆子里弹琵琶。

画家果然被琵琶声吸引了，等到他进了馆子，听完一曲琵琶，肚子饿了，想要找小二上些饭菜，结果小二说饭菜都被客人预订完了。

画家想着回去吃饭，可琵琶声又响起来，他又不想走了。

这时候商人及时邀请画家共同赴宴，画家推辞一番，最终入了席。

二人一番吃喝交谈，竟然十分投缘。

画家为了表示感谢，当即让小二拿来纸笔，画下一幅画，送给了商人。事后，画家向商人表示，其实他已经看出来这餐饭后面的渊源，不过他觉得对方能这么准备周全，也不失为一种诚意，所以他愿意为对方画一幅画。

很多时候，办事的秘诀就在于平时用真心对待他人，关键时刻靠真诚打动他人，等有什么棘手的事情需要处理的时候，他人大多会愿意帮助你处理这件棘手的事情。在办事技巧这件事上，用一颗真心去待人，一般而言都能同样收获到他人的真心。

那么，怎样做对方才能感觉到你的真诚呢？

用退让来展示真诚

找人办事，不能只是一味地提要求，我们要适当地做出让步，真诚不能只是说说而已，需要体现在行动上。在与他人遇到利益纠纷的时候，不妨先退一步，让对方感觉到你的真诚，等下次你要办事的时候，对方自然而然也会想到你上次的退让，让事情变得更顺利。

用耐心来体现真诚

在平常的交往中，对他人多一些耐心，别人做错了，不要不依不饶，而是耐心地替对方解决错误；与人合作的过程中，更要用耐心去做彼此间的润滑剂；遇到了突发状况，更要有耐心去对待突发状况。用耐心的方式去体现你对他人的真诚，等到你有事情要办的时候，耐心的价值自然就体现出来了。

兜兜转转，学会绕道办难事

办事的时候，每个人都想要快点办好。然而，欲速则不达，太过于直接往往会被对方拒绝，不如缓缓图之，兜兜圈子。兜圈子办事不是退缩，而是一种求人办事的技巧。虽然距离上看似远了一些，但实际上更容易实现我们的目的。

公司被供应商欠了一笔巨款，无论公司派谁去要，结果都不理想。

老总无奈之下承诺，谁能要回来欠款，直接升职副总经理。

谁都知道这件事没那么容易，偏偏新进公司的小张不服，表示愿意试一试，但希望公司多给他一些时间。

小张上门要了几次款，果然要不回来。他决定打长期战，于是仔细观察了一下对方财务部门的负责人，年纪不大，脾气挺大，听说还是个单身汉。

小张计上心头，再次登门拜访。

财务表示公司账上没钱，付不了这笔款。

小张却表示，他不是来要账的，是来介绍对象的。

原来，小张有个女同学也是单身，好几次在同学聚会上拜托小张给自己张罗张罗对象。

就这样，小张来了好几次，闭口不提要账的事情，只是撮合财务和女同学相亲。

一来二去，相亲的事情虽然没成功，但小张和这位财务的关系却越来越好。

小张很快了解到对方账上的确是没钱付款，但是财务表示已经将情况上报给了公司管理层，只要有款了就一定会第一时间打给小张的公司。

几个月后，公司就收到了这笔欠款。求人办事总会遇上被对方拒绝的时候，绕个弯儿，转来转去，兜兜转转同样可以实现目标，这是一种变通的智慧，兜圈子、绕弯子，都是为了更快地前进。

在运用绕弯办事的技巧时，需要注意以下几点。

忍住不谈要办的事

要办的事一定要忍住不提，一定要忍到对方主动开口。这是绕弯办事首先要做到的，一旦把要办的事情明确提出来，想要绕弯办事就比较难了。

围着要办的事情绕弯子

不论绕多大的弯子，都要围绕着你想办的这件事，三句两句都要适当提一下这个事情。从而让对方心里明白你的目的，千万不能跑题，不能为了绕弯子而绕弯子，最终绕得对方也云里雾里的，那就适得其反了。

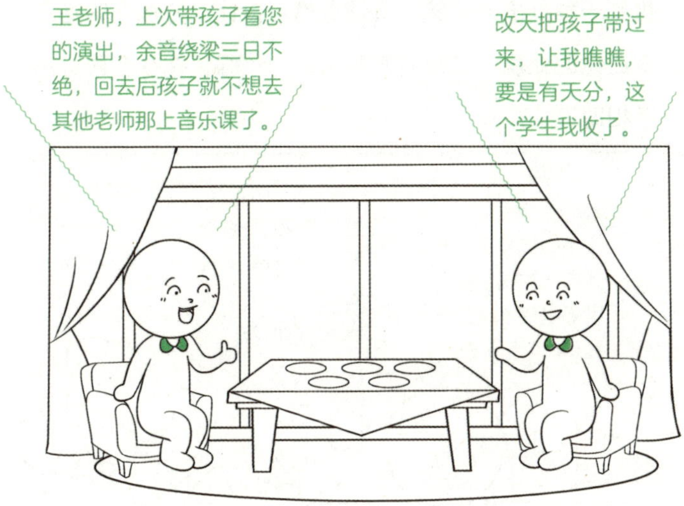

流露真情，才能更好办事

有时候，将自己的所思所想毫无保留地告知对方，也是一种办事的方式。真情流露可以让对方放下防备，明白你的处境，如果对方共情能力较强，往往会愿意出手相助。

《三国演义》中的刘备是个会用真情流露去打动他人的人。

每次与兄弟们重逢，刘备都热泪盈眶，身边的兄弟们看到大哥这么重视自己，自然对他死心塌地，不论刘备让他们办任何事，他们都毫无怨言。

他手下的谋士诸葛亮也是个真性情的人。周瑜去世了，诸葛亮去吊唁周瑜，哭得那叫一个伤心，哭得东吴的将士们也没办法对他发难。

这两位都是把真情流露用到了实处，让真性情成为他们办事的利器。

很多人觉得，流露真情也许会让自己难堪，也许还会让对方看不起自己。其实不然，展示自己内心的真实想法和当下的真实处境，只是我们在表达自己需要别人帮忙办事的缘由。想通了这一点，就可以打破所谓的难堪和不自在，将真性情的一面展示给对方。当朋友们看到你的真情流露与真实困境，往往不会袖手旁观。哪怕不能全部帮到你，也有可能会帮你出出主意。

那么，怎样做才算是真情流露呢？难道只是简简单单地把想法告诉对方吗？一般而言，可以从以下几点去做。

真情流露的前提是不能说谎

作家冰心在说写作的时候讲过：“你的感情只要有一点不真实，读者一下子就会念出来。所以要对自己真实，要把自己的真情实感写出来。”

其实这一点和办事时流露真情有异曲同工之处，不论是流露何种情绪，都要基于你内心的真实想法，不能说谎，更不能刻意制造一些情绪。要明白真情流露的关键是真心。

真情流露式的示弱容易激发他人的保护欲

求人办事的时候会给他人带来麻烦。但若是以真情流露的方式示弱，出现在对方视野里，则会在一定程度上激发对方的保护欲。中国人讲究我为人人，人人为我的互助情结，适当示弱，他人是会感觉到这是应该出手帮忙的时刻，自然也就能增加你办事成功的概率。

真情流露也要讲究场合

真情流露要注意场合，真情流露要选择比较私人的场合，这样双方不会因为一方忽然的真情流露而尴尬，同时也能避免真情流露带给对方的压力，因为在公开场合真情流露容易引起周围人的注意，会给对方带来抉择压力。总之，不论何时，找人办何事，都要尽量让对方没有压力，让帮忙尽量显得自然。

多一点耐心，好事需多磨

事情有容易的，有困难的，需要找人办事的时候，事情往往已经到了我们无法处理的时候。有时候，事情还会相当有难度，这个时候找人办事就会给对方造成麻烦。当对方不愿意帮助你的时候，就需要我们多一点耐心。

一位企业家曾分享过他的办事秘诀。

他说，好事多磨，办事的难点就在于如何去磨，磨的关键就在于要有耐心。

刚开始创业的时候，公司的产品卖不出去，朋友给他介绍了一个客户。这个客户碍于面子，见了他一次，但没有买他的产品。

于是企业家就隔三岔五去找这个客户，那时候他也没什么业务，就经常蹲在客户所住小区的门口，找各种理由和客户见面。什么路过啊，刚好过来这边办点事啊，几天不见有点想念啊，总之，什么理由都找过了。

朋友得知后告诉他，既然这个客户不愿意买你的产品，你别去了。

谁知，经过一个多月的软磨硬泡，这个客户竟然还真的给了这位企业家一个机会。

就这样，他得到了自己的第一笔大订单。

有些时候，我们有求于对方，但对方却因为种种原因没有办法帮我们办事。这个时候就要采取好事多磨的方式，让对方看到我们的诚意，看到我们不达目的誓不罢休的毅力，实现求人办事的目的。

好事多磨看似简单，无非是放低身段去“磨”对方，但其实并没有我们想象中那么简单。

怎样才能“磨”到事情办成呢？一般而言需要注意以下几点：

想办事，就得有耐心

要想“磨”服对方，你一定要有非常强的耐心，让对方看到你强大的毅力和执行力。

“磨”不等于没有礼貌，我们一定要做到彬彬有礼，面带微笑，要让对方经常看到你的这张笑脸。不要怕见面，软磨硬泡的关键就是要常常制造见面的机会。

要不断优化“磨”的方式

光靠一种方式去磨服对方，有时候效果很一般，甚至会让对方产生厌烦情绪，这对我们办事没有好处。在这种情况下，就要懂变通，换一种方式，或者换一种沟通方法，发挥我们的口才技巧，抓住问题的关键症结，巧妙地用不同的方式和语言去表达你的诉求。多多变通，时时调整方式方法，这样会收到事半功倍的效果。

不要打扰别人的生活

好事多磨不是硬生生插入对方的私人生活，要注意方式和方法，不能死缠烂打，影响对方的工作和生活。否则就会得不偿失。

办事前先了解对方三观，事情更好办

办事前，先了解所求之人的三观，事情容易办成。对方爱听什么我们就说什么，如果不了解对方的三观，就很容易说错话，做错事，让办事的难度直线上升。

小赵最近在写一篇关于针灸的学术报告，他想向一位老中医请教一些针灸的技巧，结果这位老中医不爱说话，去了几次，人家都没说几句话。

小赵注意到，老中医是个多做少说的性子，于是最后一次去的时候，小赵不再找老中医聊针灸的事情，而是只帮忙不说话，需要他熬药了他就熬药，需要他抓药了他就抓药，尽量不开口打扰老中医。

如此做了几天之后，老中医终于主动找小赵说话了。他先是指导了一番小赵的中医学知识上的误区，又讲解了一些针灸的知识点，让小赵受益匪浅。小赵还了解到，老中医没事做的时候喜欢写书法，于是他也研究了一下书法知识，时不时和老中医聊两句颜体和柳体的优劣。

一来二去，两个人的关系逐渐升温，等到小赵再次提起针灸技巧的时候，老中医便耐心地给他讲解了一些针灸技巧。

说话办事最重要的是要先了解所求之人，了解了对方的三观，再顺着对方的三观来开启话题，等关系升温了，自然而然地提出所求之事，一切就会水到渠成。

办事说话要尽量和对方同频

人与人三观不同，待人接物的方式自然也有差别。有的人性格豪爽，那么就要转变为豪爽的方式去和对方交流，有的人性格沉稳，那么就要适当地沉稳一些，和对方同频，可以让事情沟通起来更顺畅，提高办事成功率。

办事说话要符合对方的文化素养

一个人的素养是其三观形成的关键基石，所以对文化素养不同的人要有不同的办事方式。打个比方，就好比对一个文科生大谈特谈最新的物理前沿最新知识，对方很可能会听不懂你在说什么；如果对一个理科生讲什么之乎者也，对方可能也不会有多少兴趣。正确的方式是，对待不同文化素养的人，办事时要用不同的方式去适配对方的文化素养。用对方感兴趣的方式去阐述你想要办的事情，事情往往会更容易办成。

他人感觉被重视，你的事情更好办

我们在说话办事的时候，要尽量满足人们渴望被重视的心理。

那么，怎么才能满足他人的这种心理呢？

一个很有效的方式就是隐藏自己。具体来说就是想办什么事之前，先把对方放在重要的位置。这种方式会让对方感觉到被重视，使得对方在帮你办事的过程中感觉到快乐，从而享受这个帮你办事的过程。

韩信投靠了刘邦之后，因为不被重视，所以选择了离开刘邦。

当萧何听说了这个事情后，连夜去追赶韩信，成就了一段美谈——萧何月下追韩信。

刘邦听说后就骂萧何，那么多厉害的人都跑了，你不去追，追一个无名之辈！

萧何却告诉刘邦，韩信有大才，如果想要争夺天下，必须重用此人。

刘邦听从了萧何的建议，亲自拜韩信为大将军，果然，韩信帮助刘邦夺取了天下。

当时项羽想要策反韩信，韩信却拒绝了项羽，说刘邦待他恩重，他不能背叛刘邦。

韩信从一个无名之辈，一日之间登坛拜将，可见刘邦给足了韩信被重视的感觉，正因如此，韩信才心甘情愿为刘邦做事。

通过上面的案例，我们会发现，在办事的时候让他人感觉自己被重视。你的事情往往会办得较为顺利。

那么，怎样才能使人们觉得自己被重视呢？

让他人感觉被重视，提条件不要吝啬

求人办事，往往会麻烦他人，这时候找人帮忙，最好是可以提一些对对方有利的条件，比如说对方帮你去机场接人，你可以让对方加满油，你给他报销。再比如，家里的老人摔倒了，需要对方帮忙送去医院，也许还要垫资，这个时候你可以多给对方打几百块钱，作为对方的误工费。有利的条件就需要你自己主动提出来，记住一定要往高了提条件，哪怕是让对方自己去降低条件，但是我们自己不能把条件降低，以免给对方造成对方帮我们办了事，我们却不重视对方的印象。

想让他人感觉到被重视，给出一个好的帮忙条件是不容忽视的。

赞成并认可他们的成就

认可一个人的成就，并对此进行称赞，对方往往会感觉到你对他的重视。

称赞对方的成就时，可以根据你想让对方帮你办的事情来，比如你想让对方帮你做个 PPT，那你可以称赞他 PPT 做得真漂亮。总之，先赞成他人在这方面的成就，他人才会有更大的动力来帮你办事。

指出自己已经找过他人

让他人觉得自己被重视，那就需要让他人感觉自己很重要。如何凸显出对方很重要呢？很实用的一个办法就是告诉对方你没有找过其他人，第一个找的就是他，这样可以让他瞬间获得被重视的感觉。

这个办法有点像激将法，不过激将法更侧重于隐藏自己的意图，而这个办法则是公开自己的意图。

这件事您可得帮帮我，我之前找了老张，他做的东西还是不太行，还是得您出山。
哈哈，我也不一定就能做好呢。

您比老张更熟悉这个行业，我相信有您的帮忙，肯定没问题。
哈哈，那我试试吧。

懂变通讲方法，更易办好大事

办成某件大事，除了兢兢业业，还需要懂变通，更要懂得一些办事的方式方法。现如今社会分工越来越细，想要顺利办成大事，单靠一个人是不够的，需要众人拾柴，才能使火焰越烧越高。

《三国演义》里的曹操是一个办事懂变通的人。

当他觉得自己人身安全受到威胁的时候，用一句“我好梦中杀人”，杜绝了刺客的行刺。

在他的身上，变通体现得淋漓尽致，望梅止渴，行刺董卓被发现后灵机一动改献刀，都是他懂得变通的外在体现。

我们不可能成为曹操这样的人，他的一些变通方式也过于激进，已经不适合现在现代社会去运用。但是，这不代表我们就可以不重视变通。不懂得变通的人，在竞争激烈的当下社会办成大事的难度会变得更大。

在日常生活中，如果能掌握一点变通的方式方法，就能在办事的时候举重若轻。

懂变通的体现有很多种，如果按照大类来分，其实主要是以下三个方面。

懂变通就是有大局观

做大事，就要有大局观。不要在乎一场两场的失利，更不要在意眼前的一些暂时的失败，要把眼光放在大局上，要用下棋的眼光，去谋划全局，才能突破眼前的种种障碍，办成大事。

懂变通就是能容人

郭嘉浑身毛病，但曹操却不在乎，他用人不拘一格，只在乎这个人是否能为自己办事，至于其他的，他不在乎。人无完人，想要用完人，最后就是无人可用。

懂变通的前提是先理清事与利

天下熙熙，皆为利来。懂得利益后面的逻辑链条，才能更好地办成事情，懂变通的人不急于做事，而是在做事前，先搞清楚利益链条，理清楚每件事哪里该下重力，哪里该直接跳过，不把精力浪费在没必要的环节。

小王上次和客户
吵起来了，他不
太稳重，要不还
是把他调走吧？
小王虽然脾气不
太好，可能力很
强，还是要留着。

善于观察情势，办事更加游刃有余

一个人善于观察，懂得局势变化，会及时对突发状况做出反应。这样的一个人，不论是在职场、家庭还是生活中的其他场景里，往往能得到众人的夸赞。尤其是在办事的过程中，善于观察情势的人，在人际交往中更受欢迎，办事也更游刃有余。

在生活中，总会有那么一两个人。他们总能及时发现问题，然后解决问题，好像有着某种魔力，其实，根源就在于他们善于观察情势。

朋友手边缺什么，他们立刻就能赶紧把缺的东西递上去；哪怕是在酒桌上，他们也能及时说出恰当的祝酒词，让宾客齐欢。

这就是所谓的善于观察情势，然后做出合适的举动，自然更容易获得他人青睐，不论是办事还是做人，都能游刃有余。

有一次公司团建，有一位同事姗姗来迟，大家都有些尴尬，这个时候某个同事忽然笑着说了句："今天也不知道为什么，路上车子特别多，真的太堵了。"

这位迟到的同事这才轻松下来，顺着这个话头继续说道："是啊，路上车子真的太多了，各位，实在是抱歉。"

尴尬的气氛一下子缓解了。

善于观察情势，并且总能做出符合当下场景的举动，让人与人的相处变得更加融洽，更加自然，也让自己的路走得更加顺畅。

那么怎么才能拥有不同寻常的观察力呢？

观察对方的肢体语言

一个人的情绪除了会表现在语言和表情上，还会表现在肢体上，注意观察对方的肢体语言，有助于更好地了解对方当下的情绪，从而做出让对方觉得舒服的举动，让你想要办的事情顺利进行下去。

注意捕捉氛围

注意观察谈话等场合的氛围，氛围不对了，就赶紧想办法把氛围往好的方向引导，比如有人遭遇了尴尬，有人遭遇了难堪，可以赶紧想点法子帮对方走出尴尬和困境，这也是观察力的一种体现。

第4章

办事巧开口，难言的事情也能得心应手

在日常生活中，谁都会遇到自己解决不了的事情，这时候就要寻求别人的帮助。求人办事本身不是一件容易的事，如果你所求之事又非常棘手，这就更难开口了。但是，如果你掌握了一定的口才技巧，难办的事情也许可以变得得心应手。

说话要留余地，办事才有退路

气球不能充气太满，是为了防止气体过多而爆炸；杯子里的水不能太满，是为了防止水太多而溢出来；人说话不能太满，是为了给自己留一点余地，一旦有什么意外发生，可以有一条退路。

王总和李总去谈生意，李总需要一批货，王总信誓旦旦地拍着胸口表示一定办成。

结果到了验货的时候，王总却找借口说还需要几天才能搞定。

李总虽然后来又等了他几天，但已经在心里给王总打上了爱夸口的印象，之后再有合作，首先考虑的也不再是王总。

这就是话说太满的后果。

在历史上也有很多这样的例子，诸葛亮北伐，马谡去守街亭，信誓旦旦地说可以守得住，甚至立下军令状，结果兵败被杀。

明朝末年，袁崇焕向崇祯皇帝保证，五年平辽，崇祯皇帝便许诺袁崇焕将在外君命有所不受，结果袁崇焕上任就把一员大将给杀了，惹得崇祯也不知道该怎么办才好。

说话太满，不给自己留点回旋的余地，一旦出现什么意外情况，就会没有退路。在办事的过程中，尽量用一些不确定的词句，可以减少你的压力。一旦你说出去的话没有做到，或者没有顺利地完成任务，对方也不会过于埋怨你。

处世须留余地，责善切戒尽言。说话留有空间，不把话说得太满太绝，办事的时候才不会束手束脚，思前想后。

可以接受但不要保证

对于别人的请求，如果你觉得自己可以做到，是可以答应的，但不要用“保证”“一定”“绝对”等词语，可以说“我尽量”“我试试看”等词语。不把话说死，给自己留余地，是中国式办事技巧里的一种智慧。

不要限定时间

答应别人的请求可以，但不要把办事的时间说得特别死。如果办事的过程中遇到什么困难，难免会耽误事情的进度，如果你把时间固定死了，在遇到困难的时候就没有了回旋的余地。你可以给对方一个大概的时间范围，而且把这个时间范围尽量留足一些。

不要提前许诺事情的结果

有的人办事之前，喜欢给对方承诺一定办好。有时候事情可以办到，但不一定能办好。毕竟，有一些事情的结果是很难判定好坏的。比如写一份报告，写到什么程度才算办成了这件事呢？你如果在办事的时候承诺了结果，就等于是把自己放在了火上烤，不论你办到什么程度，都有可能不符合对方对结果的认知。

学会转移话题，事没办成再来一次

求人办事，难免会遇到尴尬的场景，这时候就需要一点化解尴尬的技巧，转移话题就是一个不错的方式。当前的话题会越聊越尴尬，所以我们就要换一个思路，巧妙地把对方引到另一个话题上来。等在另外一个话题上聊好了，气氛到位了，可以尝试着再回到要办的事情上，事情也许就会有转机。

外卖员小航经常遇到催单的顾客，有的人脾气很不好，打过来电话就质问他为什么这么久还不送过来。

很多外卖员面对这种情况只能解释说单子多，或者路上堵，最后往往会收到一个差评。

小航则不同，每次接到催单的，他就会发动脑细胞，尽量转移话题，缓解催单人的焦虑。

有一次顾客问他为什么还没送到，小航说："不好意思，我正在快马加鞭帮您送过来。对了，我给您推荐一首我最近特别喜欢听的歌，等您听完歌，我就到啦！"

遇到好奇心重的顾客，便会和他聊两句，问问是什么歌，就这样，催单的事情被无形化解。

转移话题是个技术活，转移不好很可能弄巧成拙。运用巧妙了，则能让我们在办事的过程中如鱼得水。转移话题的本质是把暂时的尴尬先搪塞过去，然后再把对方拉拢到另外一个氛围中，重新稳住对方的情绪，等对方情绪稳定了，可以再试图回到要办的事情上。一来一回，也许对方就会有所改变，我们要办的事情也可能会产生新的转机。

顺着话题转移话题

顾名思义，就是顺着对方的原话题，通过相近的内容来转移对方的注意力，不知不觉地引出一个新话题，这样就轻松实现了话题的转移，使对方无法察觉。比如对方说某件事难办，你可以顺着难办的话题继续往下聊，这种转移话题并不是转移到新的话题，而是在办事的老话题上，生出一个新的话题。

开启新话题转移旧话题

开启新话题是一种直接转移话题的方法，非常简单有效。你可以单独开始一个新话题，直接替换掉对方的老话题。这种转移话题的方式一般是因为对方直接拒绝了我们的办事请求，我们转移话题是为了避免尴尬，更是为了修复好之前因为事情未办成而造成的裂痕，方便我们下次再找对方办事。

同样的话，换个方式表达更好办事

在办事的过程中，说话的方式非常重要。同样的话，用一种方式说，也许会被拒绝；用另外一种方式说，也许就会得到认同。所以，在办事的过程中，我们一定要注意说话的方式，尽量把没价值的话说成有价值的话，求人办事才能有主动权。

一位做手机的企业家分享过一个拉投资的妙招。

他说，如果你上门要钱，告诉对方你的项目多好，希望对方给你投资，那么你多半拉不到投资。

那怎么才能拉到投资呢？

同样的事情，同样的人，同样的话，换一种方式表达，效果就完全不一样。

他说，你不能表现出你想要这个投资，你也不要去多说你的产品有多好，你可以简单提及一下你的前景和利润，这就足够了，最重要的是，你要把要钱的说法换一种方式讲，你要让对方体会到，你不是在要钱，你是在给对方送钱，给投资人一个机会。比如你可以暗示对方，已经有多家投资方有意投资，而你正在考察哪位投资人更符合你的创业理念。

虽然道理很简单，但是的确是成功拉到投资的内在逻辑。

这就是同样的话，用不同的方式表达出来，所获得的完全不同的效果。

我们在求人办事的时候，最缺乏的就是主动权，但只要换一个说话的方式，主动权就会转移到我们手里。

学会把同样的事情换个说法讲给对方听，让对方对我们所办的事情上心，是中国式办事技巧里的智慧所在。

办事时要镇定自若

想要办什么事情，不能太匆忙太直接，反而要镇定自若。正如那位做手机的企业家所说的那样，想要让别人投资自己，偏偏说自己选择很多。你越是想要办的事情，有时候越要藏住，然后想方设法让这件事对双方都有利，让对方来主动帮你办事，这种方式适用于我们所求之事的价值比较大。这时候开口求人，不如把事情藏起来，先讲利益，让对方主动开口。

用商量的语气

求人办事最忌命令式口吻，一定要放低身段，先用商量的语气试探对方，把我们的请求说出来，一旦对方拒绝，双方不至于太尴尬。比如你想麻烦某人借给你一笔钱，你可以说："如果你手头也紧，那我再找找别人。"

引导对方开口

有些时候，我们不好意思说出请求，可以寻找合适的话题做铺垫，从而引导对方先开口。如果是自己主动开口，主动权就落在对方手里；如果是对方开口，主动权则在我们手里。这种方式适用于关系很好的朋友，你只需要稍稍暗示一下对方，他们往往会主动要求帮你办事。

请同事帮忙，工作上的事情才好办

有句俗话说，在家靠父母，出门靠朋友。身在职场，同事就是你可以依靠的朋友。遇到了什么难事，或者有什么自己解决不了的事情，可以向同事请教帮忙。当同事遇到了什么困难，我们也要及时伸出援助之手。

小孙性格内向，无论是在生活中，还是在工作中，都很少与人交流。

最近他所在的公司谈成了一笔大单子，每个人都开足了马力，想要把这单生意做好，工作量比平常多了好几倍，小孙自然也无法置身事外。

大伙忙碌了一个多月，项目终于进入了尾声，可对方公司却突然找上门来，说项目做错了。

众人顿时傻眼了，怎么可能出错呢？

对方指出有好几组数据错了，经理立刻召集部门人员核对，结果还真是错了，于是喊来做数据的部门，要求他们给出做错的理由，同时改正数据。

结果做数据的部门说这组数据不是他们做的，经理立刻傻眼了。

最后，小孙只好站起来说，这组数据是他核算的。

原来，这组数据本来是属于数据部门的工作，可小孙不想麻烦别人，就自己把数据核算了出来，核对了几遍觉得没出错，就提交到了项目组。

但他毕竟不是核算数据的，结果还真就出了差错。

出了这么大的篓子，小孙的工作自然是保不住了。

现代社会分工明确，在职场中，有些事情需要同事之间相互配合才能办成。如果因为性格或者其他原因，凡事都不愿意和同事开口，那么就难免会出错，最后承担后果的只能是自己。

作为职场人士，我们每天接触最多的是同事，所以当你遇到什么困难时，尽管向你的同事开口求助，同事一般都会对你伸出援助之手。

不过，在请求同事帮忙之前，一定要注意以下几点。

找同事办事不要隐瞒困难

同事是我们最常见的身边人，每天在一起的时间也比较多，所以大家都很熟悉。当你找同事办事时，一定要态度真诚，不要隐瞒任何情况，自己遇到了什么困难就直接说出来，并明确表达出需要同事怎么帮忙。同事见到你的诚心，一般都会想办法尽力帮助你的。

尽量不要用个人的私事去麻烦同事

找同事办事的时候，尽量办工作上的事情。若是以私人的理由去麻烦同事，就会显得不妥。

找同事办事要目标明确

找同事帮忙之前，一定要对他有一些基本的了解，判断一下你的事他是否可以帮上忙。比如同事的个人能力和人脉关系你都要了解一些，还有就是要简洁明了地把事情讲清楚，避免耽误对方太多时间。

求人办事，周围人的情绪也要照顾到

在说话办事的过程中，很多人都知道不能伤了被求之人的面子，但往往会忽略周围其他人的面子。有时候，一些事情办不成，恰恰是因为被请之人身边人的阻碍。

所以，正主的面子要给足，在场其他人的面子，也要给足，这就要求我们必须要注意说话的分寸和尺度。

刘邦因为夺了反秦的头功，被项羽忌惮，项羽摆下鸿门宴，想要刘邦的命。关键时刻，还是张良运筹帷幄，解决了刘邦的困境。

他是怎么解决的呢？

张良先是靠着自己的人脉关系，得知了鸿门宴的凶险，之后又靠着这一层关系，拉拢了项羽的叔父项伯，让刘邦与他结成儿女亲家，给足了项伯面子。

有了这一层关系，鸿门宴上，项庄舞剑，意在沛公，多亏了项伯出手，才挡住了项庄刺出的剑。

刘邦吓出一身冷汗，最终借上厕所，逃离了鸿门宴，捡回一条命。

假使张良只顾着帮刘邦讨好项羽，却忽略了项羽身边的人，那么刘邦很可能就会被刺死在鸿门宴上。

求人办事，正主固然重要，但是正主身边的人也同样重要。面子给足正主，也要顾及他身边人的情绪。

给正主面子很可能误伤他人

当我们给足正主面子，想要让他帮忙办事的时候，是很有可能误伤到其他人的。有些人在求人办事时会对所求之人很照顾，觉得这个人是办事的重中之重，往往会将注意力放在对方身上，但是可能会让周围人心里不舒服。比如夸耀正主能力独一档，会让在座的其他人觉得在你眼里他们能力都不如正主。

正主的身边人记得别忽略

办事技巧中最主要的一点，便是先与你所求之人的身边人搞好关系，他们往往是所求之人的亲人、朋友。他们距离正主最近，也是正主最在意的人，你如果能和他们处好关系，这对于你想请托的事情来说是非常有益的。

有时候，你求正主三个月，也许不如他身边人一句话管用。

办事的时候让他人自悟

有些话正着说效果可能很一般，这时候就需要正话反说。正话反说是办事说话时的一种常用方法，这种方法就是把你要表达的意思用相反的话说出来，让对方自觉去领悟你的意思，从而让你想要办的事情顺其自然地进入他的脑海。

古代一位的皇帝想要扩建御花园，众位大臣都觉得这是一件劳民伤财的事情，可谁也不敢贸然劝谏。

这时候有一位大臣忽然表示，国家的南边还有叛军，叛军中流传着我们的国库已经空虚的谣言，正好趁着扩建御花园的机会，让叛军知道我们的国库财力充沛，如此便能不战而屈人之兵。

皇帝听完后，哈哈一笑，立刻明白了这位大臣话里的意思，随即打消了扩建御花园的念头。

正话反说是一种打破常规的说话方式，他可以从反面证明事情如果那样做，会变得很糟糕，促使对方回归正轨。不过，这种方式总的来说比较冒险，一定要慎用。

使用正话反说的方式办事的时候，要注意以下几个方面。

故意把话说反

正话反说是故意把话说反，产生一种暗示或者幽默的效果。故意把你想办的事情，或者你的想法反着去说，从而实现你的办事目的。

要区分场合

说话要注意场合，正话反说更要注意这一点，因为在不同的场合，你的话带给对方的感受是不同的。正话反说一般适用于私人场合，如果是在公共场合这么做，很可能会导致事情更难办成。

表达要清晰明朗

运用正话反说一定要意思清晰明朗，让对方能听懂你要表达的东西，千万不能含混不清，让对方产生误解。如果对方是个反应比较慢的人，就不要用这种方式。否则，他还以为你在督促他按照你的字面意思去办事，那就闹出大乌龙了。

想要办事轻松，可以学学自嘲

求人办事很容易就会陷入卑微的状态。一旦陷入了卑微的状态，不论做什么都会畏首畏尾，很容易让事情变得更加糟糕。怎么才能保持一个好的状态去办事呢？那便是学会自嘲。自嘲不仅会让你在求人办事时显得幽默豁达，也会让你保持一个良好的心态，从而更加从容地去处理眼前的待办事项。

小青创业失败，欠了一些债，想着去找老同学小勤借点钱。

一见面，两个人寒暄过后，小青忽然笑着说：“我现在就像个瘟神，朋友们都躲着我，倒是你，还敢出来和我见面吃饭。你说，我这尊瘟神，是不是该感谢你？”

“那你想怎么感谢我呢？”老同学笑着问。

“不如你借我几万块钱，当我的财神，等我东山再起了，我定当双倍奉还。”

“财神我可当不了，不过谁都有困难的时候，看你状态还挺不错，我相信你一定可以拿回你失去的那些东西。”

小勤说着递给小青一张卡：“其实，我早预料到你会开口借钱，我把卡都准备好了，不过，你要是精神状态不佳，我可能就不会借给你。精神状态不好，借给你多少钱也帮不了你。”

就这样，小青获得了小勤的帮助，是友谊外加自嘲，帮助小青赢得了一次机会，尽管他现在暂时失败了，可他用自嘲证明了他的心态依然很好，他依然没有被打倒。

自嘲，看似是在贬低自己，实际上是一种乐观的表现，更是一种自信的姿态。

学会自嘲，办事的时候才能不卑不亢，给对方留下自信而又乐观的印象。

不妨想想，求人办事，为何对方要帮助我们呢？

无非是因为对方觉得我们值得帮，我们所拜托的事情值得他们耗费精力去办。

适度的自嘲，是我们展示给对方的一种韧性，一种不服输的乐观心态。

那么，如何巧妙地自嘲才能让他人感觉到我们的韧性，愿意为我们办事呢？

自嘲要选熟人

要把自嘲留给熟悉的朋友，如果是陌生人，别人不了解你，你自嘲的时候他们很可能以为你只是在开玩笑，甚至认为你这个人比较油嘴滑舌。

自嘲要紧贴所办之事

自嘲要紧贴我们想要办的事情，不能为了自嘲而自嘲，要时刻让对方感觉到我们自嘲的目的。比如，自嘲最好和所办的事情有关，从办事的角度去自嘲。

自嘲的点要避开所求之人

自嘲的时候，一定要仔细考虑，你自嘲的这个点，在对方身上是否也有。如果有，就不要这么自嘲，否则对方很有可能会以为你在讽刺他。

第5章

编织好人脉，朋友多了好办事

能否得到贵人的帮助和扶持，是你能否办成事的关键。有了贵人的扶持和帮助，你或许能少走很多弯路，也能更快地实现自己的目的。

以德报怨的人，往往能交人心

如果有人伤害了你，不要一味想着报复对方，这是一种恶性循环，冤冤相报是没有好结果的。你若能做到以德报怨，用一颗善良的心去感化对方，那么他如果是个有道德感的人，会发自内心地感激你。

唐太宗李世民发动玄武门之变，消灭了太子李建成，夺取了皇位。

李世民对太子李建成的家眷展开了残酷的杀戮，但是却放过了魏徵。

当时魏徵是太子李建成手下的重要一员，经常给李建成出主意对付李世民。

但是玄武门之变后，李世民不仅没有杀掉魏徵，反而重用了他，结果成就了一段君臣之间的千古美谈。

作为皇帝，想要杀掉一个人是很容易的，但是以德报怨却是很难的。

齐桓公也曾放过当年射过自己一箭的管仲，最终在管仲的辅佐下成为春秋霸主。

可见以德报怨，有时也能收获很好的结果。

人非草木，孰能无情，你对一个人好，他可能也会对你好，这并不困难。难的是一个人对你不好，但你依然对他好，这样才能收获人心。

在生活中，我们经常会遇到一些有仇必报的人，但能做到以德报怨的人却很少。

以德报怨是消除矛盾纷争的好办法，这样可以化敌为友，多一个朋友总比多一个敌人要好得多。

那么，我们怎样才能做到以德报怨呢？

想要好办事，不要计较眼前的矛盾

办事的时候，不要计较你们之间存在的矛盾，要把双方的关系当作一张白纸，而不是在这张纸上写满从前的得失，否则，你的事情是很难办成的。

想要好办事，控制好情绪

一个人想要办事顺利，就要在办事时控制好自己的情绪，然后平心静气地与对方沟通交流。尤其是在办事的时候，讲话时一定要控制好自己的情绪，如果办事时话中带刺，就会影响到你想办的事。

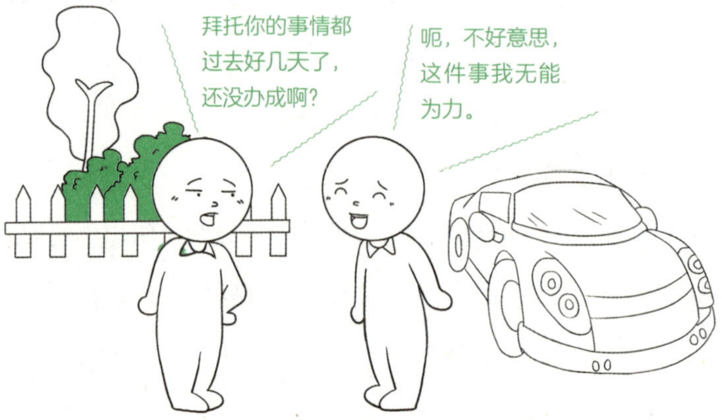

想要好办事，做人不能太固执

做人不能太固执，这样很容易吃亏。世界上没有永远的敌人，今天的敌人明天就可能变成朋友，我们要用发展变化的眼光看待问题。

办事的时候，要懂得化敌为友，主动解开彼此的心结，给对方一个解释，就等于是给自己所办的事情一个出路。

多个朋友多条路，多交朋友好办事

俗话说：多一个朋友多一条路，朋友多了路好走。朋友是中国式办事技巧中不容忽视的环节，朋友多了，事情相对来说就会好办一些。

四大名著之一的《水浒传》深刻地为我们讲述了朋友多了路好走这个道理。

林冲被陷害，差点死在被押解的路上，恰巧他结交的好友鲁智深出现，救下了他，一路护送到目的地。

武松为哥哥报仇后，被官府追捕，关键时刻还是朋友为他找到了一条出路。

晁盖劫了生辰纲之后，差点被捉拿，最后也是好朋友通风报信，才躲过一劫。

所以说，朋友多了才好办事，在《水浒传》里，朋友是关键时刻的救命稻草。在日常生活中，朋友是除了亲人之外最亲近的人，他们是我们生活中不可或缺的存在。

我们珍惜朋友，是因为友谊是无价的，是用任何金钱都无法购买的。所以，我们一定要多交朋友，当你需要办事的时候可能就会多一条出路。

但是如果结交的是狐朋狗友，则不会对我们有什么帮助，反而会害了我们。所以，结交朋友前，要先甄别朋友，要交益友，不交损友。

衣不如新，人不如故

路遥知马力，日久见人心。

朋友就像一杯酒，交心越久，彼此的关系越好，你想要办什么事情，朋友就越会鼎力相助。所以交朋友除了要广泛结交，还要重视老朋友，不能因为结交了新朋友，就冷落了老朋友。

道不同不相为谋

交朋友就要交那种理想和志趣与你相似的人，并不是说要结交一类人，至少在价值观上你们得是一致的。

古时候，有这么一个故事。

两位读书人在一起读书，结果读到一半，其中一位读书人听见外面有吹吹打打的声音，就跑去看热闹。

等他回来的时候，朋友已经把他们共同打坐的席子一割为二，并且表示他们的友情到头了。

这就是割席断交的故事。

只有志向相投、有着共同的价值观的朋友，才能长长久久。

要结交品德高尚的朋友

我们要与诚实、善良、有文化、有修养的人成为朋友，这样的朋友对你是有益的。

不要结交那些当面恭维背后却耍手段的人，这样的朋友对你是有害的。

编织好人脉关系网，办起事来更方便

当今社会，我们每个人都不是单独存在的，大家都生活在人脉关系网当中。想要好办事，办大事，把事办成，就需要编织出一张适合你的人脉关系网。在这张人脉关系网的助力下，你的路才有可能越走越宽，你办起事情来才能越来越顺。

小武从上家公司离职的时候，唯一的要求是让公司允许他继续使用公司给他配的手机号。

因为这些年来他所有的人脉关系几乎都在这个号码里。

为此，小武甚至放弃了公司的一些赔偿，最终得以保留这个对他至关重要的手机号。

很多同事觉得要那个手机号有什么用呢，以后还不知道从事不从事这一行呢，还不如拿了钱走人。

小武并不在意这些流言蜚语，离职之后，他迅速组建了自己的团队，利用这些年的人脉积累，很快就成立了自己的公司，做成了第一单生意。

小武也因此实现了从打工人到老板的华丽蜕变。

想要把一件事办好，除了自身的努力之外，还需要靠一些人脉关系。没有人脉关系网的催化，办起事情来可能会寸步难行。

人脉关系之所以影响力巨大，很重要的一点在于它是无价的。人脉关系网就是你的一笔无形财富，你的人脉越广，你的财富就越多，你办事就越顺利。

要编织自己的人脉关系网，平时就要多积累。

同学要用感情维护

同学关系是非常纯真的关系，因为是懵懂时候结下的关系，所以没有那么多的利益纠葛，这种关系是最宝贵的。遇上什么事情，第一时间找同学，他们往往不会拒绝你。维护同学关系，要多从感情方面去维护，尽量不要掺杂利益，以免让同学关系变味。

客户要用利益维护

客户也是人脉关系网中的重要一环，对待客户要讲诚信，说到做到，要用利益去维护彼此之间的关系。遇到什么难办的事情了，尽量用利益去打动对方为我们办事。

亲戚要多走动

亲戚是天然的人脉，关键是要平时多走动。因为血缘上的联系，亲戚往往在帮我们办事的时候会不遗余力，但这并不代表这层人脉关系就可以随意透支，最好的弥补手段就是逢年过节的时候多走动，多拉家常，不要用利益去维护亲戚关系，否则会适得其反。

平时多联系，求人办事有底气

平时不与任何人联系，把自己封闭起来，等到有求于人时，再去与人维护关系、谈感情，其实已经晚了，这就是人们常说的现用人，现交人，最终无人可用。平时有事没事勤联络，打上一个电话，带上几句问候，让朋友知道你心里有他，等你需要办事的时候，打过去一个电话，朋友便会慷慨相助。

小立性格孤僻，很少和朋友们来往，等到进入社会之后，他更加觉得和朋友们联系没什么用，尤其是当他从小地方去往大城市生活之后，觉得人与人之间没有必要联络，过好自己的日子就行了。

结果有一天，小立忽然接到一个电话，家里亲人出了意外，可惜本地的小医院治不了，只能转移到更大的医院。但是大医院的床位又非常紧张，小立无奈之下，给曾经的老同学打了个电话，对方没等他说完，就说自己还有事情要忙，挂断了电话。

小立本以为作为同学至少能帮他一下，结果对方连他的话都没听完，更搞笑的是，他解释了半天，对方才想起来他是谁……

平时不联系，临时抱佛脚，怎么会有人帮你办事呢？

人情往来靠的就是平常多联系，让彼此的感情能不断升华，如果封闭起来，等需要办事的时候，才会发现无人可以联络。

朋友之间的友谊是需要维系和经营的，大家都比较忙，如果不能经常见面，可以试着线上多联系。

平时主动联系

当你下班回到家或者周末休息的时候，要经常和朋友联系一下，聊聊生活和工作中的趣事，这样可以增进大家之间的感情。只有平时多主动联系，对方才觉得你是把他放在心上的，而不是只有需要的时候才找人家帮忙。

尽量参加朋友聚会

当同学或朋友组织聚会的时候，你一定要尽量参加，这是大家互相增进感情的最好机会。经常参加朋友聚会，你跟大家的关系会越来越近，人脉圈子会越来越大，一旦有什么事情需要求人帮忙的时候，你的内心会底气十足。

多留意朋友的动态

在这个信息社会，大家虽然不能经常见面，但网络联系还是非常方便的。大家会经常在微博上或朋友圈里发布自己的动态，我们可以多关注一下，时常点赞或者互动一下，让对方知道，虽然没有经常联系，但是你有在关注对方，你有把对方放在心上。

想让别人帮忙办事，你得学会展示价值

毛遂自荐的故事想必大家都知道，毛遂自告奋勇的精神是非常值得我们学习的，这是展现自己才华的最好方式。如果你想在办事的时候得到别人的帮助，平时就要勇敢一点，主动一点，让别人看到你的自信和才华。

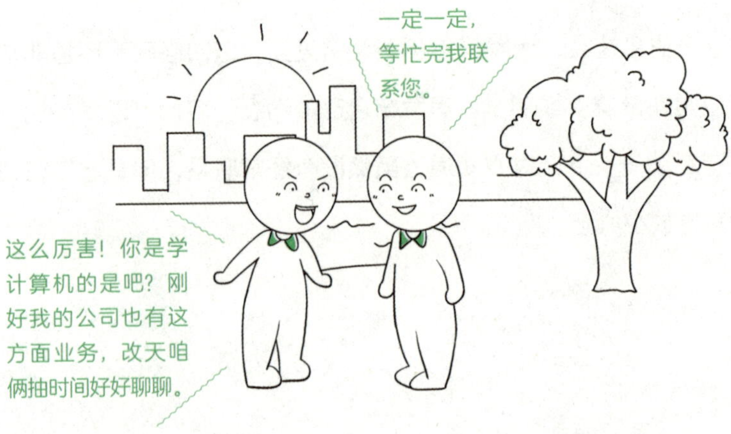

唐朝的大诗人王维是一个非常会展示自己才华的人。

他去长安参加科举考试，为了获得一个好的名次，他投入了岐王门下，岐王一看王维这么多才华，非常欣赏王维。

为了让王维闯出名堂，岐王安排王维去见玉真公主。

王维打扮得当，带着琵琶参加晚宴，当场弹奏了一首曲子。因为王维音乐造诣极高，再加上长得好看，还会写诗，画画也是一绝，很快获得了玉真公主的青睐。

酒香也怕巷子深，要想得到他人的帮助，你就要尽快被他人发现，并得到他的重视和赏识。要做到这一点，你需要在他人面前充分展示自己的才华和能力。比如，主动把自己送到他人眼前，然后适当地展示你目前的成就和能力。

那么，在他人面前展示自己的才华，具体该怎么做呢？

办事时把价值展现给贵人

他人办事，有时候讲究事情要有价值，要么是经济价值，要么是人情价值。如果是那种鸡毛蒜皮的小事情，一般很难引起能力强大的人的兴趣。所以，找能力强大的人办事，你还要学会包装你想要办的事情，最好是让它看上去有高价值。

用陪伴价值打动人心

如果对方生活条件优越，你能给对方的，也许只有情感价值，所以你要尽量在对方身上多花时间，给对方陪伴价值。

陪伴价值有很多种，你可以从知识上给予陪伴，相处的过程中用丰富的知识来为贵人打发时间。

当对方情绪不佳的时候，你可以提供情感上的慰藉，也不失为一种价值。

远亲不如近邻，有些事情邻居也能办

中国有句老话：远亲不如近邻。

从距离上看，邻居是离我们最近的人，尽管大家相处的时候不多，但当你遇到什么困难需要帮助的时候，你如果和邻居关系融洽，是可以向他们求助的。邻居往往能帮我们办一些比较紧急的事情，如果缺乏了这道关系，你就只能自己来回奔波。

所以说，千万不要忽视了邻居这位贵人。

小刘正在公司加班，忽然从手机里的监控上看到自家的门竟然忘关了，看来应该是早上出门太着急，忘了关。家里的小猫咪在门口徘徊着，随时有跑出去的危险。

小刘的心一下子提到了嗓子眼，怎么办呢?

情急之中，小刘赶紧给物业打了个电话，结果物业已经下班了。

小刘便在业主群里找到了自己的邻居，结果邻居也没在家，而是在外面超市购物。听到小刘的担忧，邻居也乐于帮助小刘，急忙放下购物的事情，赶回去帮小刘关好了门。

这位邻居之所以这么热心，是因为之前好几次在电梯里碰见小刘，小刘都主动和对方攀谈，甚至还帮助邻居提过几次东西。

有时候我们会面临一些鸡毛蒜皮的小事，这些事情不大，麻烦朋友犯不上，自己一时半会儿又无能为力，比如家里出了点小事，邻居举手之劳就能替我们解决问题。所以和邻居搞好关系，是非常有必要的。

茫茫人海中，大家能够成为邻居，这就是一种缘分，所以我们要珍惜这种缘分，珍惜邻里之间的和睦关系。邻居之间要讲文明、懂礼貌，大家互相帮助、和谐相处，这样遇到了什么困难，自然就能伸手帮忙了。

多点交流好办事

邻里之间只有多沟通交流，关系才能更和谐。平时见面的时候，我们要主动跟邻居打招呼，互相问候一下。平时和邻居相处的时候，可以多介绍介绍自己的情况，让邻居对你有一个大体的认识，这样的话，等你需要邻居帮你办某件事的时候，对方会消除掉对你的疑虑。

互相包容好办事

每个人都希望有一个和睦的邻里关系，有什么事情大家互相关照，这就需要大家平时互相多包容和理解。如果邻居家有小孩，这就难免发出各种响动，会影响到你的休息，这时候就需要我们的理解和包容了，因为好动是孩子的天性。或者需要换位思考一下，我们自己有时候也会有不小心影响到别人休息的时候，这样想问题就好多了。

互相帮助好办事

人与人之间应该相互帮助，邻里之间更应该如此。当邻居遇到什么困难的时候，你应该主动伸出援助之手，能帮忙的地方就尽力帮一下，等你需要邻居替你办事的时候，也就水到渠成了。

不因他人暂时处境不佳而疏远

俗话说，花无百日红，人无千日好。人生无常，世事难料，没有哪个人会一直好运相伴，终身辉煌。也没有哪个人会一直倒霉，落魄潦倒。所以，千万不要远离暂时处境不佳的朋友，而是要以友谊为锚点，重视彼此的关系。

一位画家还没出名的时候，举办过一次画展，一幅画也没卖出去。

画廊老板见画家愁眉苦脸的，就鼓励他继续努力，终有一日会有出头之日。

画家却告诉老板，等不到那一天了，他的母亲病重，正等着救治，本以为能卖出去一些画，结果却不尽如人意。

画廊老板一听，当即买下画家的所有画作，让他拿着钱去给母亲治病。

后来，这位老板的事业遭遇挫折，为了救活企业，到处找人投资，结果都吃了闭门羹。

临了，这位画家不知道从哪里得知了老板的困境，连夜找到老板，表示要把画展放在他的画廊举办，而且还要送给老板几幅画。

这位画家此刻已经名扬四海，他的一幅画就能卖上天价，有了这位画家的鼎力相助，画廊老板的事业终于挺过了难关。

三十年河东，三十年河西。人都会有落魄的时候，朱元璋还当过乞丐，刘邦起初不过是一个亭长，刘秀做皇帝之前，天天在家里种地，百里奚人更是身份低下……

所以，面对暂时处境不佳的朋友，我们也要全身心去维护彼此的关系，不让朋友感觉到你的冷落，让彼此的友谊不会因为外界因素的影响而产生裂痕。

那么，具体应该怎样对待那些处境不佳的朋友呢？

对处境不佳的人要给予鼓励

要善于发现他们身上的优点，肯定他们的优点，鼓励他们不要放弃。人在落魄的时候，最需要的就是别人的肯定，你一句话肯定了他们，并没有失去什么，但却为对方撑起了一把遮雨的伞。等你需要雨伞了，你的朋友也许也会像你一样，为你撑起一把遮雨的伞。

对处境不佳的朋友要尽量多帮忙

处境不佳的人需要的帮助一般都不会耗费太多的精力和财力，他们有时候只是需要一点生活上的帮助，所以要对他们多多帮助。尤其是对待那些人品很好，又有才能，只是暂时没有机会的人，更要慷慨相助。你实质性的帮助会让对方感觉到你的关心，对于你们的友谊是大有助益的，未来假如需要对方帮忙，对方很可能会乐于帮忙。

要尊重那些暂时处境不佳的朋友

绝大多数人都比较在意尊严。所以你遇见了处境不佳的人，想要维护好这个关系，为未来储存办事的能量，那么就一定要给对方足够的尊重。

冷庙烧香，办事不难

冷庙烧香是一种投资人情、储蓄人脉的好方法，有了人脉，你办起事来会更加顺顺利利。事实上，真正懂得中国式办事技巧的人，都善于冷庙烧香，因为他们明白，做人不能太急功近利。

公司里有位副总因为一个疏忽，犯下了大错，被集团董事会罢免了，这位副总非常低落，辞职离开了公司。

曾经围绕着他转的朋友和同事们此刻都不见了踪影。这位副总忍不住在朋友圈感慨，最近很闲，不知道有没有朋友约饭。

曾经给副总当过秘书的小王看见后，立刻给这位副总打了个电话，约他晚上一起吃饭。

就这样，这位副总和小王关系越来越好，副总的心情也慢慢好起来，最后终于走出失落的情绪，决心再闯荡一番。

后来这位副总自己单干，东山再起，立刻高薪聘用小王，委以重任。

当公司的人都不懂为何要给小王这么好的条件时，副总解释道：“这个人重情重义，能力也强，我不用他用谁呢？”

办事忌讳的是急功近利，如果你想在人情上有所作为，就要在平时多往冷庙烧香。

你需要明白一点，很多“冷庙”只是暂时的。只要一有机会，时来运转，仍是会一飞冲天的。

面对“冷庙”，我们具体该如何“烧香”呢？

想办事就不要过于功利

有些人急于功利，他们总希望跟正在巅峰的人在一起，想尽一办法去结交。殊不知，那些正在巅峰的人，想要结交他们的人很多，他们的时间也许根本不够用。

正确的做法应是多关注那些失意的人，对于那些暂时失意的人要经常联系，多多登门拜访，保持一种友好的关系。关系维护好了，未来办事的时候才好开口。

精神慰藉走进对方心里的途径之一

暂时处于低谷的人大多数时候需要一些慰藉，你的出现如果能填补这个空缺，能够安慰到对方，帮助对方走出情绪的低谷，那么你们的友谊有可能会变得更加牢靠。

一份情感上的慰藉，也许就能让你走进对方的心里，未来你遇上了什么事情希望对方帮你办，对方如果力所能及办得到，大概率是不会拒绝你的。

人生路漫漫，得学会借力

有些事情对于你来说很难办，但是对于其他人来说却可能是举手之劳。对于有些人来说，凭借自己的人脉关系和成功经验，可以轻松帮你把事情办成。

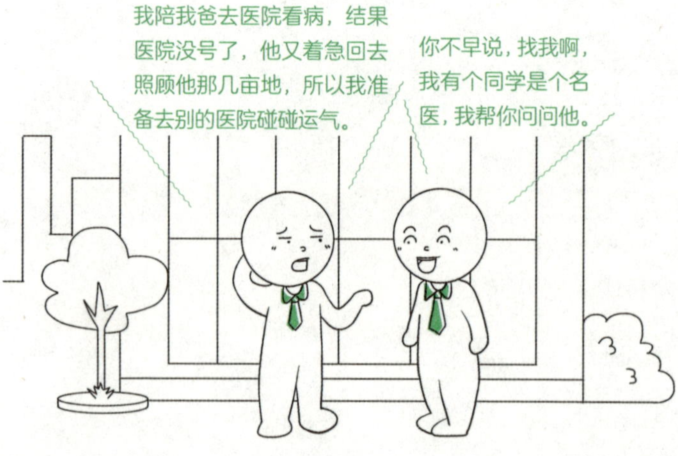

朱元璋家境贫寒，爸妈去世了都无钱安葬，最后自己只好去当和尚讨饭。

这时候他的朋友参加了起义军，给朱元璋写信，让他来投奔自己，朱元璋靠着这个朋友的关系，开始了军旅生涯。

之后，朱元璋投在郭子兴帐下，因为聪明能干，被郭子兴看中，把自己的义女嫁给了朱元璋。朱元璋借着这一层关系，先是成为一方军阀，最后又吞并了天下。

在历史上，借助他人的力量办成事情的例子特别多，再比如秦始皇的父亲，也是借着吕不韦的力量，才重新回到秦国，继承了王位。

现代社会里，人与人之间的合作和分工越来越细分，单靠个人有些事情是很难办成的，这时候能不能借助他人之力，是事情是否能够办成的重要因素之一。这些人可能是合作伙伴，也可能是亲朋好友或者各行各业的行家里手。

在找这些人办事之前，你应该格外注意以下问题。

找行家里手办事，先了解对方的方方面面

与行家交往，要了解行家以及他的人脉关系网。首先要了解行家的性格和兴趣爱好，比如有什么个人爱好，这样我们才知道用什么方式去请对方帮忙办事是比较稳妥的。

另外，行家都有自己的关系网，我们也要把这些关系了解清楚，当我们不能直接接触对方的时候，可以多了解一下对方的朋友关系、同学关系、亲戚关系，从这些关系网中找到可以帮忙解决问题的行家里手。

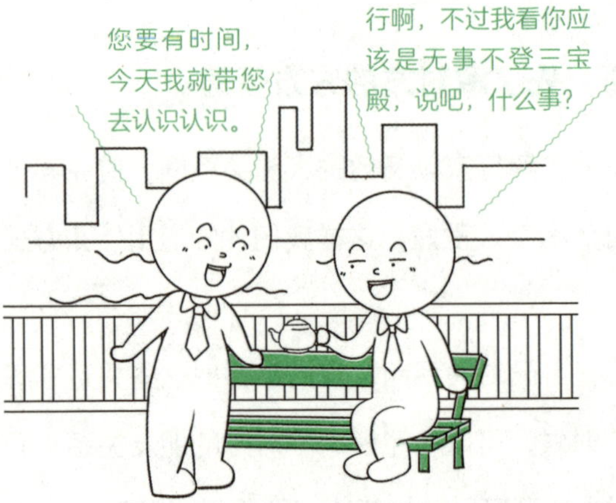

找行家办事，讲究场合

行家一般是各行各业的佼佼者，他们会有一些行业内的忌讳，不适合在公开场合交谈。这个时候就要选对地方，找个相对私密的空间，这样两个人才能畅所欲言，你的事情才更好办。

永远记住一点，人越多，场合越乱，你的事情越难办。

第6章

该拒绝就拒绝，会拒绝才算会办事

有时候，别人也会来找我们办事。有的事情能办，我们可以帮助别人办成这件事。有的事情不能办，这时候就需要拒绝别人。在大多数人的眼中，拒绝是一件伤人面子的事情，所以不喜欢拒绝别人。但是，如果你不懂拒绝，一味满足别人，最后也未必有什么好结果。

不想办的事情，拒绝时要给足尊重

什么时候都不能没有礼貌，拒绝别人时更是如此，要给足别人尊重。

面对一些我们能办，但是不想办的事情，我们在拒绝他人时，态度上一定要和蔼可亲，并面带微笑，但语言上一定要坚决果断，不能给人似是而非的感觉。

一位初出茅庐的写手想要加入一个本地的写作圈子，通过朋友找到了一位著名的作家。这位作家知道这个圈子不是说想进就能进去的，这件事很难办，可是这位写手毕竟是朋友介绍来的，也不能不给朋友面子，便去见了这位写手。

席间，写手提出要加入写作组织的事情，希望作家能给指点一下如何运作。

作家并未面露难色，而是笑道：“我看过了你的作品，非常有灵气，为什么不再好好写几年，让一切自然而然地发生呢？”

之后，这位作家便在席间给这位写手讲了不少写作上的经验，写手听完茅塞顿开。

一顿饭吃完，写手既明白了作家的良苦用心，又感觉到了作家的尊重，从此以后发奋写作，竟然没两年就成了畅销书作家，这个写作组织也向他伸出了橄榄枝。

在拒绝别人的时候，我们要做到对事不对人，我们拒绝的是对方的请求或意见，所以拒绝请求时要对事不对人，事情可以拒绝，但是对待他人则要礼貌相待，亲切友好一点。

那么，怎样才能做到拒绝的时候也给足对方尊重呢？

拒绝时可以夸赞对方的请求

一件事你办不了，或者你不想办，拒绝了对方，对方多多少少心里会有一些不开心的情绪。这个时候如果你能在对方的请求中找到一些闪光点去夸赞一下对方，那么就能抵消一些不好的情绪，也能让对方感觉到你对他的尊重。

比如说，你是个老师，亲戚想请你帮忙给孩子提高一下成绩，你因为一些政策规定不能帮这个忙，只能拒绝亲戚，这时候你可以站在老师的角度，用自己的经验去夸奖一下孩子身上的闪光点，让亲戚稍稍宽心。

拒绝事情不要拒绝人

有些事情你不能办，你可以拒绝，但是记住你要拒绝的是这件事，而不是这个人。

什么意思呢？

拒绝这件事就是告诉对方，这件事你办不了，并不是你不想帮他，如果有其他的事情，你能帮得上的一定帮忙。这样一来，对方就会明白，不是你不帮他，而是你无能为力，所以你才提出在能帮得上的地方出出力。

这就叫拒绝事情，但不拒绝人。

难办的事别说“不”，表明态度就行

拒绝别人的方式有很多种，除了语言之外，我们还可以用态度来表明你的拒绝之意。有些时候，拒绝很难开口，这个时候，不妨用态度来拒绝，既避免了尴尬，也让对方明白了你的意思。

曹操有几个儿子。老大为了保护曹操而早逝。老二曹丕城府极深，胸有谋略。曹植更不必说，才华独占天下八斗。

对于这几个儿子，曹操伤透了脑筋。

比如说这个继承人的位置到底该传给谁呢？

曹操左思右想，决定还是问问手下的谋士贾诩。贾诩听完曹操的担忧后，一句话也不说。曹操问了好几次，贾诩才慢慢悠悠地说了一句话，提醒曹操要立最大的孩子，否则会步袁绍的后尘。

原来，当初袁绍就是因为立储时犹豫不决，最终导致了整个势力的分崩离析。

在这个故事里，贾诩就是那个沉默的高手，他在回话之前，用沉默的态度告诉了曹操这个事情很棘手，他不愿意参与。最后在曹操的逼问下，他才惜字如金地说了一句话来点醒曹操。

在日常生活中，很少会有人逼问你表态。往往你一个不愿意说话的态度，对方立刻就懂了。所以说，别人找你办事的时候，你如果觉得难办，可以稍稍流露出一个拒绝的举动，对方就会明白你的意思。这样既表明了你的意思，也给了对方一个台阶下。

有人问了，那假如是遇上那种看不懂暗示人呢？这时候你大可以直接告诉对方你的难处。让对方知难而退。

那么，怎么做才算是表明拒绝的态度呢？

用肢体语言做出拒绝的姿势

人的肢体语言是非常丰富的，开口说话只是其中的一种表达方式。在拒绝他人的办事请求时，可以借助肢体语言来表明你的态度。

有的人则会在别人提出求助时，继续做自己的事情，专注于手头上的事情，时不时应和对方一两句，这都是在用肢体语言表明自己的态度。

体态不佳的举止就是否定

有一些体态不佳的举止动作也可以表示否定，比如你在跟对方交谈的过程中，如果对方有求于你，你可以用转动脖子、按压太阳穴、活动肩膀等动作表示自己有些疲惫了，言外之意是你不想继续交谈下去了，聪明的人一定会明白你的意思。

不要触碰对方递过来的礼物

如果你不想为对方办事，记住一定不能做出接过礼物的动作。对方给你礼物，你可以把手放在对方的手上推辞，如果你接下了礼物，再拒绝别人，就需要把礼物再递还给对方，这是一种非常打击人的举动，一定要避免。

借口离开也是一种态度

遇上不想办的事情，或者难办的事情，你也可以借口离开，这也是一种态度的表达。比如说对方提出了一个难办的事情，你觉得很为难。这时候你大可不必回答对方行还是不行，直接看一眼手机，就说有个急事需要处理，事情以后再说。

拒绝他人所请，学会转移话题

当我们拒绝了别人的办事请求，很可能造成尴尬的局面。在这种尴尬的氛围里，大家都不好受，尤其是被拒绝的一方，会有深深的挫败感，这时候你可以采取转移话题的方法，让尴尬的氛围赶紧化解掉，同时也能借用转移话题的方式，和对方修复一下关系。

《三国演义》里的周瑜是个转移话题的高手。

蒋干被曹操派过来当说客，周瑜用军令来转移话题，表示老同学见面，只能喝酒娱乐，谈天说地，谁也不准说军情，以免打扰兴致。

这一下子堵住了蒋干的嘴。

他的对手诸葛亮更是个转移话题的高手，鲁肃去找刘备讨要荆州，诸葛亮说东说西，各种讲难处，就是不讲归还荆州的事情，到最后鲁肃没办法，只好把事情讲明了。

这是鲁肃的任务，他没办法回避，如果是在现实中，大多数人多半会打退堂鼓。

求人办事的时候，大家其实已经做好了被拒绝的准备，只是不知道会被何种方式拒绝。采用顾左右而言他的转移话题的方法，可以减少对方的尴尬，这样能够让两个人都轻松不少。

最好的转移话题方式就是在对方还没有表达出办事的请求时就将其回绝，如果做不到这一点，那只能选择在对方说出口后再转移话题。

一般而言，顾左右而言他大致有以下几个方法。

用新话题覆盖旧话题

当你不想继续对方的话题时，你可以想方设法制造一个新话题出来，使对

方无法继续原来的话题。

这种方法转移话题非常简单快捷，但一定要注意方式方法，不要让对方太没面子。你可以等对方说完，停顿几秒钟，然后自然而然地讲一个新话题，就好像之前那个话题不存在一样，对方一定会懂你的意思。

找点转移法

所谓的找点转移法，就是在对方的话题上找点，重新发散，转移掉对方原来话里想表达的意思。

这个方法与用新话题覆盖旧话题所不同的地方在于，用新话题覆盖旧话题是在原有的话题上产生一个和原来话题没有关系的新话题。而找点转移法则是在对方的话题上衍生出一个和对方原来话题有关的子话题。

比如对方说："今天天气真不错，咱们一起去钓鱼吧，我听说东江那边的空气很不错，正好可以放松一下。"

在对方这句话里，有非常多的点可以发散，比如钓鱼、东江、空气好、放松，等等。

抓住任何一个，都可以产生一个子话题，然后悄悄转移掉对方原来的意思。在接下来的交流中，你可以有意无意地透露出你的真实想法，让对方明白你内心的所思所想。

听说你爸关系挺广的，我想开拓新渠道，你看能不能帮我拉个关系？
我跟你说，拉关系也不一定有效果，费劲不说，对方答应你的事情也不一定就能办，要我说，你可以搞搞线上渠道，现在线上特别火……

办不到的事，拒绝不能含糊

当对方的办事请求有一定难度，我们无法做到的时候，一定要明确拒绝。明确的拒绝对大家都有好处，你不会因为勉强答应对方而为难，对方也不会在你身上浪费太多时间。如果犹犹豫豫，拒绝又不干脆，会让办事者的心情更加烦躁，反而对大家都不好。

小磊是一位初中语文老师，平常亲戚家里的孩子有什么不懂的，亲戚都让孩子问小磊。

久而久之，小磊成了家族群里的万能老师，什么物理题、数学题、化学题，都来问小磊。

小磊上课本来就够累了，还要应付亲戚的孩子，便想着下次一定要拒绝。

有一次，亲戚带着孩子登门拜访，让小磊帮忙给孩子复习一下英语试卷上的题，小磊想了半天，憋出一句：“这个我不熟悉啊。”

“不熟悉可以熟悉一下嘛，你是老师，肯定比我们懂。孩子交给你了，我等下来接孩子。”

小磊只好请学校的英语老师帮忙，这才搞定亲戚孩子的英语试卷。

有的人面子薄，“不”字很难说出口，最后累的是自己，耽误的是别人的事情。最后就可能会变成自己忙前忙后，事情也办不好，别人还会埋怨你不够尽心尽力，长此以往，得不到任何好处，还会有一堆麻烦事情。

所谓会拒绝，就是看事情的难易程度，不能办的，一定要拒绝，能办的就尽量办好。

拒绝他人的时候，要干脆利落，不要拖泥带水，尤其是办不到的事情，不要为了面子而模棱两可，最后面子没得到，还得罪了人。

不过，明确拒绝对方的时候，更要讲一讲技巧，以免因为拒绝而得罪他人。

限定苛刻的条件

如果不想答应对方的请求，可以提出一个比较难以达成的条件。表面上看是同意了对方的办事请求，实际上是让对方知难而退。

难办的事情讲清楚为何办不了

遇上你办不了的事情，一定要和对方讲清楚你为什么办不了。你和对方讲清楚了，才有可能让对方理解你的难处。

今天找你主要是想麻
烦你解决一下我买房
的事情，你不是之前
做过销售吗？能不能
找同行给我打个折？
老赵，我都
好久没做房
产销售了。

你和之前的
同事都没有
联系吗？
之前的同事也基本上都
离职做别的行业了，而
且现在房价都是透明
的，内部折扣的事情基
本是不存在了。

不合理的办事请求，第一次不能松口

如果有人对你提出不合理的办事请求，你勉强答应了，以后他还会继续跟你提无礼要求，所以面对不合理的办事请求，一定不能在第一次的时候松口。否则，对方会觉得你既然第一次能答应，为何后面不答应呢？答应一次不合理的要求，事后反而会让你变得被动。

老李是某学校的数学老师，有一次，一位亲戚来找老李，希望老李可以帮忙把孩子安排到学校去工作。

这个事情肯定是没法办，老李面子薄，再加上这个亲戚对他也很好，直接拒绝实在是太伤人了，于是他想了想说："你把孩子的教师资格证和毕业证拿过来，我到时候帮他投几份简历，我们学校最近刚好在招聘老师。"

亲戚一听，赶紧回去让孩子准备证书。

等过了几天，老李还亲自给亲戚打电话，询问证件的事情，亲戚不好意思地表示没有证件，老李说："那就没办法了，当老师肯定是需要这些证件的，现在的招聘都很正规，也很公平，只要有证件，都能公平竞岗。"

亲戚听完，有些不好意思，表示麻烦老李了，从此再也没有说过找工作这件事。

面对不合理的办事请求，是一定不能答应的，但是拒绝他人的请求却有很多方式，有的方式过于直接，伤人伤己。有的拒绝方式则可以让对方知难而退，不给对方留下你不近人情的印象。

那么，怎样才算是懂拒绝呢？

用手上的工作来推辞

当有人向你提出不合理的请求，你可以用正在做的事情来拒绝对方。比如说，你可以把自己的工作安排告知对方，让对方明白你不是不帮忙，而是你抽不开身。

用不熟悉来推辞

在职场中，每个人都各司其职，如果有人用自己工作上的事情来麻烦你，而你又不想做这件事，那么你可以用不熟悉对方的工作为由拒绝对方。

用政策来推辞

如果对方求你办的事情有灰色嫌疑，你可以直接用政策来拒绝对方，并且告知对方这样做的可怕后果，同时给对方上一堂普法课。记住，任何时候，都要做守法公民，违法犯罪的事情不要做。

不管请托之人和我们是什么关系，都要坚决守护好自己内心的底线，否则幸福的生活早晚有一天会被破坏。

采用“先承后转”，间接拒绝

面对你不想答应的请求，还可以采用“先承后转”的拒绝方式。先顺着对方的话题说，然后再顺势间接拒绝，拒绝对方的同时，可以尽最大的可能避免伤害对方的面子。

在现实生活中，我们会面对一些难以拒绝的办事请求，这个时候，不如先顺着对方的意思把话继续讲下去，等对方听进去了，再把自己的意思糅合进话里，讲清楚自己不能接受对方请求的缘由。

具体的做法是先肯定对方所求之事的正当性，然后再用后半句来拒绝对方，给对方心理上一个缓冲。

比如说：“您要办的事情我也很赞同，但是，我实在是无能为力……”

委婉地把你的拒绝掺在顺承中，对方就会比较容易接受你的拒绝。

先表示理解，然后再表达自己的观点

如果你不想答应对方的请求，但也不要立刻拒绝，直接的拒绝会让对方非常难堪。你可以先表示理解，然后再表达出自己无法满足对方的请求，并表示歉意。

先表示试试，然后再慢慢拒绝

总有一些事情你无法拒绝，这时，你可以先试着答应，告诉对方，你可以试试，让对方等你消息。

当然，答应的时候不要把话说得太绝对，用“试试”“先看看”等字眼，既给了对方没有拒绝的意思，又模糊了这件事你已经答应了他的印象。

当然，这个办法仅限于那些你没办法拒绝，但又没办法办成的事情。

先表示同情，然后再表明无能为力

对方的困难和请求，你一定要先表示同情，并说一些安慰的话，在感情上拉近你们之间的距离。然后，你再说出自己的困境，表示实在没有办法帮忙，这样对方更容易接受一些。

拒绝办事请求，帮对方想个替代方案

当别人有求于你时，你帮不上忙或者不想帮忙，你可以拒绝对方，但拒绝后，你要帮对方想一个替代方案，这样会让对方不那么难堪。如果你只是拒绝对方而毫无其他替代办法，对方很可能会觉得你是不想帮他。

小张正在做一份报表，同事小李忽然来找他帮忙。

小李说："我有个资料找不见了，你再帮我做一份吧，王经理着急要。"

小张笑了笑说："真是不凑巧，我现在刚好手头有个事情，也挺着急的，要不，你先做资料，等我忙完了，我再马上过去帮你一起做。你看这样行不行？"

"也行，那先谢谢你了，你搞完就来找我吧。"小李说。

这就是所谓的在拒绝他人的办事请求时，同时给出一个替代方案。

在日常生活中，面对他人的办事请求，无非是两个结果，一个是答应对方的请求，另一个是拒绝对方的请求，给出替代方案的妙处就在于把球踢给了对方，让对方来做决定，他如果想要让你帮忙，就需要接受你的条件，他如果不想要你帮忙，那也是他的决定，犯不着在心里怨恨你。

不过，给出替代方案也有一些小技巧，掌握了以下两个小技巧，能让你在拒绝他人的办事请求时，显得更加自然。

把事情推给更专业的人

当某件事情超出你的职业范围，而对方又求到你脸上时，你可以在拒绝他人的时候，想一想朋友圈里有谁和这个事情有关联，比如他的工作、经历与这个事情有关联。那么，你就可以建议求助者去找这个人帮忙。这样做的话，会给求助者留下一个你在为他着想的印象。

做对方的中转站

有些事情你不想办，你可以尝试着让自己变成一个办事中转站。

比如说，对方想让你帮个忙，但你又因为种种原因无法帮助对方，这个时候你可以试着告诉对方，你有朋友也许能帮上忙，不过你需要去问问对方能不能帮这个忙。

这样一来，主动权就到了你的手里。后续想要怎么操作，就完全看你自己了。

把对方的办事请求变成一个新问题

怎么做才能在拒绝对方的同时，又让对方觉得合情合理呢？答案就是在对方所求之事上发现问题，提出问题，既不答应对方的请求，也不拒绝对方的请求，而是在对方的请求上提出一个新的问题，让对方意识到自己所办的事情并不合理，从而让对方自己放弃要办的事情。

小利刚进公司，就遇上了一件难事。

同事老张听说小利是学计算机的，刚好他在做的项目和计算机有关，就经常找小利帮忙，小利苦不堪言，但又没办法拒绝。

小利回去后唉声叹气，老婆听完他的描述后，就给小利出了个主意。

第二天，小利到了公司，老张过来找他要数据表格，小利按照平常的做法，给老张做了一份表格。

快到下班的时候，老张忽然来找小利，说："这个表格是不是有错误？"

小利赶紧把昨天老婆教他的话说了一遍："张哥，我不懂你这个项目，表格就难免出错，我还想跟你请教一下，这个表格的数据来源怎么查找呢？"

老张一听，顿时摇头说："这个数据来源可就复杂了，算了，还是我自己来吧。"

从那天开始，老张就没再找小利做这些事情了。

小利没有拒绝老张，但却得到了拒绝的结果，秘诀就是把对方的所请变成一个新问题。

这种方式一般运用在对方的所请不合理，而且消耗了我们大量精力的情况下。如果只是举手之劳，能办的事情还是要帮别人去办。但如果事情已经明显影响到了个人的工作和生活，则可以用这个办法一劳永逸地拒绝对方的办事请求，把自己从没有意义的消耗中解救出来。

那么，我们具体该怎么做呢？

问题不断，让对方不得不放弃

如果你不想直接拒绝对方，你可以在对方请求帮忙时多问几个问题，然后在这些问题上不断发散出新的问题，直到对方无法回答你的问题，或者对方自动放弃为止。

不认同对方所请之事

当我们想拒绝为对方办事时，可以尝试着在对方所请的事上找找不合理的地方。

比如对方想让你帮忙写份材料，你可以告诉对方这份材料的出发点有问题，就算写了也不会有什么效果。

一般情况下，对方会觉得你不认可这件事，并不是你不想帮忙，这样一来，我们就达到了拒绝的目的，同时也避免了直接拒绝对方。

拒绝办事请求，不要让对方跑空

拒绝要讲究策略，要尽量委婉一些，但是再委婉，也是拒绝。这个时候可以向对方表达歉意，顺便请对方吃个饭，从而修补因为拒绝而产生的关系上的裂痕。

小崔在大城市打拼，经过多年积累，也成了一个小老板，拥有两家公司。

乡下的朋友们听说小崔有出息了，纷纷前来找小崔办事。有的是借钱，有的是找工作，还有的托小崔做别的事情。有时候，小崔也不得不拒绝对方，因为很多事情确实很难办。

但是拒绝人是很容易得罪人的一件事。

小崔的做法很简单，那就是但凡不能答应的事情，小崔都会请对方吃个饭，缓和一下事情没办成的尴尬。

久而久之，虽然小崔很少替老乡们办事，但是老乡们依然觉得小崔这人不错。这就是拒绝他人之后，立刻给点好处的妙处。

一个人被拒绝之后，心里总归是不舒服的，如果能请对方吃个饭，就能很快消弭掉对方心里的不舒服的情绪。

那么，具体该怎么做呢？

拒绝后，不要让对方空手而去

拒绝再委婉，终归是拒绝，这时候就急需一些补救措施，来挽回对方被拒绝后的失意情绪。

总之，在拒绝了对方之后，可以给予对方一些适当的补偿，可以有效缓解尴尬的氛围修复彼此的关系。

吃饭时可以顺便再次解释一下你拒绝对方的缘由

请对方吃个饭，同样也能起到修复关系的作用。

不过，需要注意的是，请客吃饭最好不要以自己为中心，而是以对方的口味和喜好为主，在吃饭的时候，你也可以适当解释一下为什么帮不上忙的原因，让对方明白你的心意，理解你拒绝的苦衷。

第7章

进退有度，守住本心才能办大事

人活一世，几乎每天都在办各种事。

在办事的过程中，有时候需要求人，有时候要和人竞争，面对各种状况，是否能够稳住本心、进退有度地应对各种办事场景，有时决定着事情的成与败。

办事时要留有余地

《孙子兵法》有云，穷寇莫追。

中国式办事技巧讲究的是合作共赢，如果在办事的时候为了利益，把人逼急了，那么事情就很难办了。

凡事留有余地，办事的时候更要如此。

《红楼梦》里有一副对联叫“身后有余忘缩手，眼前无路想回头”。

这句话用在胡雪岩身上，再恰当不过。

当代读者都只知道胡雪岩做生意厉害，是当年大清王朝数一数二的富商，却不知道他的下场极为惨烈，最后在贫病交加中逝去。

根源就在于，胡雪岩对竞争对手都是赶尽杀绝。

他做钱庄生意，就吞并其他人的钱庄，让人敢怒不敢言。

他做生丝生意，就把所有的生丝都收走，哪怕是对手央求他少赚点，大家一起做，他都不乐意。

最后惹得对手全部联合起来抵制他，告到朝廷里，说他贪污腐败。胡雪岩钱庄的顾客们听到这个消息纷纷去挤兑，最后因为无钱可以兑付，只好抄家，风光一时的胡雪岩就此倒台。

这就是不给对手留后路的下场，今日不给人留条路，明日别人也会把你往绝路上逼。

在商战中，切记要给他人留后路，回归到日常生活中，也是同样的道理。

一个人在这个世界上行走，就总会有竞争对手，同事中有竞争对手，做生意有竞争对手，哪怕是在学校学习，也会有竞争对手。最好的处理方式就是在办各种事情的时候，给他人留条后路，尽量维持一个和气，如此才能日后好相见。若是能在某件事中尽量做到双赢，那便再好不过。

那么在办事的时候，如何才能做到给对方留后路，又办好自己的事情呢？

办事时，态度和蔼很重要

很多人在言语上经常会让人下不来台，殊不知，逼上绝路的前奏便是失控的话语，所以不论是求人办事，还是被求办事，都要注意自己说话的口吻和态度，不能咄咄逼人，否则很容易就会因为某句话说得不对劲，导致双方难以继续相处下去。

办事时，看见利益要谦让

办事的时候，总会涉及利益，争夺利益是稀松平常的事情，但争夺利益也是有底线的，比如不要太直接。

利益来了，先让出去一分，若是对方能退让，那自然皆大欢喜，若是对方不能退让，不妨就再让出一分。有时候你让一分，对方反而会看到你的诚意，兴许就会化敌为友。切记不可直接抢夺利益，越是态度强硬，越会激发对方的好胜心。

办大事的秘诀，再难也要稳住本心

一个人的心乱了，其他的所有一切就都乱了。不论办什么事，是求人，还是与他人竞争，结果不利的时候更要稳住本心。需懂得胜败乃兵家常事，懂得了这一点，那么本心就永远不会乱。

只要本心不乱，事情再糟糕，也会有发生转变的那一天。坚守住自己的本心，才有可能办好自己的事情。

淘宝在网购市场的占有率上曾经一度独霸天下，没有其他商家可以与之抗衡。

但对手公司也从未放弃过撬动这一块的市场，有一家互联网公司为了从淘宝的商业版图中分得一杯羹，屡败屡战，依然没有放弃，他们觉得既然自己做不成，那就找一个潜力股。为此，在市场上扶持了好几个有潜力的互联网公司，试图挑战淘宝的地位。

功夫不负有心人，终于让他们找到了，后来一家企业迅速崛起，在淘宝的眼皮子底下抢占了一片市场，而且市场份额还在不断扩大。

看似不可能的事情，在不懈的坚持下，竟然也有了结果，这就是稳住本心的魅力。

不论经历多少次失败，都不放弃，不论经历多么绝望的场景，始终坚定信心往前走，那么总有一天会品尝到成功的滋味。

那么，如何才能稳住本心不放弃呢？其实，想要稳住本心，是一件非常难的事情，一般来说，起码要做到以下三点。

事情来了就接着

有的人看见事情来了就会慌乱，有的人则会看见事情来了就接着。其实不管你接不接这件事，事情都会到来。那与其慌里慌张，思前想后，不如坦然接受，然后分析分析问题的本质，看是否能找到解决问题的有效途径。

未雨绸缪多打算

小事情人人都接得住，大事情却未必。工资没发，你能接受，如果是破产了呢？还能接受吗？要在大事情没来临的时候，就多想想，万一最坏的情况发生了，自己该怎么去挽救。如此，才不至于在事情真正到来的那一刻手忙脚乱。

稳住本心就是坚持到底

事情还没做成的时候，要有熬鹰的心态，不熬到鹰屈服不罢休。决定了的事情，就一定要坚持到底。

事情未办成之前，别把底牌轻易亮出来

事情在没有办成前，不要轻易把你要办的事情告诉无关紧要的人，要学会办事前藏住话。

很多事情坏就坏在还未办成，却已经传得人尽皆知，这时候再办事，就很容易出现其他的意外情况。

公司里新来的小刘是个实诚人，第一天就把自己的情况全部告诉了同事。

小刘觉得自己坦诚交心，应该能换来对方的坦诚，结果对方并没有透露多少自己的情况。没过多久，小刘就被公司辞退了。

后来小刘辗转才了解到，自己被辞退的原因就是因为当初那位他交了心的同事。原来是小刘在与对方交心的时候，无意中透露出自己非常重视家庭，爸妈对他比较依赖。

这位同事恰好在一个多月后升任了部门总监，成了小刘的顶头上司。结果在外派人员去其他城市发展的时候，想起小刘重视家庭，就外派了新来的同事。

小刘不服，觉得自己兢兢业业干了好几个月，应该轮到自己去外地分公司历练一下了，就越级去找董事长说明情况。

董事长把这个情况又转给了那位同事。

那位同事觉得我是为你好，你却反而倒打一耙，两个人因此闹得很僵，最后小刘没办法，只好选择了离职。

大家都操的是好心，最后却是一个坏的结果。

如果小刘没有一开始就把自己的情况和盘托出，告诉对方自己怎么想的，自身什么情况，那么就不会有后续的一系列糟心事情。

很多时候我们以为我们在交心，但却会阴错阳差好心办坏事。所以交心还是要慢慢来，彼此慢慢了解，也许对夯实友谊打基础会更有好处。

所以，不论办什么事情，都要懂得守住自己的心事。你的心事如果在情况不明朗时就放在他人那里，很可能就会出现一个比较糟糕的结果。

办事时切记交浅言深

办事的时候，不要为了和对方打好交道就把自己的私密事情告诉对方。

私密的话题要留给老朋友，不要轻易和老朋友之外的人聊比较私密的话题。要知道话语就像风，说出去了就会到处飘，一传十，十传百，最终会对造成不可挽回的后果。

适当的距离更好办事

办事的时候，避免不了与人接触，办事的过程就是互相试探，一步一步找到彼此的边界。在彼此慢慢划下各自的边界之后，打交道办事更容易找准对方的顾忌与节奏，从而让事情更容易办成。

底牌要留三张

有时候，亮底牌的行为也是一种办事技巧。比如说在谈判的过程中，你可以试着暗示对方，这就是你的底牌了，通过这个举动可以试探对方的底牌。前提是你亮出的底牌并不是你的真实底牌，而是还留有后手。如果对方表示这个底牌很难接受，那你可以尝试着继续亮出后面的底牌。

一般而言，只要掌握好节奏，三次底牌依次出手，基本就能大致判断对方的底线。

办事时要脚踏实地，不要幻想天上掉馅饼

天下没有免费的午餐。

有时候，看似可以轻松地把你想办的事情办成，但其实那些都是陷阱，所以一定要擦亮眼睛，小心办事。

要记住免费的往往是最贵的，所有命运馈赠的礼物，都早已在暗中标好了价格。

公司里开会的时候说有个出国深造的名额，很多同事都跃跃欲试，只有老员工老张冷眼旁观。

新来的小李获得了这个机会，因为太开心，三天没睡着，结果出了国才发现，根本不是什么深造，就是去国外把控项目的进度。而且异国他乡蚊子还特

别多，还得打各种疫苗，没办法，只能熬了。

天上掉馅饼的事情也许会有，但很难轮到我们普通人。

前些年有一些金融产品利息很高，很多人卖了房子往里面放钱，结果是你贪图别人的利息，别人盯着的是你的本金。

最后利息没拿多少，本钱都折在了里面。

掉在面前的馅饼看似很诱人，往往下面藏着一个伤人的钩子。

很多成功人士分享自己成功的经验，都会说个人的努力微不足道，全靠自己的运势。

很多人便把这种运势理解为运气，天上掉馅饼，砸到了自己。

其实他们没说的话是，运气其实就是机会，而机会总是留给有准备的人。

天上掉馅饼是运气吗？不是的。因为馅饼看似是机会，实际是陷阱。真正的机会往往没有那么诱人，甚至乍一看会很艰难，有的时候真正的机会摆在大家面前，大家也会被劝退。

不论办什么事情，都要踏踏实实，千万不要想着空手套白狼。

那么，如何区分机遇与陷阱呢？

非分之福不要享

我们在办事的时候，难免会遇见一些好处，遇见好处的时候，不要先想着先占据了再说，而是要想想，这个好处为什么会来到我的面前？很多馅饼，只需要三思一下，立刻就会柳暗花明。

办事的时候不要贪便宜

人在办事的时候，就会想着能不能走捷径，能不能有一种办法，可以迅速达到自己的目的。其实所有的捷径，都是引诱你去贪便宜，最终使你坠入陷阱。只要秉承着君子爱财取之有道的原则，就不会被眼前的陷阱迷惑。

以退为进，办事的制胜之道

《易经》有云：潜龙勿用。这是说时机尚未成熟，不能有所动作。

一个拳头打出去了，力量也就消散了，只有收回拳头，才能重新积蓄力量。迈向成功的第一步不是出击，而是懂得在时机不成熟的时候先退后。

藏锋守拙，方能一击必胜。

司马懿是以退为进的典范。

在与诸葛亮的数次交锋中，司马懿吃了不少亏，他清楚地认识到自己不是诸葛亮的对手，于是选择了闭营不战。

结果诸葛亮天天派人来骂阵，甚至还送了件女装给司马懿。司马懿穿上女装，还表示很合身，下面的将领一看都气疯了。司马懿只好假装给曹魏皇帝上疏，说要请战。皇帝自然也懂得司马懿的招数，不过是为了拖延时间耗费掉诸葛亮的粮草，让他不战而退。

一来一回，等书信送到的时候，诸葛亮的粮草支撑不下去，于是选择了退兵。

司马懿不费一兵一卒，就守住了魏国的国门，既没有留给政敌把柄，又保全了将士的性命。

虽然将领们很不服气，但大家心里还是懂得这才叫姜是老的辣。

日后，司马懿一直用以退为进这步棋，走完了自己的全部人生。当皇帝托孤的时候，他说自己不配，却依然获得了托孤大臣的身份；当曹爽要拿走他的权力的时候，司马懿马上退步，全部交给曹爽，结果倒是让曹爽成了朝堂里最不待见的人……

一个人，不能总想着进，其实有退才能有进，有时候退后一步才能把事情办得更好，才能实现更好的超越。

那么，如何才能做到以退为进呢？

置之死地而后生便是一种以退为进

韩信用兵如神，但最重要的一次战役，依然是以退为进，他有意引导士兵们走到退无可退的死地，结果却激发了士兵们的战斗意志，打出了以少胜多的著名战役。

办大事的人，一定要懂得风险和收益成正比。你退得越多，有时候收获得反而越多。

退一步事情更好办

如果办事的过程遇到了困难，或者与人产生了矛盾，导致事情无法推进，那么此时此刻就是需要退步的时候。

如果心有不甘，就想一想，争赢了，就能办好这件事吗？

面对无伤大雅的争论，不妨退一退，给彼此留下和好的空间。

把关系处好了，办事才能更顺畅。

所谓的办事技巧，归根结底都是与人打交道。不要在办事的时候和他人产生争执，有了争执记得先退一退。

守时，办事顺利的第一原则

守时是对一个人的基本要求，答应别人的事情，我们一定要按时做到。

一个不守时的人，很难办成事情。你求别人办事，你不守时，别人不会帮你办事。别人求你办事，你不守时，别人会觉得你不尊重他。每个人都有求人办事的时候，哪怕是无法答应别人，也要守住守时的基本底线。守时，才能守住做人的本心。

小勤有一次约同学一起吃饭，定好了隔天早上在某个饭馆碰面。

结果到了第二天，同学给小勤打过去电话，小勤却说自己临时有点事，现在正在另外一个城市，要晚上才能赶回来。

同学嘴上没说什么，心里却在琢磨，既然不能来，为何不早点说呢？

还有一次，小勤出差回来，打电话让朋友接他，结果同学去了机场，小勤却说飞机晚点了，还在等飞机。

同学心说，你可以早点说啊。

就这样，三番五次的不守时，让同学对他失去了信心。

等到后来小勤创业，需要一笔钱，于是去找同学借钱。他本以为关系这么好，必然能借到。

结果呢？同学却说手头紧。

小勤愣在原地。

后来，他这位同学和别人吃饭的时候提起小勤不守时的事情，说守时都做不到，借出去的钱还不知道什么时候还呢。

守时是一种可靠的品质，可以给你带来无形的财富。一个守时的人，会给人留下靠谱的印象，久而久之，你托人办事，别人就会格外重视，因为他们知道你不是轻易可以敷衍过去的人。

有句话叫“敦厚之人，始可托大事”，一个不守时的人就算有朋友，可能也会逐渐失去，这样的人如果想要托人办事，是非常困难的。

很多人讲守住本心，做一个正直的人，那么首先要做到的，便是守时。

临时出意外，记得随时报备

办事的时候，总会有各种意外发生，如路上堵车，早上没起来，如果临时出现意外，记得一定要马上跟对方解释，告知晚到的原因，以及自己何时能到。

很多人迟到后不想面对解释的困境，于是就假装这个事情不存在，让对方苦等。迟到了就要大大方方道歉，让对方知道你并非是有意的，这样才能消弭对方心里可能出现的隔阂。

重新约定时，不要把时间说死

有的人因为迟到了，就想着要挽回自己在对方心里的形象，于是就会告诉对方一个比较苛刻的时间，比如说：“我十分钟后到。”

结果十分钟后还是没到。

不要因为迟到而紧张，既然已经迟到了，那不妨预留一个宽裕的时间，以免让人失望第二次。

退让利益，懂得分享好办事

越是想要把事情办成，越要注意分享好处，要明白办事的关键是共享利益，共享利益的关键在于退让，在中国式办事技巧里，懂得在利益上退让的人，往往容易收获更大的回报。

某广告公司接到个大单，业务员阿丽是促成这单生意的头号功臣。这个单子做成了，公司一年的收入基本上就有了保障，当然，提成也非常诱人。

阿丽自然不愿意把这个单子给别人去做，于是她一再向公司请示，表示这个项目是自己谈成的，所以一定要单独去做。

阿丽顺理成章获得了项目，开始投入工作之中。结果却发现，处处都走不通，步步都难行。

半年时间过去了，耽误了项目的进度，甲方于是撤销了合同。

阿丽只好选择辞职。

上司说："这次虽然失败了，但你也不必辞职。不过，你要好好想一想，这么好的一件事，为什么会做成这个结果？你一个人拿走了所有好处，这样一来，谁还愿意配合你呢？"

阿丽叹一口气，其实她也早已悟出是这个原因。

你有一个好东西，你有一件好事情，如果想要真的拥有这个好东西，想要做成这件好事情，那么最好的办法就是群策群力，在高度分工的当代社会，一个人是很难做成一件大事情的。

在中国式办事技巧里，懂得好东西不独享，好事不独占，方能真正拥有好东西，真正做成好事情。

想成事，要学会把利益让给下属

项羽不愿意把官职与城池分封给属下，结果大家离心离德，刘邦打下一座城，顺手就会把城池分封出去，结果拿了天下。

做上司的，关键的一点就是懂得把利益让给下属。所有的利益都被一个人拿走的话，就会失去人心，最终无人愿意为你真心做事。把利益让出去，其他人才会乐于帮你办事。

在生活中，也是同样的道理。

办事之道，学会分享与共赢

一个人懂得把食物分享出去，才能获得他人的回馈，最后才能吃到花样更多的食物。一个在利益面前懂得分享的人，往往会收获更多，实现彼此之间的双赢局面。